Billion Dollar Brand Club

十億美元品牌的祕密

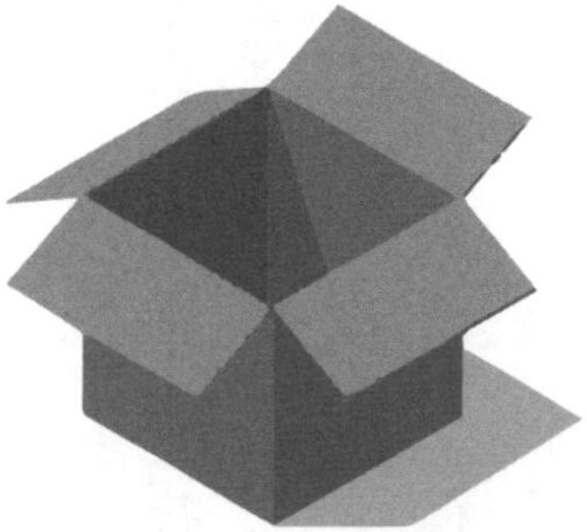

Nike 打造自家平台，創下年增 95%的亮眼財報；
Warby Parker 眼鏡靠去中心化，市值超過 60 億美元!

大企業轉型、小新創進軍的 DTC 模式正在席捲全球，
靠低成本、小規模、高社群黏著度、最新顧客數據搶占市場!

引爆電商、新創、零售的 DTC 模式，從產業巨頭手中搶走市場!

推薦序

DTC模式，讓你距離客戶最近的機會！

黃原福（BenQ產品暨行銷策略中心總經理）

「世界上最遙遠的距離，不是生與死，而是做為消費者的我就站在你面前，你卻不知道我為什麼愛你。」

所以彼得．杜拉克（Peter Drucker）才會說：「行銷的目標是深切地認識並理解客戶，使得我們的產品或服務可以恰如其分地符合客戶需求，讓客戶主動上門。」（The aim of marketing is to know and understand the customer so well the product or service fits him and sells itself.）

這是行銷最根本、最樸素的定義，也是行銷人孜孜追尋的境界，在傳統行銷時代，消費者行為與行銷研究，是行銷人必做的功課。到了數位時代，品牌與消費者之間，即使在真實世界裡天各一方，但在網路時空中，卻只剩下滑鼠點擊一次的距離（one click away）。消費者認識品牌如此，品牌認識消費者亦不得不如此。自此，品牌在新世紀的世界中，必須善用數位科技，在心智與心靈層面，真實地貼近消費者，才能不被消費者與時代所淘汰。

DTC 模式將是品牌在數位世界的未來模式

BenQ品牌創立於世紀之交，做為一個資訊科技與消費性電子品牌，提出「享受快樂科技」的訴求，念茲在茲的都是消費者未被滿足的需求（unmet needs）。不論是保護老師眼睛的短焦教育投影機、專為電競選手打造的快速顯像電競顯示器、幫助老師善用雲端教學資源的抗菌智能電子白板，還是世界第一款為螢幕閱讀設計的護眼檯燈，都是品牌以科技來服務人類需求的理念呈現。

二〇一六年BenQ開始邁開大步推動數位轉型，在消費者旅程中尋找每一個數位接觸點，舉凡搜尋引擎、自媒體口碑、第三方電商運營與社群輿情回應，同仁們都展現出求知若渴的熱情。二〇一九年，我注意到一個新名詞在網路上開始密集出現，是一個叫做DTC（Direct-to-Consumer）的新標籤，其實是數位科技浪潮下一個已經存在十年的商業實務的觀念匯集，談的是像Warby Parker眼鏡之類的數位原生品牌自建垂直電商、直接服務客戶的銷售模式，只是那時候網路的討論還十分零散，未成體系。

由於BenQ之前在社群回應的經驗，體會到與客戶直接對話所能產生的信賴關係，我意識到DTC模式應該是品牌在數位世界裡的未來模式。二〇二〇年一月*Billion Dollar Brand Club*一書出版，總算有了第一本有關DTC的專著。二〇二〇年三月，新冠疫情席捲全球，消費者在家上班、上課，BenQ因為及早布局數位轉型，疫情期間算是安然度過。在同一期間我們也借用了*Billion Dollar Brand Club*中描述的諸多手法，掌握了若干疫情變局中湧現出來的產品商機，也驗證了杜拉克對於從客戶需求發展產品的行銷箴言，只是這次採用的正是在網路空間裡直面消費者的DTC手法。

可惜的是，*Billion Dollar Brand Club*一書在台灣一直沒有中文譯本，因此BenQ數位家居產品事業部的同仁發願要集體翻譯本書，希望與台灣同業共享書中觀念，我感佩同仁的發心，也承蒙商周出版慨然相助，讓這本二〇二〇年美國年度十大好書能夠在台灣面世。

DTC模式的四大面向與五大修練

本書中文書名定為《十億美元品牌的祕密》，算是忠於英文書名的翻譯。達到十億美元營收的新創企業，在美國創投業界被稱為獨角獸，但是本書的題材，並不是廣泛地討論獨角獸企業，而是專注在以DTC模式對既有產業進行破壞與取代的獨特心法。DTC，表面上是跳過中間通路商直接對消費者進行銷售，實則其核心精神在與消費者接觸管道的去中間化，目的呈現在四個面向：

第一手了解客戶（Customer Knowledge）
掌握每個接觸點的消費者體驗（Customer Experience）
直接跟消費者講述品牌的價值與故事（Brand Communication）
快速定義與敏捷修正品牌定位與產品定義（Brand & Product Creation）

以上四點，並不以直接銷售為要件，即使是像第十三章的莫霍克集團（Mohawk Group）這樣透過亞馬遜電商平台進行銷售的模式，也一樣符合DTC的核心精神，甚至有機會利用產業生態更具威力地獲得快速成長。

這是一本充滿趣味與洞見的商業書籍，我們可以試著將本書解構並重構為DTC模式的五項修練：

第一項修練——永遠從「客戶價值」開始。

一元刮鬍刀俱樂部（Dollar Shave Club）提供便宜與便利的刮鬍刀（第一章）；
Warby Parker 提供五分之一價格、可以在家試戴的眼鏡（第二章）；
Hubble 讓訂閱制日拋型隱形眼鏡取代月拋型隱形眼鏡（第三章）；
ThirdLove 開創半號間隔、更合身、更舒適的高品質內衣（第四章）；

eSalon 染髮劑比消費者還要了解自己的髮色，還能主動幫客戶微調染劑成分（第六章）；

Tuft&Needle 以「捲包床墊」（bed-in-a-box）解決購買床墊過程的品質、價格不透明（第九章）；

Eargo 消除佩戴助聽器的形象顧慮（第十章）。

第二項修練——掌握「關鍵夥伴」或「核心能力」，以實現品牌對客戶的價值承諾。

Hubble 找到行業內的專家入夥，也因而找到能夠確保品質與交貨的供應商夥伴（第三章）；

ThirdLove 提升舒適度的記憶泡棉材料（第四章）；

Eargo 助聽器的微小化、電池續航力與醫用級矽膠（第十章）。

第三項修練——照顧「客戶體驗」。

Warby Parker 以真實面貌面對問題，同時投資大量人力一對一解決客戶問題（第七章）；

Quiet Logistics 以倉儲機器人縮短消費者等待到貨的時間（第八章）；

Eargo 助聽器的到貨前、到貨第三天、第十天、第二十天的通知與教學影片（第十章）；

仿效蘋果直營店的 Neighborhood Goods 實體展示商場（第十二章）。

第四項修練——「財務模型」，決定定價與獲利模式。

Warby Parker 眼鏡的五分之一定價而非十分之一定價（第二章）；

Casper 床墊的重複購買與睡眠相關交叉銷售模式（第二章）；

Away 行李箱的生活風格品牌延伸到多樣的旅行用品（第十一章）。

第五項修練——以「大數據」做為了解、尋找與協助客戶的依據。

ThirdLove 以 APP 收集客戶數據，挖掘出三〇%的特殊需求（第四章）；

Ampush 發展出臉書「相似受眾」的社群廣告模式（第五章）；

eSalon 五百萬人大數據演算法，協助客戶染出真正合適的髮色（第六章）；

莫霍克集團解析亞馬遜數據的 AIMEE AI 引擎，找到大眾產品的共同痛點（第十三章）。

以上五項修練，轉換成 BenQ 內部的語言，我們推動的公司轉型也有五點：

自己的客戶自己顧（客戶導向）

自己的價值自己建（核心能力）

自己的產品自己賣（客戶體驗）

自己的故事自己說（品牌定位）
自己的數據自己用（資料科學）

DTC的五項修練與BenQ的五個轉型重點小有出入，但是重疊的部分，對於努力實現全球品牌願景的BenQ而言，已經極有啟發。

DTC模式是數位時代強大的科技積累之下所演化出來史無前例的商業模式，但是在科技之變中，還是要看到人性之不變。數年前金百利克拉克行銷長克萊夫・希爾金（Clive Sirkin）曾經說過一句發人深省的名言：「我們不相信數位行銷，我們相信的是在數位世界裡做行銷。」（We don't believe in Digital Marketing. We believe "Marketing in a Digital World."）

智人做為一個物種，七萬年來基因並沒有太多的變化，人類的飲食男女、貪嗔痴慢、愛恨情仇、欲求與恐懼、群聚與孤獨、單純與複雜，也並沒有古今之分，我們只是以新的技術與模式，來實現品牌創造客戶價值的同一任務。

二〇一五年上映的《高年級實習生》（*The Intern*）宣揚女性主義與退休白領的智慧與正面力量，其題材正好是DTC企業的真實寫照。在劇中，ATF（About The Fit）創辦人茱兒（安・海瑟薇飾）訂購自家的服飾，進行開箱體驗，隨後在高年級實習生班（勞勃・狄尼諾飾）的陪同下驅車前往出貨倉庫，親自向負責撿貨、包裝、出貨的同仁示範摺疊裝盒的手法。即使她已經可以在螢幕上監看銷售數字的上下波動，也可以對不同顏色、不同排列、不同大小的圖示做Ａ／Ｂ測試的成效比較，她還是要親自感受客戶收到產品的關鍵時刻，也樂於親自接聽客服電話，理解電話那端未能收到期待產品的懊惱，最後為與員工一起搶救的美好婚禮感到雀躍，其實這就是品牌行銷的原始使命。

新時代有一個新模式等待著我們，這是品牌最接近消費者的一次機會。

譯者序

DTC模式——不是消極去除中間商，而是積極站在消費者這邊！

我們為什麼要翻譯這本書？或者更精準地說，一群在品牌公司研發並且行銷檯燈的上班族，為何想翻譯一本關於美國新創品牌的書？

做為一個從最初就不打算依賴傳統零售通路來販售產品的品牌，BenQ燈具部門一直在尋找直接觸及潛在客戶的行銷方式。從二〇一七年以來，我們藉由影響力行銷（Influencer marketing）與直營電商，在全球累積販售了超過一百萬盞螢幕掛燈與兒童檯燈給終端消費者，雖然成績超過原先的預期，但是我們也逐漸碰到成長瓶頸，亟待尋找新的解法。追尋過程中，BenQ行銷總經理黃原福扔了一本原文書*Billion Dollar Brand Club*給我們，他說其中或許有答案。

這是我們第一次聽到DTC（Direct-to-Consumer，直接面對消費者）這個概念，也是第一次認識Dollar Shave Club、Warby Parker、Away這些品牌。在這本書中我們看到一些過去經驗裡似曾相識的故事，也看到更多我們沒想過的方法與這些方法帶來的成功案例，所以我們開始認真地閱讀這本書，並且想將書中故事分享給更多 BenQ 的同仁。為了便於分享，我們決定翻譯它，但是既然都翻譯了，為何不乾脆讓全台灣有志於創建品牌的人都看到這些故事，都能認識 DTC 的概念呢？於是在 BenQ 李文德總經理與商周出版社黃鈺雯編輯的支持下，原先單純的讀書小組想法，變成了台灣第一本介紹 DTC 專書的出版計畫。

這本書中沒有行銷的大道理，但是各章節裡的故事，卻可以映照檢視我們在現實商業環境裡的作為。從吉列刮鬍刀的挫敗，我們警惕自己對於 ScreenBar 在螢幕掛燈的領導地位中，可能存有輕忽競爭的傲慢心態。在 Warby Parker 員工搭著計程車送眼鏡的故事裡，我們看到客服的意義並不是為瑕疵品善後而已，而是授權員工創造超乎客戶期待的消費體驗。eSalon 藉由網站數據與演算法挖掘客戶需求並給予最適合的染髮劑建議，則讓我們警覺過度依賴 Amazon 或是 momo 等企業外部電商所存在的風險。Away 將單純的行李箱產品打造成為旅行者的生活風格品牌，則成為我們思考 BenQ 親子共讀檯燈與閱讀推廣關聯性的絕佳參照。

一個原則，貫穿著十四章品牌創業故事

這個原則就是試圖更好地理解你的客戶，不論是他遇到的問題、對於產品的偏好、習慣的購

物歷程，然後善用科技與數位工具，提供給他更好的解決方案。DTC並不是消極地去掉中間通路商，而是積極地站在消費者這一邊。

所以就如本書所言，新時代的品牌宣言是：「Bonding, not branding.」

在消費者的品牌忠誠度逐漸下降的年代裡，藉由翻譯這本書與解讀書中的故事，我們期許BenQ努力做到與終端消費者的緊密連結，為用戶著想，成為一個受人喜愛的品牌。同樣地，你也可以從書中的故事擷取靈感與做法，讓你的品牌朝著DTC的理想邁進。

目錄

CONTENTS

第一章

削弱巨人吉列的一元刮鬍刀

——搶走產業巨頭的市場份額

二〇一二年三月六日星期二早上六點十五分，麥可・杜賓（Michael Dubin）醒來後，立刻檢查電腦。杜賓對眼前所見感到困惑，然而真正讓他困惑的是**背後**發生的事。前一晚就寢前，他上傳一段關於自己新創企業的影片，當時那是一家幾乎無人聽過的公司。

當天早上，公司網站無法正常運作。儘管在前一晚一切都很正常，但是隔天早上卻當機了，杜賓眼前看到的畫面只剩一片空白。他迅速沖完澡，隨即趕往辦公室，想把事情搞定。這間辦公室位於新創育成中心裡，是與一群創業者共用的狹窄空間。

杜賓當時三十三歲，是一個不成功（或說是失敗）的創業者，他原本在時代公司（Time Inc.）旗下的《兒童運動畫刊》（*Sports Illustrated Kids*）從事數位行銷工作，在幾年前金融市場崩潰後遭到裁員。此外，他曾申請哥倫比亞大學（Columbia University）、紐約大學（New York University）、加州大學洛杉磯分校（ＵＣＬＡ），以及其他商學院企管碩士（ＭＢＡ），卻沒有學校願意錄取[1]。沮喪的杜賓決定搬到洛杉磯，先待在表親免費提供的公寓裡，然後思考下一步要做什麼。

杜賓的外表高大迷人，擁有親切的笑容與受歡迎的性格。他曾經斷斷續續在紐約市 Upright Citizens Brigade 喜劇學校上了八年的即興表演課程，同時嘗試一些創業計畫。就在馬克・祖克柏（Mark Zuckerberg）創辦臉書（Facebook）後不久，杜賓在二〇〇六年為旅行者建立一個社群媒體網絡當作副業，但是這些努力都以失敗告終。杜賓的母親後來告訴記者：「我家的地下室裡有一個地方，我稱為失敗生意的角落。我們買了很多賣不掉的東西，他要我投資他認為會成功的生意，但是結果顯然未能盡如人意[2]。」

離開時代公司後，杜賓運用行銷技能，擔任朋友經營聖誕假期裝飾用品生意的顧問。接著，他到洛杉磯的一家數位行銷公司上班，負責為福特（Ford）這類企業製作並投放網路促銷影片。不到一年後，由於和老闆在公司策略上意見分歧而離職。

朋友都不禁懷疑，杜賓能否真的找到既擅長又喜愛的事。

現在，杜賓正致力於迄今為止最具野心的想法。在許多朋友的眼裡，這個想法華而不實，或許也可以用**不切實際**描述。他的新創事業名為「一元刮鬍刀俱樂部」（Dollar Shave Club），想挑戰刮鬍刀業界的巨人——吉列（Gillette）。如同大衛對抗巨人歌利亞一般，杜賓為此已經花費一年多的時間，但可以預期的是這個事業起步緩慢。

一夕之間打響知名度

不過，三月六日早晨發生的事即將改變一切，全都要歸功於那支一分三十三秒的影片。當杜賓從居住的改裝車庫，前往位於加州聖塔莫尼卡（Santa Monica）附近的辦公室時，好消息是那支影片開始在網路上瘋傳，很多人正在觀看；壞消息則是因為有太多人想看，導致網頁伺服器當機，即使網頁能正常運作，速度也很慢。

負責管理一元刮鬍刀俱樂部網站的科技公司派遣一位技術人員解決問題，然後陸續增加第二、三位，但卻毫無進展。當天上午十點三十分，這家科技公司的負責人向杜賓和同事傳送一封令人不安的電子郵件：「為了讓網站穩定運作，我們已經工作了三個小時，我們需要更多的作業時間。」但是經過數個小時後，網站依然當機。杜賓的一位同事向這家科技公司傳送一封憤怒的電子郵件：「你們現在能到我們的辦公室嗎？……現在是下午兩點，夥伴們，已經是下午兩點了，而一元刮鬍刀俱樂部的網站卻還在當機……這讓人無法接受[3]。」

杜賓顯得驚慌失措，他在一週前還告訴技術人員，覺得這支影片會產生很大的流量，因此催促他們預先做好準備，但是結果卻比想像中更糟糕，網站連線斷斷續續，只有少數人能看到影片，也很難下單。這是一場逐漸擴大的災難，不過在杜賓失敗多次後，大好機會終於降臨。

當時杜賓和其他人都不知道的是，這支充滿幽默感、花費好幾個月精心撰寫腳本，只用了一天的時間與四千五百美元就拍攝完成的影片，將會大大揶揄和貶抑美國商業史冊上最具主宰性與傳奇性的消費性產品公司。

儘管困難重重，但是一元刮鬍刀俱樂部終將取得瘋狂的勝利，從強大的競爭對手奪取大量的市占率，並迫使對方做出人們有記憶以來首度的降價。不僅如此，杜賓在過程中還協助建立一個顛覆性的商業模式，讓二十一世紀的創業家能對抗曾經無懈可擊的消費者品牌。

在許多方面，杜賓和百年老對手吉列的創辦人金・吉列（King C. Gillette）幾乎沒有不同。兩人都是所屬時代裡資本主義精神的象徵，而這些精神包含不斷變化的創新本質，以及持續改變的消費者品牌生產、銷售方式和地點，甚至包含如何創造財富。

如同那個時代的許多企業家，吉列是一位發明家。二十世紀初，美國的工業實力正在顯現，這種實力與市場行銷相互結合，藉以滿足新興中產階級對消費性產品日益成長的需求。把產品做得更好，你就可以變得富有——李維・史特勞斯（Levi Strauss）在更早的數十年前就充分證明這件事。在一八七〇年代，他的公司開始使用來自顧客建議的創新方法製作牛仔褲：藉由銅製鉚釘強化布料容易撕裂的地方，讓褲子變得更耐穿。

吉列並不是首位提出安全刮鬍刀想法的人，安全刮鬍刀的目的是為了取代舊式的折疊式刮鬍刀，折疊式刮鬍刀需要經常使用皮革磨尖刀刃。經過幾年的調整嘗試後，吉列找到大幅改善安全刮鬍刀的方法。一九〇一年十二月三日，他遞交一份專利申請書，並在稍後取得專利[4]。在專利申請書中，精心設計的圖面展現出一把新型的刮鬍刀，擁有拋棄式的雙層薄片鋼材刀刃——「兩片刀刃讓刀片具有兩倍的壽命」，這樣的設計讓刮鬍子時可以更貼近臉部，避免刮傷皮膚。消費者不再需要磨利刀片，因為可以輕易更換變鈍的刀片，在更換的同時，吉列又能賺到另外一筆錢。

在一九〇三年，吉列刮鬍刀開始量產時，總共賣出五十一把刮鬍刀和一百六十八個刀片[5]。但是隔年，當產品的好口碑開始傳開後，總共售出九萬把刮鬍刀和一千五百萬個刀片。吉列刮鬍刀成為品牌史上最持久，也最具代表性的產品之一。

杜賓並不是發明家；他沒有任何一項專利，但是和吉列一樣，他抓住一個變革性想法：科技具有改變實體商品的世界與創造品牌方法的潛力。杜賓體認到，科技與全球化正以各種可能的方式創造公平競爭環境，你不需要一開始就準備一大筆廣告預算來吸引消費者注意，藉此打敗老牌的競爭對手；不需要昂貴的製造工廠、不需要在研發上花費數百萬美元，更不需要零售商協助販售產品。

藉由瞄準企業巨人的弱點（高昂的售價、不便利或古板的形象），一家聰明的新創企業採取正確的策略、正確的訊息與產品價值，幾乎可以在一夜之間就創造出一個新品牌。事實上，競爭的條件正被顛覆，讓新進者得以吞噬既有領土。一切都發生在這樣的時代，在這個時代裡，有著數量日漸增加的二、三十歲消費者，等著被各大品牌爭奪。與父母輩不同，這群人並不迷戀那些老品牌，他們活在數位世界裡，習慣且喜歡在網路購物。這一切的發生，正是因為在網路上購買任何東西都變得越來越容易，物流也變得越來越快速。

杜賓是這場革命先鋒部隊裡的創業家之一，儘管這場革命並不是他最初在網路上販售刮鬍刀時想完成的事。

靈光乍現的商機

失業的杜賓正在尋找下一個機會[6]。二〇一〇年十二月，他參加友人在比佛利山莊舉辦的節日派對，在派對上與朋友的父親馬克・萊文（Mark Levine）閒聊。萊文當時五十六歲，在前一陣子大量購買一些奇特又很難賣出的消費性產品，包括蛋糕切片器和沒有品牌的刮鬍刀與刀片（約二十五萬個雙刃刀片）。所有產品都存放在附近一個欠繳倉儲費用的倉庫裡，而且關於欠繳這件事，當時萊文並不打算說清楚。

萊文對杜賓說：「你是一個熟悉網路世界的傢伙，可以幫我賣掉這些東西嗎？」

「我對蛋糕切片器無計可施，但是刮鬍刀或許可以試試。」杜賓回應。

這段對話引發杜賓思考，他討厭到商店購買刮鬍刀，吉列的頂級替換刀片要價五美元，貴得離譜。更糟的是，因為這些刀片的體積太小，容易被偷，所以很少放在商店的開放式貨架上，而是放在收銀檯後方的貨架或上鎖的櫃子裡。刮鬍刀片就像違禁品：想要購買就必須開口詢問，真麻煩！杜賓認識很多人都有同樣的感覺。

在相遇幾週後，杜賓同意和萊文一起做生意，並投資兩萬五千美元（是他當時大部分的積蓄[7]），盤算著可以在網路上販售萊文囤積的刮鬍刀。他計算一下，每個刀片只要定價一美元，就能獲得可觀的利潤，甚至還有機會建立新生意，一元刮鬍刀俱樂部於是誕生。

到了二〇一一年年中，杜賓推出測試版網站，並且試著銷售刮鬍刀片數個月，儘管他必須支付八百美元的逾期倉儲費用，才能取得這些刀片[8]。

顧客的反應不怎麼樣，杜賓確實賣出一些刀片，但是多數人只造訪一次，買了一些東西，然後就消失不見。因此杜賓決定測試按月訂購模式，以保持顧客回購率。這一點非常關鍵，因為顧客獲取成本（Customer Acquisition Cost；行銷術語中的CAC，即吸引一位顧客投入所花費的行銷與廣告費用），需要透過顧客長期購買產品的收入來抵銷。

初期約有一千人註冊，為杜賓在網路上銷售刮鬍刀帶來信心。當然，為了掌握成功的機會，他知道必須吸引更多潛在顧客的注意，這些顧客是和他一樣的年輕人，沒錢購買昂貴的刀片，也不願像年長者一樣被吉列綁住。

爆紅影片的誕生

杜賓幾乎沒錢做廣告，所以開始思考製作一支影片放上網路宣傳，他撰寫腳本，並且聯絡露西亞．安妮洛（Lucia Aniello）協助拍攝影片。安妮洛是杜賓在紐約即興表演圈的朋友，當時正在洛杉磯擔任導演。

二〇一一年十月某個星期六早上七點半，杜賓和一些受託參與演出的朋友聚集在加迪納（Gardena），靠近洛杉磯國際機場（Los Angeles International Airport）的一個普通工業區倉庫裡，尚未出售的幾箱刮鬍刀片堆放在那裡。他們在當天下午四點前，就完成影片的拍攝工作。和即興演出一樣，這支影片看起來並不正式，甚至有點隨性，但都是為了製造效果。每個場景、每句台詞被反覆修改，好傳達一個特定的訊息：價格、品質、便利。這支影片的風格必須玩世不恭，並且逗觀眾發笑，這樣他們才會和朋友分享。腳本最初大約四頁，但是安妮洛刪減了一半，因為不想說太多廢話，以免觀眾停止觀看。

「刮鬍刀是出乎意料，充滿感性特質的產業。」在影片中飾演主角的杜賓說：「我要人們告訴彼此：『還記得我們討論刮鬍刀為什麼會這麼昂貴嗎？那支影片真是搞笑。』」

杜賓明白必須克服一個挑戰，就是潛在顧客對刀片品質的疑慮，每個人都想要便宜的刮鬍刀，但是沒有人想要滿臉布滿刀痕和傷口。與其迴避這個問題，他決定用幽默的方式直擊要害。

影片從杜賓在鏡頭前介紹自己與公司開始：「什麼是一元刮鬍刀俱樂部？只要每個月一美元，我們就會把高品質的刮鬍刀片送到你家門口。沒錯！就是一美元！」

接著，就在影片第十五秒的地方，杜賓拋出知道觀眾一定會問的問題：「這些刀片夠好嗎？不。」他說，在講出重點前，停頓了一下：「我們的刀片真是屌爆了！」為了強調這一點，他還特別指著一張螢光橘色的海報，上面用白色的字寫下這句話，一切演出都像冷面笑匠般面無表情。

這句台詞是安妮洛建議的，因為他們試圖找出一些能抓住觀眾的東西。她對記者回憶道：「我記得第一次說出那句台詞時，杜賓的表情，他考慮半秒鐘，然後有個天使——也許是惡魔，坐在他肩膀上說：**就這麼做吧**[9]！」

杜賓還在影片裡抨擊吉列（雖然沒有指名道姓），確保沒有人遺漏吉列產品有多昂貴的事實。「你喜歡每個月花二十美元購買印上品牌名稱的刮鬍刀嗎？其中有十九美元都跑到羅傑・費德勒（Roger Federer）的口袋了。」他說道，暗指吉列聘請的高薪代言人。「而且你覺得刮鬍刀需要震動手把、手電筒、背部刮板，還有十個刀片嗎？你手會抖的帥氣祖父也只使用一個刀片的刮鬍刀。」他總結道：「別再忘記每個月購買刮鬍刀了，你可以開始想想，要把我替你省下來的錢放在哪裡。」

這支影片以一個簡單卻令人難忘的口號作為結尾：「刮掉時間。刮掉金錢。」（Shave time.

Shave money.）

困難重重的募資過程

杜賓相信他已經在影片上取得成功，但是如果想讓公司有機會成長，仍然需要資金。即使影片的成本很低，公司卻還是缺少現金，因此他找朋友安排與 Science Inc. 共同創辦人麥克・瓊斯（Michael Jones）會面。Science Inc. 是一家位於聖塔莫尼卡的創業投資育成公司，在決定運用知識協助處於初期階段的新創企業前，瓊斯本身也是成功的創業家，還曾擔任 Myspace 執行長。如果瓊斯喜歡一個想法，就會讓 Science Inc. 提供種子資金，換取一小部分的股權，以及建議權和共同的辦公空間（事實上，只是一張桌子和網路連線）。瓊斯也會運用人脈招募經理人，以便在經營生意的各個層面上，協助像杜賓這樣的創業者。

二〇一一年秋天，當瓊斯接到杜賓的電話時，並不是特別感興趣。**刮鬍刀刀片？**他回憶道：「我當時抱持懷疑態度，合夥人也一樣。刮鬍刀是難以攻克的市場，那裡已經有一個巨大、主宰的競爭者，而且杜賓事實上並未製造任何東西，只是從別人那裡買來刀片。」

會談一開始進行得並不順利，因為瓊斯拷問杜賓一些細節。刀片確實比吉列便宜，訂閱制聽起來也很吸引人，但是一元刮鬍刀俱樂部的網頁看起來很不專業。「我對消費者如何與網頁的按鍵或顏色互動具備很多知識，從我的角度來看，網頁做得很糟。」瓊斯說道。

正當瓊斯準備說「謝謝，再聯絡」時，杜賓表示已拍攝一支簡短的行銷影片，可否請他至少看一下。

瓊斯回憶道：「當我看到這支影片時，它打動了我。你會在YouTube上爆紅，並且真正和消費者產生連結。最後，我告訴他：『我搞懂了！』這真是太妙了！」

不久後，Science Inc. 同意投資一元刮鬍刀俱樂部十萬美元。Science Inc. 財務長湯姆・戴爾（Tom Dare）給了杜賓一張支票。杜賓興奮地跑到附近的銀行兌現，只是到了那裡，才發現支票金額誤寫為一百美元[10]。杜賓趕回Science Inc. 時，引起一陣尷尬和笑聲。「當他從銀行回來時，看起來滿臉通紅。」戴爾回憶道，並且連忙簽發新支票給杜賓。

但是十萬美元只夠招募一個小團隊，還有改善目前的網站。下一步需要募集足夠的資金挹注日常營運，並且購買更多的刀片。Science Inc. 共同創辦人彼得・范姆（Peter Pham）隨後帶著杜賓展開一連串的旅行，以便會見矽谷的創投資本家。

那裡的每個人最初反應也都是抱持懷疑：**刮鬍刀刀片？**

范姆已經為數十家新創企業籌措資金，一元刮鬍刀俱樂部是其中最難推銷的。當時是數位原生品牌（Digitally Native Brand）剛萌芽的時代，這些品牌略過零售商，直接在網路上販售商品給消費者。男士服裝公司Bonobos剛創辦五年，而眼鏡新創企業Warby Parker則在二〇一〇年才誕生，除此之外，沒有更多這類公司了。

從二〇一二年一月開始，范姆聯繫大約七十家創投公司，並且和杜賓往來舊金山十幾次，為了省錢，每次都是住在Airbnb而非飯店。他們遇到的一個問題是：當矽谷的創投公司想到破壞（disruption）這個商業概念時，想到的都是臉書與Google、推特（Twitter）和YouTube、Instagram與Snapchat，很少想到服飾、眼鏡或刮鬍刀等實體產品，這些都是日常用品，通常被大型跨國公司主導。「一元刮鬍刀俱樂部並非科技公司，或者在當時並不被認為是科技公司，但是這些投資人全都來自科技業。」范姆回憶道。

即使設法安排會談，但是大多數洽談過的投資人並不理解這門生意。「創投資本家很有錢，搞不懂人們為什麼需要在刮鬍刀上省錢。」范姆說道：「他們不知道有一大群人不能帶著滿臉鬍渣去工作，軍隊或公司裡的人會對不把鬍子刮乾淨的人皺眉，而這些人無法負擔每個月花費三十美元購買吉列刮鬍刀。」

還有很多投資者無法想像與吉列競爭這件事，范姆繼續說道：「他們詢問：『如果吉列也開始從事線上訂閱服務，並且降低售價呢？』我說：『吉列不會這麼做，因為無法擺脫自己該死的做法。吉列不能降價，因為這會造成下一季度的獲利壓力，也不想從事線上生意，以免破壞與零售商的關係。』」

大多數的創投資本家斷然拒絕，但是仍有一些人，例如瓊斯就對杜賓拍攝的搞笑影片感到有趣和好奇。一位投資人同意押注二十五萬美元，但隱約流露的感覺是這門生意的成功機率不大。大多數公司則是提出對它們微不足道的投資金額：五萬美元，有的甚至只有兩萬五千美元。經過近七週的懇求與哄騙[11]，范姆和杜賓設法籌措九十五萬美元，距離一百萬美元的目標還差一點，但是已經足以重新啟動一元刮鬍刀俱樂部。

努力尋找合乎需求的高品質供應商

當杜賓開始和范姆合作募集資金時，也在尋找另一個問題的答案：更好的刮鬍刀與刀片供應商。合夥人萊文購買並存放在倉庫裡的最初一批貨是舊式雙刀刃刮鬍刀，這些刮鬍刀不夠好，沒有機會吸引重複購買的消費者。如果一位顧客試用刀片，而且不喜歡的話，就有很大的風險會取消訂閱服務，再也不會回來，因此杜賓必須找到高品質的製造商，提供最新的四刀刃與六刀刃刮鬍刀，讓這些刮鬍刀掛上一元刮鬍刀俱樂部的品牌。

萊文認識和海外刮鬍刀製造商有聯繫的人，並且願意幫忙引薦。其中一個選項是日本刮鬍刀公司貝印株式會社，另一家則是韓國製造商多樂可（Dorco），後者在聖地牙哥設立美國分公司，距離洛杉磯較近，於是杜賓沿著海岸線南下，與肯・希爾（Ken Hill）會面。希爾是刮鬍刀界的老兵，擔任多樂可美國分公司總裁大約一年。

基於老友的請託，希爾同意與杜賓碰面。和矽谷的創投資本家一樣，希爾並未完全被杜賓或是他的提案吸引。「他穿著白色長褲和運動鞋出現，看起來就像剛起床。」希爾回憶道：「我待在這一行已經有一段很長的時間，看不出訂閱制這個想法有成功的機會。」但是管他的，他在心裡想著：「好吧！杜賓，祝你好運，我們會賣給你想要的刀片數量，只要你預先支付所有的費用。」

一元刮鬍刀俱樂部終於湊齊所有的拼圖。

從創投資本家募集的資金太少，因此募資新聞難以吸引足夠的媒體關注。為了多得到一些媒體聲量，杜賓決定暫緩宣布這個消息，以便讓募資的新聞發布與影片的首播，能在同一個時間點發生。他委託一家公關公司，安排少數科技媒體可以優先預覽這支影片。關於首播日期則選在三月六日，這一天是德州奧斯丁美國南方音樂節（South by Southwest）數位媒體大會的開幕日，如果那裡的人們喜歡這支影片，就可以在網路上創造回聲室效應（Echo-Chamber Effect），並在其他地方引起注意。

這個舉動確實奏效了，影片上傳的那個早上，推特上爆發數百則「你一定要看」的留言。

「我不常刮鬍子，但是如果要刮，我會使用#dollarshaveclub，只因為它們令人拍案叫絕的影片[12]。」

「太好了！終於不需要只為了刮個鬍子而花一大筆錢。」

「看看這個！新創企業@DollarShaveClub的精彩影片。」

「那支一元刮鬍刀俱樂部的廣告影片棒透了！」

但是在一元刮鬍刀俱樂部與Science Inc.內部，眾人卻感到焦慮。幾週前被聘僱管理網站的聖塔莫尼卡小公司TulaCo正遭逢困境，TulaCo共同創辦人史蒂夫．拉肯比（Steve Lackenby）曾經警告杜賓，一元刮鬍刀俱樂部網站架在笨重又過時的平台上，缺少足夠伺服器來應付太大的流量。但是TulaCo已經做了一些調整來改善網站效能，所以拉肯比在那個早上並不擔憂。

「對九九%的公司來說，這應該已經沒問題了。你的網站上線了，然後變成唧唧叫的蟋蟀。」他說道，用來取笑當事情平靜、毫無變化時，你會聽到的單調背景聲。拉肯比曾和很多創業者打交道，這些人瘋狂樂觀地相信自己的事業會獲得極大關注。「你或許會對我說，即將有數十萬人造訪你的網站，但是我會說：『祝你好運。』」

拉肯比錯得離譜，隨著湧入網站的流量升高，TulaCo團隊徹夜瘋狂工作，設法讓網站穩定，以便處理龐大的瀏覽量。

在影片上線的四十八小時內，一元刮鬍刀俱樂部有了一萬兩千名訂閱顧客，遠遠超出原先預期。杜賓和六個員工組成的小團隊一直忙到晚上，徒手黏貼出貨標籤，因為還沒有任何自動化設備。公司很快就把可以出貨的刀片都用完了，只好寄送郵件，懇求客戶耐心等候。

掉以輕心的競爭對手

跨越國土，在吉列位於波士頓的總部，眾人的反應都是不以為然。好吧！杜賓的影片很幽默，但是刀片呢？

「他們的刀片一點都不屌，說的並非事實。」一位前吉列資深高層回憶當時的想法[13]。「顧客喜歡我們的產品，不會改用這種垃圾。和我們的產品對比實測時，對方被我們痛宰。」另一位前高層則語帶輕蔑地說：「一元刮鬍刀俱樂部的刮鬍刀，甚至連握把都很笨重！」

事實上，吉列的研究人員早已測試一元刮鬍刀俱樂部販售的刀片。吉列擁有尖端的研發實驗室，僱用包括冶金學家、皮膚科醫生、化學家、人體工學專家等數百名科學家。公司每年花費數百萬美元，檢視自己刀片的品質（有多銳利、使用多久才會變鈍、何時會變得容易造成擦傷），以及競爭對手的刀片品質。

吉列監控與刮鬍刀相關的每件事，知道一元刮鬍刀俱樂部並未自行生產刀片，只是購買多樂可的產品掛名。

多樂可成立於一九五五年[14]，最初是刀具製造商，在一九六二年開始生產刮鬍刀與刀片。當時多樂可並不需要和吉列競爭，因為所在的南韓國內市場直到一九八〇年代後期才開放進口刮鬍刀。多樂可只有在南韓才是熱銷品牌，擁有約四〇%的銷售量，在亞洲其他市場與全世界則敗給了吉列。

與一元刮鬍刀俱樂部建立合作關係前，多樂可已經在美國銷售刮鬍刀數十年，但大多數銷售並不是使用自己的品牌，反而有很大程度被侷限在販售廉價的「白牌」商店品牌，也就是根據商業合約，為凱瑪（Kmart）、7-Eleven、奧樂齊（Aldi）等零售商製造刀片。事實上，在一元刮鬍刀俱樂部找上門前，多樂可在全美市占率只有無足輕重的一％[15]。

「吉列對多樂可刀片的了解比杜賓還多。」吉列前高階主管麥克・諾頓（Mike Norton）說道：「我們的對比測試將會證明給你看，你可以任意選擇一把吉列刮鬍刀，它的表現都比一元刮鬍刀俱樂部的還要更好。」他宣稱其中包含舊款的吉列鋒速三（Gillette Mach3）刮鬍刀，這是早在一九九八年就已經推出的型號。

歸功於對品質與細節的關注執著，只有少數公司可以像吉列一樣，在消費性產品市場占據既大且久的領導地位。二十世紀初，在開創性的雙刀刃拋棄式刀片成功橫掃市場後，吉列靠著美國政府的協助，進一步鞏固身為刮鬍刀與刀片首選品牌的地位。在第一次世界大戰期間，美國軍方訂購三百五十萬把刮鬍刀與三千六百萬個替換刀片給軍隊使用。當美國大兵戰後返鄉時，自然會為手上的吉列刮鬍刀購買適合的吉列刀片。

吉列不只在創新與生產效率上很拿手，行銷也同樣出色，是最初一批體認到運動行銷潛力的消費者品牌。在一九三九年購買美國職棒世界大賽（World Series）的廣播廣告權後[16]，銷售量大增，之後持續贊助數十年。幾年後，當吉列開始贊助美國國家廣播公司（NBC）的《運動騎兵隊》（*Cavalcade of Sports*）電視節目後，運動行銷的策略逐漸成形，其中或許最為人所知的口號是，一九八九年美式足球超級盃（Super Bowl）比賽時推出的「男人首選」（The best a man can get）。

競爭者不時出現，卻很少影響吉列。英國公司威爾金森劍（Wilkinson Sword Co.）在一九六〇年代初搶得先機，以不鏽鋼製造出不容易鏽蝕，更能長時間保持鋒利的刀片；接著在一九七〇年代中期，比克（Bic）率先推出拋棄式刮鬍刀。但是吉列科學家創造出最多革新的刮鬍技術——吉列擁有數千個專利，任何市占率的微小損失都能很快彌補回來。

難怪數十年來，吉列的市占率總是保持在近乎壟斷的七〇%[17]，對消費性產品而言，這是前所未聞的。這家公司堅不可摧，每年在全球銷售四十億美元的刮鬍刀與刀片，而且一直享有大約五〇%至六〇%的豐厚毛利率，促使消費性產品產業巨人寶鹼（P&G）在二〇〇五年以五百五十億美元左右的價格收購。

舒適（Schick）對一元刮鬍刀俱樂部影片的反應也很類似，該公司長久以來在美國市場總是屈居第二。當時擔任舒適行銷部門主管的布拉德．哈里森（Brad Harrison）回憶道：「當這支影片推出時，我的團隊和我開玩笑說，我們應該來玩喝酒遊戲，每當有人轉寄影片給我們，我們就乾一杯。朋友、家人——每個認識的人都會轉寄給我，我至少收到五十次。」

他們都同意杜賓的推銷非常有趣。哈里森說道：「我們上網購買一批他們銷售的各種刀片，把刀片寄到實驗室，自行測試。我們說：『哇！這產品真是糟透了，不會受到喜愛的。因為影片的關係，會獲得一大群人嘗試，但是絕對不會有回頭客。』好吧！『糟透了』或許太嚴苛，但是它絕對無法和舒適或吉列的任何一款產品相提並論，這股熱潮很快就會過了。」

慧眼獨具的投資人

大衛・帕克曼（David Pakman）的反應卻大不相同，「我活在推特的世界裡，當看到所有關於這支影片的訊息在社群上展開病毒式傳播時，正坐在位於紐約的辦公室裡。」

帕克曼是創投公司 Venrock Associates 合夥人，有一間位於二十二樓角落的狹小辦公室，可以俯瞰曼哈頓中城的第五大道。他停下手邊的所有工作，不只一次，而是好幾次重複觀看這支影片，即便他對一元刮鬍刀俱樂部緩慢的網站速度感到挫折。「我記得當時一邊點擊影片，一邊大笑想著：『這傢伙真是既歇斯底里又聰明。』」

就像吉列的人一樣，帕克曼想知道刀片的品質，因此在網路上下單。當他最終拿到貨品，而且在家測試後，就連他也同意吉列的刀片確實比較好。「我試了一元刮鬍刀俱樂部的刀片，覺得還不錯，但是稱不上很棒。」

不過重點是，帕克曼想著：還不錯的刀片，實際上對大多數人來說已經夠好了，特別是考量一元刮鬍刀俱樂部的刀片售價只有吉列一半的前提下。（杜賓公司舊式、最低品質的雙刀刃替換刀片，五片裝售價四美元，相當於每個刀片只要八十美分，但是品質更好的刀片則要價超過一美元，儘管公司叫做「一元」刮鬍刀俱樂部，但四片裝四刀刃替換刀片售價六美元，四片裝六刀刃替換刀片則要賣九美元。）而且你不需要跑到商店，等店員從收銀檯後方上鎖的櫃子裡，拿出刀片賣給你，一元刮鬍刀俱樂部每個月會定期寄送替換刀片。

便宜與便利，再加上吸引年輕人的巧妙行銷，帕克曼有一種預感，杜賓做對了。

帕克曼也曾是網路創業者，為於一九九〇年代後期興起的幾家音樂下載服務公司工作。在他辦公室的牆上還掛著《財星》（*Fortune*）與《今日美國》（*USA Today*）報導的故事，是關於經營一家名為eMusic的公司，在蘋果（Apple）推出iTunes服務前，這是一家頂尖的獨立音樂線上零售商。

不過，一元刮鬍刀俱樂部的影片吸引帕克曼的，不只是搞笑的內容，而是因為它正好可以幫忙測試一個想法：「我有一個具體的投資理論，最佳機會就在既得利益公司忽視的潛在創新。如果這個破壞式創新夠大，新創企業可以乘著浪潮前進，因為這些既得利益公司必須花費一陣子，才會意識到面臨巨大的挑戰，並對威脅採取應變措施。」

的確，一元刮鬍刀俱樂部沒有創新的產品，但是有一個創新的想法。帕克曼認為，儘管吉列是市場主導者，卻脆弱易受攻擊，或許事實上正因為它是長久以來的主導者而變得脆弱，吉列的強大也可以是弱點：**它太成功了，以至於無法完全理解一家新創企業可以產生的顛覆與破壞，這個顛覆來自於用「還可以的」產品搭配網路，藉此創造公平競爭環境，並且改變遊戲規則。**

吉列或許提供最好的刮鬍刀，帕克曼心想，但是一元刮鬍刀俱樂部提供最好的**價值**。吉列無法這麼做，因為它太有自信，甚至太傲慢了，而且如果對此反應太急或太大，將會損害獲利。然後，吉列的資深高階主管就必須對寶鹼的老闆做出一堆解釋，這些老闆需要持續成長的獲利，證明為了收購吉列花費的數百億美元是值得的。

各方投資者的不同眼光

帕克曼的直覺是正確的，一些吉列的內部人士也想知道杜賓是否會成功。當時吉列的高階主管大衛・西爾維亞（David Sylvia）表示：「我大概可以背出影片裡的每一句台詞，我們當中有些人應該是在辦公室隔間裡觀看這支影片。」然而，對大多數的高階主管來說，保護好刮鬍刀與刀片這個賺錢的小豬存錢筒才是最重要的，在討論這個新的、小小的競爭者，還有他們的搞笑影片的會議裡，降價（或是其他足以在初期擊潰一元刮鬍刀俱樂部的重要對策）從未被討論。「我們將會安然過關[18]。」另一位吉列的高階主管回憶道，這是當時會議的重點。「我們打算忽視他們，他們根本沒有足夠的資金。」

幸虧有了帕克曼，這種情況很快就會改觀。在看過影片後幾天，帕克曼就聯繫杜賓和 Science Inc. 的范姆。在六月，拜訪杜賓的幾天後，帕克曼更堅信杜賓的想法終將成為贏家，並且想要投資——這正是一元刮鬍刀俱樂部需要的，公司需要資金投入更多的行銷預算，獲得更多的早期關注。帕克曼喜歡訂閱制，而且早期的留存率（Retention Rate）很高，也喜歡杜賓的願景，這個願景是建立一個生活風格品牌，並且用聰明的行銷方式吸引千禧世代。

帕克曼最大的擔憂並不是與吉列之間的競爭，而是一元刮鬍刀俱樂部大名鼎鼎的初期種子投資者，包含矽谷創投公司凱鵬華盈（Kleiner Perkins）與 Battery Ventures，會決定加碼投資，把他的公司排擠在外。

畢竟，瓊斯或范姆作夢都想不到一元刮鬍刀俱樂部的表現會這麼好；在影片上傳 YouTube 三個月後，觀看次數已經達到四百七十五萬。「我們原先預測到了二〇一二年年底，營收將來到五十萬美元，但是在一個季度後就達到這個數字了。」范姆說道。最終二〇一二年營收達到四百萬美元。

然而，出乎帕克曼意料的是，一些最初的創投公司並不想投入更多資金。帕克曼並不覺得氣餒，設法取得 Venrock Associates 投資，而且其他四家在第一輪就參與的創投公司也紛紛挹注資金——部分公司是被范姆哄騙來的，在二〇一二年十一月額外投資九百八十萬美元[19]，這些公司包括 Science Inc. 與 Forerunner Ventures，後者是首輪募資中最大的投資者，創辦人克絲汀・格林（Kirsten Green）取得一元刮鬍刀俱樂部一席董事席位。格林擁有零售業背景，並且察覺到電商為品牌創造提供新的方式；帕克曼稍後主導另一輪的創投募資，也成為董事會的一員。前後經過超過六輪募資，投資總額最終來到一億六千三百萬美元[20]，為更多的行銷活動與人才招募提供充足資金。隨著一元刮鬍刀俱樂部的營收提高，募資也變得更容易，不過范姆也指出：「隨著時間的推移，我們收到數百次的拒絕。」事實上，有些早期的創投資本家甚至選在二〇一四年年初退出，將持有股權轉讓給 Venrock Associates。「你們是否願意購買我們的股權？我們對這家公司的長期經營缺乏信心。」范姆回憶這些人當時的說法[21]。

另一個拒絕范姆的潛在投資者則是吉列[22]，范姆接觸杜賓的對手，認為結盟可能對雙方都有利。「對方有一個負責投資的創投部門。有一次我打電話給吉列企業發展部門主管討論投資的可能性，他表示沒興趣。」范姆說道：「他們太有自信了，態度是『我們為什麼需要投資？我們擁有這個市場。』」

早期，一元刮鬍刀俱樂部與多樂可之間的關係也很緊張。多樂可對於取得的新生意感到滿意，現在需要投入更多自有資金，提高產能以滿足來自杜賓顧客快速成長的訂單。因此在二〇一二年秋天，基於美國分公司總裁希爾的建議，多樂可要求（事實上是堅持）獲得一元刮鬍刀俱樂部的股份[23]。

「我們具有很大的優勢，杜賓卻沒有什麼選擇，他靠著從我們這裡買來的刮鬍刀，培養最初的一群顧客，如果在那時候想要更換其他的供應商，對他來說會很困難。」希爾回憶道。多樂可老闆把談判事宜交由希爾處理，因為認為這些股票值不了多少錢。希爾不願意透露多樂可確切取得多少股份，只說明大概介於五％至八％之間。代價則是一毛錢都不用付，作為協議的一部分，多樂可簽署一份長期合約，必須提供一元刮鬍刀俱樂部刮鬍刀與替換刀片直到二〇一九年為止。

杜賓別無選擇，只能默許這件事，並把公司的一部分股票交給多樂可。「這麼說吧！我了解供應鏈的重要性，而且想要做成那筆交易。」他說道。

產業巨人節節敗退

當吉列與舒適對一元刮鬍刀俱樂部早期的成功，仍舊沒有太多關注之際，其他人卻注意到了。線上眼鏡公司 Warby Parker 四位創辦人之一的傑佛瑞・雷德（Jeffrey Raider），協助創立名為 Harry's 的山寨競爭者，在二〇一三年開始銷售一家德國製造商的刮鬍刀與刀片。最終 Harry's 買下這家德國製造商，展現不一樣的供應商策略，有別於一元刮鬍刀俱樂部與多樂可之間的關係。

刮鬍刀大戰逐漸升溫，為了強化作為最早**直接面對消費者**（Direct-to-Consumer, DTC）品牌所具有的優勢，一元刮鬍刀俱樂部把大部分的營收，以及來自後續幾輪募資獲得的數百萬美元都投入行銷。二〇一三年，一元刮鬍刀俱樂部是最早一批體認到社群媒體廣告力量的消費性產品公司，並且僱用數位行銷新創企業 Ampush 進行廣告投放。Ampush 位於舊金山，專精於臉書廣告的分析，根據人口統計變數投放廣告給一元刮鬍刀俱樂部的潛在消費者。很快地，幾乎所有的數位原生品牌都學會這個戰術。

到了二〇一五年，儘管一元刮鬍刀俱樂部是以爆紅影片和臉書廣告行銷而聞名，但也開始加大電視廣告的投資，每個月達到數百萬美元的預算，目的是從吉列手中奪取更多的生意。然而，後來的廣告沒有一支可以像最初的影片那樣取得瘋狂成功，那支影片在 YouTube 上已經累積超過兩千六百萬次的觀看次數[24]。但是，多數的廣告仍遵循杜賓放肆無禮的幽默方程式，痛擊其他品牌（也就是吉列）昂貴又充滿挫折感的商店購買體驗。其中一支廣告的內容是，描述一位表情嚴肅，穿著像是警衛的商店店員，嚴刑拷問並電擊一位顧客的情節，因為這位顧客表示要從上鎖的櫃子裡「拿走」一些刀片。一元刮鬍刀俱樂部有很多廣告影片會讓杜賓客串演出，在視覺上不斷提醒觀眾：沒錯！就是這家公司，拍攝那支《我們的刀片真是屌爆了！》（Our blades are f**king great!）影片的公司。

一元刮鬍刀俱樂部的營收，在二〇一五年達到一億五千三百萬美元[25]，兩年前才只有兩千萬美元。在二〇一六年，不過是創辦幾年後，這家公司在刮鬍刀與刀片市場已有八％的營收市占率（杜賓宣稱公司市占率是上述的兩倍，因為刀片價格較便宜）。吉列的市占率則在同期大幅下降，從六七％減少到約五四％[26]。

此時壯大聲勢是必須的，為了顯示自己不再是卑微的模仿者，一元刮鬍刀俱樂部在二〇一六年超級盃的三十秒廣告上花費數百萬美元。許多董事會成員擔心這樣會浪費錢，但是杜賓堅持，辯稱：「在廣告的世界裡，超級盃是大男孩的遊戲，我們將被更認真看待。」

即便吉列的市占率持續下降，但是反應仍舊平淡，該公司試圖使用臉書廣告回擊，卻被廣為嘲諷是對一元刮鬍刀俱樂部的蹩腳回應。在二〇一四年，吉列推出類似的訂閱制服務「Our Shave Club」，但是為了避免激怒銷售吉列刀片的既有店家，要求顧客首次訂閱必須透過「首選零售商」，不能直接向吉列註冊。「我們絕對不想被沃爾瑪（Walmart）找去問說：『等等，你打算把刮鬍刀直接賣給消費者？要就透過我們來賣，不然就把你的刮鬍刀都帶走。』承受這個風險的報酬並不夠大。」吉列前高階主管諾頓解釋道，呼應范姆早先在二〇一二年的預測，他當時就認為吉列面對杜賓的威脅，將會陷入兩難困境。

吉列依舊頑強地拒絕降價，在某支廣告裡，缺乏說服力又可笑地堅稱，公司的刮鬍刀比「某某刮鬍刀俱樂部」便宜五〇％以上[27]。怎麼可能呢？這是基於吉列的刀片可以使用一個月，而競爭對手的刀片只能使用一週的前提下做出的假設。

因此，一元刮鬍刀俱樂部持續猛攻「你用不到的刮鬍技術」，藉此貶抑吉列刮鬍刀華而不實的功能與昂貴成本。一支廣告直接並列呈現兩個品牌的四片裝三刀刃包裝盒照片，廣告上只有以下文字：「我們的六美元，他們的十八美元。」該公司也在寄送給訂閱用戶的包裝上，留下簡潔幽默的訊息：「『我喜歡使用變鈍的刀片刮鬍子。』**沒有人喜歡，絕對沒有**，記得每週更換你的刀片。」

讓早期投資者大賺一筆的收購方案

與此同時，吉列高層仍舊軟弱無力，並且狀況外地重複傳統的口號，宣稱「我們的刀片比較好！」寶鹼財務長喬恩・穆勒（Jon R. Moeller）在二〇一五年對華爾街的投資人表示：「吉列的產品與任何刮鬍刀俱樂部的競爭產品相比，明顯更受消費者青睞，無論是在貼合度、流暢度、舒適度，以及其他十八項品質測試裡，我們都是勝出的，包含最重要的評價，吉列整體上有更好的刮鬍體驗[28]。」

對一元刮鬍刀俱樂部超過兩百五十萬名訂閱用戶來說，這一點都不重要，包含獨立評測者在內的每個人，如《消費者報告》（*Consumer Reports*）都同意吉列確實提供更好的刮鬍刀[29]。感到沮喪的吉列，在二〇一五年對一元刮鬍刀俱樂部提起訴訟[30]，宣稱對方侵犯專利。在帕克曼眼中，這代表吉列越來越擔憂。這個專利是在刀片邊緣鍍上保護層，這樣就不容易鏽蝕，可以保持更長時間的鋒利。這起訴訟後來在沒有揭露任何條件的情況下獲得和解。對帕克曼而言，吉列的每個舉動都符合標準戰術手冊裡描述的，積重難返的巨人會採取的回應。「我們投資時就料到對手的反應，這很明顯容易預測。」

吉列的前高層人士坦承，公司一直作繭自縛。杜賓在幾年前對刮鬍刀生意一竅不通，卻能持續創造聰明的行銷活動，超越在這個產業待了數十年的高階主管。這些人持續專注在漸進式改善，但是所有刀片的品質，包含多樂可在內，都已經有了很大的改進，以至於任何微小的進步都難以引起使用者注意，特別是考慮吉列已經把替換刀片的價格提高到每盒五美元，幾位吉列高階主管回頭看這件事時，都認為這個價格是為一元刮鬍刀俱樂部開啟生意大門的「痛點」。「對消費者而言，最高品質究竟有多重要？我是否寧可選擇依舊鋒利卻便宜許多的品牌？畢竟不是每個人都追求最好的產品。」吉列前高階主管西爾維亞說道。

當一元刮鬍刀俱樂部的營收在二〇一六年達到兩億四千萬美元時[31]，杜賓開始接觸有收購意向的買家，已經入股的高露潔—棕欖（Colgate-Palmolive）就是其中之一，舒適也在名單內[32]。但是聯合利華（Unilever）這家寶鹼在洗潔劑與許多消費性產品的競爭對手，於二〇一六年七月超越所有追求者，提出十億美元現金收購條件，當時一元刮鬍刀俱樂部正朝向三百萬名訂閱用戶的目標邁進。為了保持杜賓的願景，與新買家對成長的期待，公司開始擴展其他的美容清潔用品：髮膠、牙刷與牙膏、洗髮精、洗面乳、男士香水、護唇膏，甚至是包含鑷子與指甲剪的「修容組」。由於增加太多新產品，行銷素材甚至還放上這句話：「或許我們應該拿掉名字裡的刮鬍刀，改名為一元俱樂部。」

有些人質疑聯合利華是否買貴了，但是在二〇一九年五月，市占率比一元刮鬍刀俱樂部還低的Harry's刮鬍刀，被舒適與威爾金森劍的母公司伊潔維（Edgewell Personal Care Co.）以十三億七千萬美元收購[33]。雖然收購價比一元刮鬍刀俱樂部還高，但是Harry's的原始投資者卻有較低的投資報酬率，因為它的收購價是總投資金額三億七千五百萬美元的三．七倍[34]，相較之下，一元刮鬍刀俱樂部則享有超過六倍的報酬。總之，兩家公司的原始投資者都賺了好幾倍。

前後多輪募資削減杜賓的股權比重，不過他仍持有公司九%至一〇%的股份[35]，市值約在九千萬至一億美元之間；此外，杜賓還享有根據公司未來幾年業績成長而定的額外報酬。Science Inc.為先前所下的賭注，獲得數千萬美元的利潤（該公司拒絕提供更具體的資訊）[36]。在早期主要投資者裡，Forerunner Ventures與Venrock Associates這兩家創投公司則是最大贏家。多樂可從杜賓手上獲得的股份賺了數千萬美元；此外，為一元刮鬍刀俱樂部代工也讓盈收一飛沖天[37]，全球市占率成長超過三倍，達到約一六%，對比之下，在與杜賓合作前則是低於五%。共同創辦人萊文則在早期就退出積極經營者的角色，但是仍從保有的少數股票裡，獲得數百萬美元報酬[38]。

二〇一七年春天，吉列別無選擇，只能按下前高階主管諾頓所說的「核彈按鈕」：降價，平均降幅一二％[39]。這個舉動等於痛苦承認公司的生意正受到侵蝕。為了贏回顧客，吉列在《紐約時報》（*New York Times*）與《華爾街日報》（*Wall Street Journal*）刊登全版廣告：「你說想用低價買到最好的刮鬍刀，沒問題。」而在吉列的官網上，有別於虛張聲勢的行銷宣傳，誠實又謙虛地坦承：「你對我們說我們的刀片或許太貴，我們聽到了。」

就在幾年前，只要花費數百萬美元或是再多一點的錢，吉列即可買下剛起步的一元刮鬍刀俱樂部大多數的股份，如今吞下的降價讓吉列每年損失一億美元以上的營收，還不包括因為市占率減少，顧客轉向一元刮鬍刀俱樂部，造成每年數億美元營收的損失。

杜賓看到這則廣告時笑了。

第二章
顛覆各大產業的魔笛手
——從創投到眼鏡業的 DTC 風潮

通常創業家的提案都是透過電子郵件寄出，偶爾也會利用傳統郵寄的方式，有時提案甚至是由充滿熱情的青年親手送達，希望透過這種「我願意做任何事來成功」的熱情脫穎而出。

這一次，他們的目的地是舊金山任務街一一六一號三〇〇室。WeWork 也在這棟大樓裡，但這裡不是那種企業因為租不起更高級、更華麗的地方，才會選擇像鳥籠般、擠滿桌子與電腦的典型玻璃封閉式空間，這間辦公室和其他正在奮鬥的新創企業分隔開來，有自己的獨立入口，讓人有通風的感覺，還有時尚的現代辦公室家具，以及低調的藝術牆面，和寬敞又設備齊全的會議室。

這是 Forerunner Ventures 的辦公室，也是格林的創投公司。

創業家的提案總是如雪片般飛來，從未停止，無論是以什麼形式送到。每年或多或少都有兩千五百個提案，二〇一八年七月是一個特別的月份，當月有一百九十八個商業提案，其中六十七個想要成立數位品牌（你想得到的化妝品、鞋子、盥洗用品和服飾都有），另外六十四個是數位「平台」的提案（主要是在手機上販賣物品的平台），以及十六個新的零售概念提案，與十八個電子商務市場提案。格林和其他六位同事會針對這些提案進行篩選，大約有十分之一，等於一年有兩百至兩百五十位創業家有幸被邀請到格林面前親自簡報。這些創業家會如同到麥加朝聖一般，沿途遇到很多無家可歸的人，長途跋涉到 Forerunner Ventures 位於舊金山田德隆（Tenderloin）南區的辦公室。

在短短一小時內，創業家要想辦法說服 Forerunner Ventures 投資，面對格林和她的夥伴對產品競爭者的狀況、財力，以及他們的策略等一切問題進行拷問。

如果沒有夠大的想法就不用來了，Forerunner Ventures 很直白地說出自己的使命：「我們只投資那些挑戰產業常態的人，那些能顛覆整個產業的人。」其他的創投公司，特別是紐約矽谷街的 Lerer Hippeau，持有許多數位消費者品牌的股份，包括如同 Forerunner Ventures 投資的一些新創企業在內。但是 Forerunner Ventures 因為幾乎只投資電子商務脫穎而出，這種賭博式策略讓格林成為創投界，甚至是跨界的名人。

時尚、上鏡和超電笑容，格林無疑是創投圈唯一入選《時代》（*Time*）雜誌百大最具影響力人物[1]，同在二〇一七年，她成為《浮華世界》（*Vanity Fair*）國際最佳穿搭名單上的創投資本家[2]。在該雜誌刊登的照片上，她身穿 Chloé 的黑白相間曳地長裙，拿著香奈兒（Chanel）的紅色手拿包。

格林並不是一夕之間就成為DTC品牌界的魔笛手（Pied Pipers），十年前，她還是無名小卒，一九九三年從商學院畢業後，最初在一家大型會計事務所工作幾年。她告訴記者，有一次突然意識到自己在喜互惠（Safeway）清點冷凍櫃庫存[3]，表示：「我的意思是，有誰會渴望成為審計員[4]？」

之後格林便到華爾街擔任零售產業分析師，默默工作近十年後辭職，因為她覺得電子商務將會改變零售業，當時便開始從事顧問工作，並涉足投資新創企業。

直接面對消費者趨勢興起

在創投業界毫無經驗的格林，需要自己主動尋找投資標的。在業界傳聞她成為一元刮鬍刀俱樂部最大的初期投資者，並對Bonobos與Warby Parker等線上品牌挹注資金後，直到二〇一二年和二〇一三年，創業家才紛紛主動向她提案。

二〇一六年夏天，格林的名聲已經在創投界傳開。短短幾週內，她擔任初期投資人的兩家公司，都成為市值至少十億美元的新創企業**獨角獸**。除了一元刮鬍刀俱樂部以十億美元出售給聯合利華外，線上折扣網Jet.com也被沃爾瑪以三十三億美元收購。格林說道：「有很長一段時間，我們不把公司的地址放在網路上，因為會有很多人直接帶著提案來敲門。」

當時，Forerunner Ventures的投資就像矽谷業界的官方認證。一元刮鬍刀俱樂部早期的員工，莉茲・瑞福斯尼德（Liz Reifsnyder）回憶表示，在二〇一六年，DTC女性維他命新創企業Ritual正式上市前，她與該公司創辦人見面洽談一份高階工作。「我說：『我不知道你是否在募資，但是如果正在這麼做，真的應該和格林談談，這是她的強項。』」當被告知Forerunner Ventures已經同意成為主要投資者時，瑞福斯尼德毫不猶豫地加入公司，當時她想著：「得到格林的投資認可，代表我已經可以去上班，可以加入公司了。」

如同許多革命一樣，DTC品牌的起步總是緩慢，但是之後總讓那些固守傳統的人大吃一驚。一開始，革命的組織總是鬆散的，不過隨著時間推移，漸漸成為由企業家和投資人領導的公司，他們大多來自像Forerunner Ventures這樣不太知名的創投公司，卻總是能注意到被大型創投公司忽視的機會。透過數據應用在鎖定線上購物者，從初創數位零售業的失敗中記取教訓，以及偶爾的成功裡吸取經驗，都對這些品牌有所幫助。在基礎建設快速發展和唾手可得的科技技術下，任何人都可以用極少的成本推出新產品。

很少有線上購物者聽過Shopify，但是它將改變整個電商產業。創辦於二〇〇四年的Shopify，建立一個電子商務平台，提供新創品牌需要的所有服務——建立網站、接單、收款、追蹤庫存和管理貨運。使用這些服務的原始成本只要二十九美元[5]，比實體商店的一台收銀機還便宜。

這樣的機會至少對大部分自視甚高，能洞察未來的創投資本家來說是不起眼的。不久前，如果創業家提出一個新消費產品（科技小物除外），幾乎所有創投公司的反應都會是從「什麼？」再到「你在跟我開玩笑嗎？」最後「請你離開」。建立新品牌的代價很高，成功的機會也很渺茫。

美國互動廣告局（Interactive Advertising Bureau）執行長蘭多．羅森伯格（Randall Rothenberg）指出：「二十五年前，如果你的牙膏比其他競爭者好上許多，也不能做什麼。」他說道：「如果你知道哪裡可以取得原料，也沒有什麼幫助，因為你得一次購買一噸，不能少量購買；如果你認識一個會做牙膏的人，他還是不會接受你這個客戶，因為你不是訂單量夠大的生產商；又如果你找到人願意幫忙生產牙膏，也沒有零售商會願意幫你銷售，因為你無法透過全國性媒體做宣傳，刺激買氣，你就是很不走運。」

相反地，那些數十年品牌因為擁有光環而獲得巨大的利益。在麥迪遜大道的廣告公司協助下，一旦品牌贏得顧客，大部分顧客就會不斷地回來、回來，再回來，因此這些主導市場的品牌往往有著非常豐厚的利潤。消費者可能會抱怨價格太高，但是在由少數公司主導的品類中，通常沒有太多的選擇。

這種創造和維持品牌的商業模式已經持續數十年，因為在品牌端的人、廣告商和銷售端的人之間有著共生關係。在這麼有秩序的世界裡，每個人都受益，很大程度是因為這樣的商業模式替進入市場創造顯著的障礙。

羅森伯格表示，二十世紀初第一、二名的品牌在二十世紀末也是第一、二名，一點都不奇怪。他說道：「像吉列那樣在六年內失去一六%的市占率給一元刮鬍刀俱樂部（也有部分輸給Harry's刮鬍刀），是讓人不敢置信的事。」

意識到局勢即將轉變的創投界初生之犢

如果大多數的創投公司沒有意識到，科技進步有潛力協助降低進入市場的門檻，並且破壞既有世界的秩序，格林的優勢就來了，她就像那種站在革命前線的人，有如局外人一樣，知道只有這樣做才可能成功。

在Montgomery Securities投資銀行擔任分析師時，格林曾研究購物中心的榮景，和它超越傳統連鎖店的情形，也特別研究針對年輕人對零售商店業績的成長影響。她說道：「我看到很多透過商場做起來的品牌，一群群年輕人會帶著二十美元逛商場，這累積起來是一大筆錢。整件事配合得非常好，這些消費者就像開車時從後方吹來的順風，而商場便是順風的推動者。」

但她相信電商的興起將會改變這種情況，科技替商品銷售推動更多的順風，亞馬遜（Amazon）和eBay就處於早期改寫規則的階段。格林想：「很明顯地，將會有一場改變。」

她並非唯一有這種感覺的人，卻是唯一展開行動的。如果有一場革命將要發生，你還會坐在那裡嗎？

二〇〇二年年底，辭去華爾街零售產業分析師的工作後，格林利用對零售和消費品牌的知識，替私人募股公司從事顧問服務，但她意識到自己真正想做的是投資人，在擔任顧問的同時，也尋找那些在創造品牌和銷售方面有新商業模式的新創企業。

當格林發現自己對一個想法很有興趣時，便會積極籌募資金。把前同事和一些富有天使投資人的資金加起來，一人大約出資兩萬五千美元就能投資。

二〇〇七年，格林開始關注名為 Nau 的新創企業，她覺得這家公司很有意思，匯集自己一直思考關於零售新世界的許多想法。Nau 是由 Patagonia 和 Nike 的前高階主管創辦，目的在創造一個休閒又時尚的服裝品牌。白天可以穿去上班，晚上可以穿去音樂會、酒吧和餐廳。這些衣服以環保方式生產，和千禧世代的顧客可以產生連結。格林有預感這會成為下一股主流趨勢。格林指出：「有人說人們的生活正在融合，朝九晚五工作後回家的想法正在改變。」

同樣讓格林感興趣的是，Nau 當時在思考如何利用科技銷售衣服。該公司的商業模式並不是只用數位的方式，而是以數位為中心。Nau 的衣服不在其他零售商販賣，而是只在自己的精品店販售（精品店通常為五十六坪以下），這些精品店更像展示間，用藝術方式展示少量不同尺寸和顏色的產品。

Nau的商店在當時還有一個新特色：觸控電腦，鼓勵消費者用這些觸控電腦來瀏覽公司網站。消費者如果在店內的電腦下單，即可獲得一〇%的折扣。「我們稱為『網路前台』（webfront），而不稱為商店。」Nau創辦人伊恩．尤羅斯（Ian Yolles）說道：「我們甚至還替『網路前台』申請商標。」

在研究Nau之後，格林便聯絡尤羅斯。尤羅斯回憶道：「在整個產業是以批發模式為主的結構下，我們做DTC的生意，這件事讓格林很感興趣。」格林相信Nau正在做一些領先時代的事，於是說服知名的避險基金Tudor Investment投資一千萬美元，並成為Nau董事會中Tudor Investment的代表。

過於前衛的想法遭到時代淘汰

然而，事實證明Nau太過前衛，因為當時科技尚未發達，要建立優雅和操作簡單網站的成本很高。雖然Nau在五個有『網路前台』商店的城市培養一群忠實顧客，但是這些商店的費用花光當初募得的資金，因而沒有足夠金錢刊登電視廣告，當時也沒有社群媒體可以廣泛宣傳，藉此增加線上銷售。臉書當時還在起步階段，Instagram也尚未出現。由於資金不足，Nau積極尋找額外投資，但當時是二〇〇八年春天，金融市場開始崩盤，距離那年秋天的金融危機不遠。

由於一直無法獲得額外資金，Nau 遭到專門收購不良債權的買家以低價收購，價格甚至低到無法償還債務，投資人一毛錢都沒拿到。Nau 雖然設法繼續經營，但是這個倖存的小品牌已經沒有當初創辦人拓展生意的野心。在尤羅斯和格林的眼中，如果 Nau 晚一點成立，就能使用下一代那些數位優先的品牌可取得的工具了。

格林和創辦人遭受很大的打擊，表示：「當時很多人都心碎了。」尤羅斯記得自己安慰格林，但讓他印象最深刻的是，格林仍堅信創造新品牌與新零售業將遇到無可避免的變化。他說道：「她相信自己注意到的事，工作上的打擊並未動搖她的投資信念。」儘管 Nau 失敗了，但是格林並未氣餒，她說：「我從很早就被灌輸這樣的想法，賺錢的方法就是要和別人有不一樣的思維，擁有別人沒有的觀點，然後努力成為與大家不同的人。」

在 Nau 失敗數個月後，格林透過在零售業熟識的人和新的線上男裝品牌 Bonobos 搭上線。熱衷於透過科技創辦品牌的格林，在二〇〇八年投資 Bonobos，成為最早期的投資人和顧問。另一位共同創辦人安迪．杜恩（Andy Dunn）回憶道：「我向五十家創投公司提案，結果沒有一家成功，格林比其他人更早看到產業的轉捩點。看到這一點的人不是那些創投資本家，而是像格林這樣在零售業打滾的人，這並不奇怪。」

即使在格林繼續擔任顧問時，也在持續尋找新品牌投資。她說：「多年來，就像『嘿！在舊金山有一個人，她沒有什麼錢，但是對這些事感興趣。』在二〇一〇年，幾乎沒有人在乎

DTC品牌，甚至沒有任何人知道那是什麼。」透過格林在零售業網絡與消費者品牌的關係，最後會發現一條和當時的矽谷非常不同的路。

從生活中萌生新的創業構想

二〇〇八年秋天，在賓州大學（University of Pennsylvania）華頓商學院就讀的四名研究生聊天時，大衛．吉爾博（David Gilboa）因為忘了把一副價值七百美元的眼鏡從飛機的椅背置物袋拿走而感到惋惜[6]。〔故事的另一個版本是，另一個學生雷德說自己弄壞一副價值五百美元的眼鏡，又不太想花很多錢換新。或許他們對眼鏡都不是特別愛惜[7]。〕

另一個研究生尼爾．布門塔（Neil Blumenthal）說道：「嘿！其實眼鏡的製作成本不高，因為我去過那些工廠。」這幾年來，布門塔管理名為視力之春（VisionSpring）的非營利組織，替一些開發中國家的人提供眼科檢查和低成本的眼鏡，表示：「我們提供眼鏡給那些每天生活費不到四美元的人。我們的生產線和那些在第五大道上的時尚品牌生產線，距離只有三公尺左右，但是兩邊的眼鏡『價格』卻有極大差距。」

布門塔體認到眼鏡的生意被那些大公司壟斷，像是羅薩奧蒂卡（Luxottica）為首的義大利跨國公司，就擁有許多流行品牌或品牌的生產授權，包含亞曼尼（Giorgio Armani）、雷朋（Ray-

Ban）、香奈兒、Ralph Lauren、Prada和凡賽斯（Versace），同時經營北美LensCrafters、Pearle Vision及Sunglass Hut等大型眼鏡連鎖店[8]。

這四個研究生知道，繼亞馬遜早期在圖書領域成功後，新的垂直零售商（如鞋業的Zappos.com和Diapers.com）也在網路上成功銷售產品。這些公司基本上是新時代的零售商，在網路上銷售其他公司的商品，而不是自行創立的新品牌。儘管如此，布門塔說道：「這告訴我們，所有品類都能在網路上販售，甚至是那些你認為沒有實體商店就很難賣給消費者的產品。」

因此，這些華頓商學院學生便開始研究如何執行想法。「我們想解決的問題是，在你走進一家眼鏡行，看到一副很喜歡的眼鏡，但走出商店後卻覺得受騙。解決這個問題就是去除中間商。」布門塔解釋小組的想法，「我們的想法是，設計出喜歡的鏡框，以批發價格賣給消費者，但仍保持高獲利，這就是線上銷售的魔力所在。」他們同意每人一開始先投入兩萬五千美元成立公司，如果有需要的話，再投入五千美元。

華頓商學院成為他們研究這些概念的最佳所在，他們修習一門需要制定商業計畫的課程，除了可以得到學分外，也能向教授尋求建議。

最初，他們打算以四十五美元販售眼鏡，價格包含鏡框和鏡片。他們拜訪一位教授，並告知這個價格。布門塔表示：「教授看著他們，然後把簡報塞回他們的懷裡，說：『不，這是行不通的。聽著，十分之一的價格不會讓人相信這是好品質的產品。』」

他們覺得非常震驚和洩氣，於是進行網路問卷調查，詢問人們在五十至五百美元價格區間的眼鏡購買意願。果然，教授是對的，人們願意購買的價格是一百美元，價格再高，意願就會下降。因此，他們決定將價格訂為九十五美元。布門塔回憶道：「那是一個關鍵點，如果我們將眼鏡的價格訂為四十五美元，大概沒有人會相信品質是好的，而且我們也沒有夠高的毛利率來經營公司和行銷產品。」

隨著對潛在顧客進行更多調查，一個更棘手的問題出現了。許多同學和朋友都喜歡這個高品質、低價格的想法，但也承認自己不願意在沒有看到產品的情況下購買眼鏡。當時在華頓商學院專門研究數位行銷，後來成為 Warby Parker 顧問的教授大衛・貝爾（David R. Bell）還記得，Warby Parker 的四個創辦人到辦公室告知這個計畫時，他的反應是：「這想法真是荒唐，你們怎麼可能做到？我的意思是，我自己沒戴眼鏡，但是在需要時難道不會想試戴嗎？你們要怎麼克服[9]？」

克服鏡框試戴問題的替代方案

一開始，他們試圖在開發的網站上增加「虛擬試戴」（Virtual Try-On）功能，好解決這個問題。顧客可以上傳一張臉部照片，然後在照片上重疊不同的鏡框。但當時的技術並不是很發達，圖片比例不適合，鏡框也經常扭曲。他們還是決定在網站上保留這項功能，不過這些缺點迫使他們必須考慮其他替代方法。

「這讓我們重新思考，而我們提出『在家試戴』（Home Try-On）的想法。」布門塔解釋道。Warby Parker 會將五副不同的鏡框送到每位顧客家裡，顧客有五天的時間可以試戴，然後再寄回公司，並且訂購最喜歡的鏡框（或是根本不訂購，如果都不喜歡）。

不過，這意味著需要雙向免運，顧客才會願意試戴。為了不讓成本占營收的比例太高，Warby Parker 必須想辦法把包裹重量控制在約四百五十公克以下，因為超過的話，美國郵局（U.S. Postal Service）的費率就會急劇提高。布門塔說道：「因此我們像電影《阿波羅十三號》（*Apollo Thirteen*）那樣，把所有東西都倒出來，以減輕重量。」他回憶當時和同事透過淘汰厚重紙箱、不使用金屬扣，以及增加較輕塑膠來保護鏡框的方式，好減輕重量。

有一次，他們用這個想法（當時叫做 One-Vision）參加華頓商學院舉辦的創業挑戰賽。他們進入準決賽，最後卻沒有入圍前八強[10]。失望的雷德對夥伴說：「我不知道，我不確定這是不是一個好主意[11]。」但是布門塔表示：「我們會讓一切成真，會向那些反對者證明他們是錯的。」

二〇一〇年二月中，Warby Parker 的網站正式上線。因為沒錢做廣告，他們僱用一家公關公司，說服 *GQ* 和 *Vogue* 雜誌報導公司便宜但時尚的眼鏡。由於庫存不多，Warby Parker 最受歡迎的鏡框很快就銷售一空。為了籌措公司發展所需的資金，他們先從銀行獲得一筆小額貸款，之後再從親朋好友募得五十五萬美元。Warby Parker 的初期投資人是紐約新成立創投公司 Lerer Hippeau，投資了八百五十萬美元，對創投產業來說，這算是很少的金額。

Lerer Hippeau 管理合夥人班・萊爾（Ben Lerer）說道：「我會投資是因為他們認為眼鏡產業的生態很糟糕，他們證明你無須透過產品的創新來販售產品，但卻可以透過銷售創新的方法來獲得成功。用傳統的供應鏈直接將產品賣給消費者，省下中間批發的成本給消費者[12]。」

Warby Parker 的另一位初期投資人則是貝爾教授，他已經不再對網路銷售眼鏡抱持懷疑態度。貝爾是身材高大、不修邊幅的紐西蘭人，他在一九九〇年代到美國當研究生，並在史丹佛大學（Stanford University）取得博士學位，論文是關於零售業的定價策略。一九九八年，他進入華頓商學院授課，對日益成長的電子商務特別感興趣，大部分的研究都集中在分析銷售數據。他解釋道：「從概念的角度來看，讓我感興趣的是實體商店和網路電商之間的對比。實體商店有固定的交易範圍，網路電商卻可以向整個國家的人銷售。」

從電子商務中窺見大勢所趨

就像格林一樣，貝爾明白電子商務已經開始改變零售和品牌業界的結構，尤其在那些由領導品牌訂定高價、沒有什麼創新，以及顧客體驗總是很差的品類，特別具有吸引力。

貝爾在Diapers.com擔任顧問（和投資人）時發現的事，支持他的學術研究。Diapers.com是由華頓商學院畢業生於二〇〇五年共同創辦。該公司不自行生產尿布，而是替幫寶適（Pampers）和好奇（Huggies）等現有品牌銷售產品，價格會比市面上其他零售商來得低一些，更重要的是，提供更好的顧客體驗，為忙碌的家長提供便利服務。

早在臉書成為社群媒體龍頭前，Diapers.com就發現社群行銷是最有效的行銷方法。在他們看來，這是數位世界的口碑行銷，將成為DTC品牌的重要關鍵。口碑分享並不新奇，不過貝爾分析的數據顯示，在網路上的效果更好。Diapers.com約有一〇%的顧客是透過其他消費者介紹而來，這個比例比在商店購買產品的顧客還高出幾倍。此外，該公司的前一百位顧客之後帶來約一萬五千位親友。貝爾看見，透過培養消費者之間的社群，網路能把這些最熱心的公司顧客變成有力的銷售助手。

另一個洞察則是，網路賣家能利用數據來辨識和鎖定潛在消費者，並且快速提升銷售量。在Diapers.com的個案裡，就是潛在顧客居住的特定區域，該公司將線上廣告鎖定投放給在人口統計學上相似的郵遞區號。

根據研究，貝爾在華頓商學院的一個行銷廣播節目裡表示：「就銷售而言，大型城市中心最初總是銷售主力[13]，如紐約、波士頓、舊金山、費城、洛杉磯和芝加哥。但是要讓這些企業真的成長茁壯，就不能放棄一些『末端』地區。這些『末端』地區往往在地理位置上看來相距甚遠，但在社會人口學上卻十分相似。像是一個位於德州的小社區，實際上和某個位於內布拉斯加州的社區沒有什麼不同，因此要辨識出它們就變得非常重要。」

依照現在的標準，這種定位方式可能沒什麼了不起，卻有助於數位品牌建立數據驅動的地圖。在網路上銷售產品，可以知道每個顧客的偏好、需求、興趣、性別、年齡及位置的大量數據，每一次點擊都可以被追蹤、儲存與分析。你可以和顧客「聊天」，並聽取他們的建議，然後迅速做出改變，改良產品或推出新產品。實際上，新品牌比那些大品牌更了解顧客，因為老品牌不知道也不可能知道那些進入店裡，從貨架拿下產品的每位顧客身分。貝爾總結認為，這是建立品牌方法裡一個很大的改變。

貝爾運用之前在 Diapers.com 和 Bonobos 擔任顧問的經驗，與 Warby Parker 合作，區隔和鎖定潛在消費者。

隨著 Warby Parker 成長，貝爾開始教授一門名為「數位行銷和電子商務」（Digital Marketing and E-Commerce）的新課程。這門課很快就成為華頓商學院最熱門的課程，事實上，貝爾每年開的三堂課都是場場爆滿。由於貝爾是這場數位行銷和電子商務運動的大師，華頓商學院因而成為數位原生品牌的中心，學生開始到他的辦公室，尋求關於創業想法的建議——畢業生推出內衣、運動鞋、戶外裝備、衛生棉條及嬰兒手推車等線上品牌。許多人公開表示，他們是「……的 Warby Parker」，毫不掩飾模仿 Warby Parker 的概念：好的價值、改進顧客體驗、大量使用科技和數據，以及吸引年輕都會消費者的訊息。甚至就連Warby Parker的名稱，也是取自垮掉的一代（Beat Generation）作家傑克・凱魯亞克（Jack Kerouac）日記中的兩個人物，非常時髦。

大獲成功的預感

二〇一〇年參與Warby Parker親友募資的其中一個投資人是，Forerunner Ventures的格林。有人建議四位創辦人去見見格林，因為當時她在華爾街擔任分析師，對產業巨頭羅薩奧蒂卡非常熟悉。「和任何投資者一樣，我的工作是要抱持懷疑的態度。」格林回憶道：「我不太清楚『在家試戴』的想法怎麼運作，但我認為他們這樣讓消費者安心購買是很有趣的，我相信他們對這個品類的理論。」

兩年後，在二〇一二年年初，格林正募集更多資金作為Forerunner Ventures的第一筆創投基金，讓她能持續做出生意上更多也更大的賭注，好測試她的投資理論，也就是零售業正面臨不可避免的變化。一月二十五日，格林出席一場在舊金山北灘（North Beach）私人餐廳Park Tavern舉辦的晚宴，是由專為科技業投資人和創辦人成立的私人俱樂部Alpha Club主辦[14]，讓投資人尋找新標的，創辦人尋找資金。在晚宴的前幾天，一名認識的投資人詢問格林：「妳聽過一元刮鬍刀俱樂部嗎？」

「沒聽過，那是什麼？」格林回答道。格林被告知這是一家男士刮鬍刀新創企業，她心想：「天啊！吉列是一家很大的公司，很厲害，擁有極高的市占率，是很巨大的存在，也有很大的心智占有率、忠誠的消費者和大筆預算來維護品牌。我一年只能進行幾項投資，我要投資一元刮鬍刀俱樂部嗎？」

更巧的是，格林發現自己和杜賓、范姆同桌，兩人也從洛杉磯參加 Alpha Club 的晚宴，尋找投資者[15]。范姆介紹杜賓，杜賓也解釋生意的願景。

多年後，格林還是沒有忘記那個時刻，表示：「我當時有一種預感，記得腦海裡一直有個聲音告訴我：**一定要投資這個人**。」她的聲音裡對一元刮鬍刀俱樂部前景的想法快速轉變，有著一絲驚訝。她說：「我沒看過影片、沒看過其他東西，也沒有完全被他們的標語『我要去賣刮鬍刀』吸引。不過，我不記得我們的談話集中在刮鬍刀上。我覺得他『了解』男性消費者，對話內容比討論刮鬍刀更廣泛，是關於睡醒後會關注自己健康和身體保健的人；知道自己醫藥箱裡需要準備什麼的人；會偷看女友櫃子來瞭解她需要什麼的人。而我本身就是一個ＤＴＣ信徒，在聽到他談論這些事時，我想**他一定會成功**。」

不過問題是，實際上格林沒錢投資一元刮鬍刀俱樂部，因為她還在努力募資，但是一元刮鬍刀俱樂部**現在**就需要資金。如果格林想加入，就必須快點行動，找到願意借她錢的人。

在適合的人選中，排名第一的是山迪．科倫（Sandy Colen）。科倫是舊金山避險基金的高階主管，多年來一直是格林的資金來源。兩人在一九九〇年代就認識了，當時科倫提供格林一份工作，雖然格林拒絕，但是兩人依舊保持聯繫。和格林一樣，科倫對電子商務會如何改變零售業很感興趣，兩人都認為科技的進步和消費者行為的改變，會讓原本的零售業瓦解。

「讓格林感到困惑的是，沒有人對這樣的機會展現熱情。」科倫說道。二〇一〇年，早在成為格林主要的資金來源前，科倫就已經向 Forerunner Ventures 投入五百萬美元的「天使」基金做了一些單筆投資。他自豪地表示：「我是第一個投資人。」

科倫回憶自己在二〇一一年參加一場投資會議，並出席 Warby Parker 創辦人的演講時，更堅信格林抱持的論點。「格林已經對 Warby Parker 進行初步投資，當我在那場會議上看到他們時，幾乎百分之百相信這會成功。」科倫說道：「這是我看過顛覆市場者中最好的演講之一。」

因此，當格林致電要求科倫為一元刮鬍刀俱樂部提供資金時，科倫毫不猶豫地提供二十五萬美元的「倉單融資」（Warehouse loan），並和格林約定在募集到其他 Forerunner Ventures 的資金時再還款[16]。

科倫開始相信格林的直覺，他知道刮鬍刀是高利潤的生意，所以認為新創企業有機會成功，儘管他試過一元刮鬍刀俱樂部的刮鬍刀後就不再使用。他開玩笑地說：「我註冊使用產品，但是在割傷自己好幾次後打電話給格林，告訴她我喜歡這家公司，卻不喜歡它的刀片。」

二〇一二年，對杜賓的公司進行投資後不久，格林設法從一些機構投資者（像是大學捐贈基金）手上募集四千萬美元，並用其中一部分償還積欠科倫的款項。這讓科倫感覺有些遺憾，表示：「如果她當初沒有籌募到這筆錢，我就會賺得更多！」

精準投資眼光，成為新創企業爭取的募資對象

作為投資的條件，格林在一元刮鬍刀俱樂部董事會中取得一個席次。「我有一種他人沒有的信念，因為我把時間都花在思考這些公司上。這是我所相信的事，而一元刮鬍刀俱樂部是很好的例子。」

隨著一元刮鬍刀俱樂部的銷售一飛沖天，格林在該公司後續幾年的幾輪投資裡投入更多資金。僅僅四年後，在二〇一六年聯合利華收購該公司時，證明她當初的直覺是對的，Forerunner Ventures 賺到比當初投資多好幾倍的錢[17]。

格林的名氣越來越大，讓她能募集更多資金投資更多新創企業。二〇一四年，她的 Forerunner Ventures 在第二輪募資籌措七千五百萬美元；二〇一六年，第三輪募資籌措一億兩千兩百萬美元；二〇一八年，另一輪募資則籌措到三億六千萬美元。

雖然以創投業界的標準來看：Forerunner Ventures 的初始投資規模並不大，但是格林已

經建立最大DTC新創企業的投資組合，截至二〇一九年年中，總共投資近九十家電商[18]。Forerunner Ventures將資金投入：Warby Parker共同創辦人布門塔的妻子瑞秋・布門塔（Rachel Blumenthal）創辦的兒童服裝品牌Rockets of Awesome、兩位前Warby Parker員工共同創辦的內建充電「智慧」行李箱Away、化妝品Glossier、華頓商學院畢業生創辦的男性生髮產品Hims；女性「時尚拖鞋」Birdies、由華頓商學院另一位畢業生創辦的戶外裝備Cotopaxi、女性時裝Reformation、「手工」義大利鞋M. Gemi、「和人吃的一樣」的寵物食品The Farmer's Dog、運動服飾Outdoor Voices、女演員瑞絲・薇斯朋（Reese Witherspoon）共同創辦的居家服裝用品Draper James、女性維他命Ritual、客製化洗髮精Prose，以及客製化治痘療程Curology。在她的投資中，還有一些新創企業就像淘金熱中提供淘盤和尖鋤的角色一樣，幫助DTC品牌銷售產品給消費者，包括包裝服務Lumi、行銷軟體Retention Science及手機購物應用程式Packagd。

就像格林尋找科技與網路行銷的智慧，她也在尋找那些用破壞性策略和消費者產生連結的品牌創業家。**一個傳達真實感，而不只是單純銷售產品的品牌，可以創造忠實的社群，並從大品牌手中搶走市場，因為大品牌從本質上來說很難了解消費者。**例如，一元刮鬍刀俱樂部的消費者喜歡杜賓出言不遜，反抗權威（像是吉列）的態度。

格林在Glossier創辦人艾蜜莉・魏斯（Emily Weiss）身上，看到曾在杜賓身上看見的東西。

二〇一〇年，二十多歲的魏斯在 *Vogue* 雜誌工作期間，開始經營名為 *Into the Gloss* 的部落格，之後極受歡迎，也成為她的副業。幾年後，為了替新成立的公司募資，魏斯開始和一些創投公司接觸，但在遇見 Forerunner Ventures 前，她的運氣一直都很差[19]。有別於刮鬍刀的是，刮鬍刀業界有一個主導的高價品牌，但是化妝品業界卻有很多不同價位的競爭者。不過格林記得她感受到魏斯的特質，就是對方能「在顧客了解自己的三天前，就已經明白顧客想要什麼」。她協助魏斯將計畫集中在價格較低的普通化妝品上（包括保濕霜和眼線筆），而 Forerunner Ventures 則領投 Glossier 最初的「種子輪」募資。

格林看見的魏斯的視野，和其他創投公司所見形成極大對比。曾擔任 Glossier 總裁四年的亨利．戴維斯（Henry Davis）回憶道：「我們從一些其他創投公司得到的回應真的很不可思議，像是助理被帶進會議室裡，只因為她們是女生，懂得和美相關的事物。一些投資人還會說：『我要把它給我的妻子看，看她怎麼想。』而我就會直接離開會議，轉身走人。」

多虧魏斯擁有的數位世界知識，Glossier 很快就在 Instagram 上建立龐大的粉絲群，這是千禧世代首選的社群媒體平台，他們經常在這個平台上用照片分享最喜歡的產品。正如一元刮鬍刀俱樂部，Glossier 已經讓 Forerunner Ventures 成為大贏家[20]。格林在 Glossier 後續募資中投資，該公司的年銷售額已經超過一億美元。二〇一九年春天，該公司估值為十二億美元，又是 Forerunner Ventures 的另一隻獨角獸。

平白錯失投資成功新創品牌的良機

如同所有的創投資本家，格林坦承曾放棄一些看起來可能是大贏家的想法，其中一個就是線上床墊公司 Casper。「我的標準之一是，尋找能重複賺錢的生意機會。當我看見 Casper 的床墊時，便問自己這是不是好床墊？是的。線上購買床墊的體驗是否會比到實體商店好？是的。不過，人們購買床墊的頻率是每十年一次嗎？」格林解釋道：「但我沒想到的是，許多房子裡有四至六張床；也沒想到 Casper 之後會販售其他產品，像是枕頭與床單，這些商品都和床墊一樣有著高毛利率，所以就有很大的營運空間。」她的經驗談是：「在遵循投資的原則和過於遵循那套原則之間，存在微妙的平衡。」

初期投資一元刮鬍刀俱樂部的 Venrock Associates 公司合夥人帕克曼，也曾拒絕對 Casper 的投資機會。他指出：「我最大的質疑是，會不會有其他模仿者進入市場？而我沒說錯，的確有很多競爭者跳進市場，因為泡棉床墊相當容易製作。」不過他也坦承，從大方向來看，自己似乎錯了。「這是相當大的市場，有非常好的毛利率，你不可能贏得所有市場。」

儘管一元刮鬍刀俱樂部成功了，但帕克曼在下注投資 DTC 品牌上還是比格林來得挑剔，除了尋找不能被輕易複製的商業模式外，也尋找那些業界主導者透過零售商進行銷售，並且依賴大眾傳播廣告的品類，因為如此一來就與消費者沒有直接連結，這樣的產品具有極大毛利率，市場領導者不會願意浪費賺錢的機會來阻撓新創企業。最理想的就是，他說的「零和」市場裡的產品，亦即消費者購買你的產品後，就不會購買競爭者的產品。

Venrock Associates 在投資 Nest Labs 這家消費性產品時，就展現這個理念[21]。家庭恆溫器可能聽起來很無聊，但是每年卻有數十億美元商機，長期以來由漢威聯合（Honeywell）主導整個市場。在 Venrock Associates 開始投資時，這個產業毫無創新可言。漢威聯合設計程式化的調溫器，使用者可以讓系統在設定時間內自動提高或降低暖氣或空調溫度。二〇一一年推出的 Nest 恆溫器是技術上的一大突破，結合網路，利用軟體來「學習」使用者的習慣，再根據他們的日常作息調高或降低溫度，即便使用者不在家，也可以透過智慧型手機進行監控和設定。

「當時業界沒有人認為這個想法會成功。」帕克曼回憶道：「裝了一堆花俏的感應器連接到你的恆溫器上，然後透過機器學習來控制溫度？它的售價是兩百五十美元，比漢威聯合的產品高出好幾倍？誰會需要這個東西？不可能。」漢威聯合和吉列一樣，一如帕克曼的預期，什麼都不做。他指出：「最佳機會就在創新想法遲遲不受領導者重視的地方。」Venrock Associates 和其他投資人還預計，當漢威聯合意識到這是一大挑戰時，將會花費幾年的時間仿製「智慧型」恆溫器。「漢威聯合是優秀的科技公司，卻不是軟體公司。Nest Labs 之所以會這麼厲害，是因為結合軟、硬體。漢威聯合沒有軟體工程師，所以無法快速做到這一點。」

當時Nest Labs已經非常成功，Google在二〇一四年以三十二億美元收購該公司[22]。

不過，帕克曼的消費者品牌賭注並不是都會成功。二〇一六年六月，在一元刮鬍刀俱樂部和Nest Labs的成功下，Venrock Associates帶領幾家創投公司投資新創企業Pearl Automation五千萬美元，這是由幾位前蘋果高層創辦的公司[23]，想法是協助舊款汽車增加高科技配件。該公司的第一個產品是無線後視鏡頭，鏡頭設計成能讓配件不顯眼地安裝在後車牌上，這樣駕駛就可以在倒車時，把智慧型手機當成螢幕看到車後的狀況（新車很常見的科技，但是舊車並沒有）。

帕克曼認為Pearl Automation可以成為汽車界的Nest Labs，但是該公司卻在一年後倒閉，因為市場對五百美元的攝影鏡頭沒有需求。帕克曼說道：「這是一項優質、優雅的產品，就像Nest，符合我所有投資的原則。你可以夢想一個產品可以做得多好，但是如果賣得不夠多，這些就不重要。Pearl Automation花費太多時間和金錢將產品推向市場。」

雨後春筍般湧現的新創企業

從那時候開始，許多創業家為DTC品牌向帕克曼募資時都遭到拒絕。進入市場的人越多，就意味新品牌越難脫穎而出。帕克曼坦承，他拒絕的一些新創品牌很可能顛覆現有品牌，並成為非常成功的公司，但是大量的創投資金湧入新創企業，意味著實現他的期望報酬率將會變小，風險也會更高。

事實上，在二〇一二年前，創投資本家甚至不會想和創立新品牌的創業家見面，現在已經投入新創品牌的數十億美元資金，常常都是為了顛覆和重塑它們的品類，有時還是同一品類。

不只一家，而是三家DTC有機棉條的新創企業；大約六家線上內衣製造商；幾家維他命公司；數十家床墊製造商；幾家具有內建充電裝置的「智慧」行李箱；至少半打電動牙刷新創企業；無數家服裝公司：從內衣到襪子，再到皮帶，無所不包；以及鞋類公司——美麗諾羊毛鞋、手工義大利鞋、塑膠編織鞋；還有沙發、藝術品相框、腳踏車、洗衣粉、家用清潔用品和牙齒矯正器。

帕克曼表示：「並不是說這些公司大多會失敗，我認為創立一個品牌，並達到兩千萬美元的銷售額，已經被證明並不困難，但問題是有多少人可以擴大規模，像一元刮鬍刀俱樂部那樣被以十億美元價格收購？」

第三章

在國際市場大獲全勝

——靠有限資金與少量生產創下奇蹟

班・科根（Ben Cogan）和傑西・霍維茲（Jesse Horwitz）這兩位書卷氣息十足的常春藤盟校（Ivy League）畢業生，對於軟式隱形眼鏡的製程一無所知。製作軟式隱形眼鏡是高度自動化、高度技術化的過程……在一眨眼就製作完成了，還需要精密設備在極乾淨的工廠中運行，防止任何細菌感染配戴者雙眼的風險。

科根坦承道：「我們完全不懂如何生產隱形眼鏡這樣精細的玩意。」儘管他們完全缺乏專業知識，但在二〇一五年七月的某個晚上，這兩位當時只有二十幾歲的好友，一起在曼哈頓上西城的中國餐廳吃晚餐時，就計劃創辦一家隱形眼鏡公司。曾在普林斯頓大學（Princeton University）研讀心理學的科根，當時正在刮鬍刀新創企業Harry's工作，也錄取賓州大學華頓商學院企管研究所。霍維茲曾在哥倫比亞大學主修經濟與數學，是大學捐款基金的投資分析師。兩人都不曾踏進工廠一步。

但是他們毫無退縮之意，首要任務就是找到一家製造商，願意在網路上販售低價隱形眼鏡，給兩位在業界沒沒無聞的夢想創業家。霍維茲說道：「當務之急是和一家優良供應商簽約，如果把那件事搞砸，就算把其他事情做對也沒有意義。」正如在幾年前做的大學生報告一樣，兩人開始研究可能合作的供應商。

才經過一年，他們就已經開始做生意。兩人的線上新創企業名為 Hubble，以三十三美元提供一個月日拋隱形眼鏡用量，大約是產業龍頭博士倫（Bausch & Lomb）、嬌生（Johnson & Johnson）及酷柏光學（CooperVision）價格的一半。二〇一八年，也就是 Hubble 開業的第二年，擁有約四十萬名客戶，銷售額已經成長到每年約七千萬美元[1]。以最直觀的醫生處方箋來看，霍維茲預估拋棄式單光隱形眼鏡在全美市占率大約八％，而且 Hubble 的市場早已擴展到加拿大和歐洲二十八個國家。

Hubble 憑藉二十多位完全不懂製造或研究開發的員工，成功販售隱形眼鏡，還不用建造需要花費數百萬美元運作的工廠。取而代之的是，科根與霍維茲最後和一家沒沒無聞，名叫精華光學的臺灣公司採購隱形眼鏡，這家公司很久前就取得美國食品藥物管理局（FDA）許可，在美國販售隱形眼鏡。

如果你沒聽過精華光學很正常，事實上，科根和霍維茲在二〇一六年春天前往臺北前，也對這家公司不太了解。精華光學的高階管理者當然也從未聽過 Hubble，其實在見到這兩位創業家時，他們還有些困惑。「我們對於他們如此年輕感到很驚訝。」國際業務部經理王廷舜這麼說：「這是一家新創企業，而且我們從未和新創企業打過交道，但美國對我們來說是一個新市場，所以想說何不試試？反正又沒有什麼損失。」的確，為什麼不試試呢？多虧Hubble，精華光學在美國的銷售量從不到一％，成長到現在的一〇％，還擴大產能來滿足Hubble顧客日益成長的需求[2]。

歡迎來到世界供應鏈市場，在這裡，製造技術的專業知識是另一種待售商品。全球化與科技讓創業家能在任何類別中推出新品牌，並以驚人速度帶入市場。**以前從來不曾像現在這樣，能輕易地以小額成本生產實質產品，或是開創新的顧客品牌。這大幅降低長期以來創業家進入市場的主要障礙，這些障礙保護那些已開設工廠、僱用大量專家進入研發團隊的現有企業。**

企業已經外包生產數十年，但是就在近期，全球供應鏈變得比以往更多樣化與複雜。在亞洲這個世界工廠能找到大量充滿潛力的製造夥伴，其中有許多工廠甚至產能過剩。如果要說真有什麼挑戰，並不在於找到一家供應商，而是從許多可能的供應商篩選找出最適合的一家。

眾多供應商與少量生產為新創企業打開大門

對DTC新創企業來說，這個充滿各種商品的全球市場扮演至關重要的角色，因為它為新創企業敞開大門。許多新創企業創辦人，如科根和霍維茲，在計劃銷售的產品上毫無相關背景。儘管如此，這非但不是弱點，還往往被證明是一種優勢，門外漢的創業家不害怕改寫規則，主因是他們懂得不多，也就不會受限於過去做事的原則。雖然這個概念在刮鬍刀產業上不會造成問題，但是Hubble的銷售方式卻已經引發爭議，某些驗光師控訴Hubble規避法規來增加銷售，但是霍維茲和科根並不接受這類指控，因為對他們來說，這完全是打壓新進競爭者的手段。

然而，這個爭議更凸顯市場機制的全新現況：有更多供應商比以往更願意生產所有可以想像得到的消費性產品，但是這些供應商常常比以往更複雜。在二〇〇〇年代初，許多亞洲外包公司知道如何更有效率地生產產品，並且按照公司規格生產大多數的消費性產品。不過很少公司能做出**更好的**產品，通常也會預期大量訂單，因為這是能讓工廠符合經濟效益的唯一經營方法。

隨著貿易蓬勃發展，越來越多的競爭者浮上檯面，生產幾乎涵蓋所有產業的商品，野心勃勃的供應商找到可以脫穎而出的方法。今天，如果你需要產品設計的協助，亞洲工廠可以做到，因為多年來已生產無數商品，也曾與大品牌簽約合作，這些最好的海外外包公司長久以來對材料與零件累積許多知識，也逐漸明白要如何分辨高品質和低品質的產品，同時培養專業的工程知識，能夠提出建議來改進製作的產品設計，這樣一來，即可收取更多費用、取得更多生意或是兩者兼具。

隨著工廠逐漸自動化，許多供應商開始建立精實生產技術，得以更快速地切換生產線，減少停機時間，這代表可以在較低產量下運作並獲利，也就是更願意接受較少數量的訂單，同時讓工廠能保持高產能運作。以前可能堅持最小訂購量為兩萬件的許多亞洲製造商，現在可以接受只有幾千件的首次訂單。

Panjiva 分析師克里斯多福・羅傑斯（Christopher Rogers）指出：「至少在初期階段，用有限資金快速建立一家顛覆產業的公司，比以往都來得容易。」Panjiva 是一家追蹤進口數據的公司，替為數眾多的產品找出供應商，然後把這些資料放在網路上。Panjiva 成立於二〇〇五年，身為複雜的企業網絡專家之一，致力於提供全球商品供應鏈的所有連結。過去由於供應商的資訊被埋藏在難以進入與破解的原始海關進口數據中，只有大公司能獲得這些資訊，但是現在這些數據已經被大眾化。羅傑斯表示：「小公司在過去沒有市場情報，但是現在有了。」

電子採購化不可能為可能

在過去，最大型市場裡有上百個實體攤位出售商品；相較之下，今日的全球市場則有數十萬個電子攤位，所有企業家都能線上參觀。規模如此之大，使得顧問業如同家庭手工業般開始蓬勃發展，協助使用者徜徉在不斷發展的數位批發市場世界裡。其中規模最大的是，成立於一九九九年的巨型中國電子商務公司阿里巴巴。

假設你想銷售登山車，只要在alibaba.com輸入登山車和單車，網站就會列出上百家銷售登山車的製造商，價格從二十七・九九美元（低價的鋼合金車架），到九百八十八美元（高品質碳纖維車架）不等。某些製造商可以只賣給你一輛，但大多數會規定你至少要訂購五十輛單車——與十年前或二十年前上百或上千輛的最小訂購量相比，算是很少的數量。

充電式電動牙刷呢？阿里巴巴也提供上百家供應商，電動牙刷的價格依照功能從一支六・三至四十美元都有，最小訂購量通常在兩百支左右。如果你想比較品質，這些供應商也能提供免費樣品。阿里巴巴的網站還列出在過去六個月內收到最多詢問的公司，以及這些公司透過阿里巴巴完成的交易量，還有因此產生的收入。

阿里巴巴甚至可以協助簡化名單，如果你在「詢價單」（Request for Quotation）表格中填寫規格（顏色、尺寸、材質等），阿里巴巴就會將你的要求與最能滿足供應商配對，一切全都免費。如果你很急，可以支付十美元取得加速回覆的服務，最快在一天內就能收到報價。

二〇一四年，當阿里巴巴首次成為上市公司，並發行數十億美元的股票時，彭博新聞社（Bloomberg News）記者山姆・戈洛巴特（Sam Grobart）決定了解一下，使用這個網站採購到底有多容易[3]。他對兩百八十件不同尺寸和顏色（橘色、紫色、黃色及綠色）的牛仔褲發出招標需求，一天內就收到來自中國、印度、巴基斯坦與捷克的製造商回覆。他將名單縮減到有拿到「金星」等級的公司，雖然供應商可以購買這種等級，但是金星等級要求供應商必須通過阿里巴巴的背景調查，以確保不是騙子。戈洛巴特根據價格、交貨時間、回覆完整度，以及供應商是否提供褲子的照片，最後選定一家巴基斯坦供應商。他解釋道：「這有點像網路交友。」這家巴基斯坦供應商收費為每件褲子九美元，總成本是兩千五百二十美元，把貨物空運到紐約，又增加一千九百八十三美元。買家可以用支付寶這種第三方支付服務付款，這項服務只有在買家對訂購商品感到滿意後，才會將款項撥付給製造商。整個流程開始後的第二十五天，這款褲子送到了，按照戈洛巴特要求的規格，每件褲子背後都縫上彭博新聞社的標籤。

儘管找到一家供應商製造產品比以往容易，但是找到**對的**供應商仍然需要更大量的資料蒐集，這也是科根和霍維茲在創辦 Hubble 時學到的。

一拍即合的創業夥伴

科根和霍維茲在幾年前就是好友，當時他們在橋水基金（Bridgewater Associates）實習，而且兩人在曼哈頓的公寓剛好隔著一條街。在二〇一五年共進晚餐的不久前，科根購買新的軟式隱形眼鏡時發現價格上漲了，就讓他思考著，隱形眼鏡這個由幾家少數大公司主導的產業，價格高昂，和刮鬍刀很像，而 Harry's（連同一元刮鬍刀俱樂部）就試圖推翻這個產業的遊戲規則。科根對於推翻隱形眼鏡產業的想法很感興趣，當時雖然有專門販售隱形眼鏡的線上零售商，但卻只是販售現有品牌。儘管和顧客支付給驗光師的費用相比，網站上提供一些折扣，但加價幅度還是很大。

科根向霍維茲提出這個想法，霍維茲也同意值得一試，不過兩人還是決定繼續一邊從事本來的工作，一邊制定商業計畫。他們很快就注意到日拋隱形眼鏡，因為這是美國數十億美元的隱形眼鏡市場中成長最快的部分，並在不久後就發現美國的日拋隱形眼鏡比國外貴上二五%至五〇%[4]，因此與現有競爭對手相比，線上新創品牌有更多空間來壓低售價，前提是可以找到願意以批發價供應隱形眼鏡的製造商。

科根表示：「找到一家好的供應商是最重要的事，因為我們覺得這會帶來難以匹敵的競爭優勢。」然而，隱形眼鏡和許多消費性產品（鞋子、內衣或牙刷）的不同之處在於，沒有大量供應商可供選擇，而且由於隱形眼鏡是醫療器材，在美國銷售隱形眼鏡需要經過食品藥物管理局核准。

因此，科根開始在美國食品藥物管理局的線上資料庫，搜尋已獲得核准的製造商。「當認識的每個人都去海邊玩時，在暑假的大部分時間裡，我都在食品藥物管理局的資料庫裡仔細研究每家製造商，那段時間真的很辛苦。」他回憶道。

搜尋結果顯示，有數十家已獲得美國食品藥物管理局核准的隱形眼鏡自有品牌公司，可能是潛在的合作夥伴。由於不確定哪家公司有興趣協助生產，於是科根和霍維茲就在二〇一五年秋天寄發郵件給所有公司。為了讓收件者留下深刻印象，他們提到霍維茲曾就讀哈佛法學院（省略他發現不想當律師後退學的事）。

是否有任何回應？鴉雀無聲。「他們完全不知道我們是誰，我們寄出的自我推薦信，對方懶得回應。如果換成是我，我也不會回覆。」霍維茲坦承道。

兩人的結論是，需要請了解隱形眼鏡產業，並享有聲譽的人幫忙製造機會。他們找到顧問布萊特・安德烈（Bret Andre），專門指導所有流程，包含幫助外國公司取得美國食品藥物管理局許可，並在美國販售隱形眼鏡。科根在仔細調查的一些文件裡，看到安德烈的名字。此外，一位創投資本家讓他們與博士倫前醫療總監布萊恩・李維（Brian Levy）取得聯繫[5]。約在十幾年前退休後，李維就一直提供小型醫療公司諮詢與幫助，而且他認識隱形眼鏡業界的每個人，並對隱形眼鏡製造有深入了解。

就像一元刮鬍刀俱樂部的杜賓最初接觸的投資者，安德烈和李維最初的反應都是「什麼？」「我的父親在酷柏光學工作。」安德烈說道，那是隱形眼鏡製造商龍頭，「我從未想過和他們合作。」

然而，聽完科根和霍維茲介紹後，兩人都立刻簽約成為顧問。李維回憶道：「他們甚至不用花費很大的力氣說服我。」他非常喜歡這個想法，因此決定不但要成為顧問，還要投資。「如果一元刮鬍刀俱樂部和 Harry's 用刀片就能做到，為什麼隱形眼鏡沒辦法？雖然是不同的產品，但商業模式是一樣的。」

李維一直覺得困惑的是，在美國只有四分之一至三分之一的隱形眼鏡配戴者使用日拋隱形眼鏡，相較之下，歐洲有約六〇％，日本則有九〇％[6]。這不合理，以他在博士倫工作多年的經驗，他知道對配戴者來說，日拋隱形眼鏡比月拋隱形眼鏡更舒適也更安全：和月拋隱形眼鏡相比，日拋隱形眼鏡更不容易受汙染或引發眼部感染，而且月拋隱形眼鏡必須用手取出，放在清潔液裡一晚，隔天再重複配戴。

邁向尋找供應商之旅

科根和霍維茲在為新公司（當時名為 Clarity Contacts），向供應商詢問購買日拋隱形眼鏡在美國販售的電子郵件裡，提到李維或安德烈的名字，結果得到較好的回覆[7]。一旦有了潛在供應商名單，他們就開始用幾項標準篩選。首先是鏡片的品質與舒適度，為了要測試這一點，他們索取樣品試戴，也招募朋友幫忙。接著是批發價，價格要夠低，才能在把隱形眼鏡定價為知名品牌售價的一半左右後還有利潤。最後，他們想確保製造商擁有足夠的生產規模。「如果我們的事業成功了，擴大規模的需求也會變得很重要。」科根解釋道。

科根和霍維茲很早就向李維提出一個問題：他們的研究確定為了要拿到最低價格，需要向供應商購買水膠製隱形眼鏡，而不是矽水膠這種較新且價格較高的材質。兩者都有相似的特性——柔韌與多孔，因此能夠吸收水分，並順應眼睛的形狀，但是矽水膠這種較新材質比較透氧。對戴隱形眼鏡的人來說，究竟透氧有多重要仍然沒有定論。雖然這個產業受到美國食品藥物管理局嚴格監控，但是只要製造商能證明鏡片的安全性，並出示防止生產過程汙染的品質管控，美國食品藥物管理局就會核准。

對某些配戴者來說，新材質製的隱形眼鏡比較舒適，雖然一份二〇一八年的研究發現，這只是個人偏好，並沒有可以衡量的差異[8]，但有些驗光師仍會建議不要使用水膠，因為認為較新的矽水膠材質對眼睛更健康。

儘管如此，李維告訴霍維茲和科根，舊型的水膠材質仍被普遍使用，而且安全性完全沒問題。「大公司會說新科技有好處，但是這會讓較舊的水膠被淘汰嗎？完全不會。」他如此說道：「我們只需要知道水膠獲得美國食品藥物管理局核准，水膠製鏡片是舒適的，還能用低價生產。」就像一元刮鬍刀俱樂部的刀片一樣，水膠製鏡片可能不是最先進的，但是根據李維在業界的多年經驗，相信水膠無疑已經夠好了。

就在開始與李維和安德烈合作尋找供應商時，霍維茲和科根決定進行所謂的需求實驗，並與潛在顧客測試概念。傳統上，大型消費性產品企業在推出新產品前，會經歷一連串耗時費力的步驟。這個流程從市場研究開始，接著是和目標顧客的焦點群體進行深入訪談，如果發現顧客有足夠的興趣，實際產品通常只會在少數幾個城市推出以確認需求，之後才會在全國推出。

二〇一六年十二月，為了確保人們可以看到公司網站，霍維茲和科根將網站發布在十幾個朋友的臉書頁面上。幾天內，不但有很多朋友註冊，還有很多人轉發連結，讓他們的臉書好友看到，這些看到連結的人也註冊，並轉發連結給他們的臉書好友。當霍維茲和科根關閉網站時，已有數千人提供電子郵件地址，讓這兩位創業家相信他們在做某件意義重大的事，前提是若能找到合適的供應商。

在縮減名單到四家臺灣公司後，二〇一六年五月，兩人與李維一同前往臺北；安德烈在臺灣和他們會合。科根與霍維茲會專注於價格及其他條款的談判，李維和安德烈則集中在確保工廠擁有最先進的生產方法，以及在美國食品藥物管理局監管下保持良好商譽。

事實證明，後者的產業知識至關重要，如果沒有這些知識，這趟旅程會變成一場災難。當科根與霍維茲訪問一家名單上的供應商，正與該公司執行長制定最終的定價細節時，安德烈打斷他們，並將兩人拉到旁邊。他說：「嘿！各位，我們遇到麻煩了。」

安德烈和李維仔細鑽研該公司的監管文件，發現科根和霍維茲都不會注意到的東西。這家製造商收到美國食品藥物管理局的信件，信中對該公司確保鏡片品質的測試流程提出質疑。安德烈解釋道：「這可能是一個地雷，如果這個問題沒有解決，美國食品藥物管理局可能會扣押貨物，你將無法把鏡片交到顧客手上。」

科根和霍維茲很快就結束討論，「我們逃過一劫。」科根說道。儘管如此，他們還是與該公司高層共進原定的晚餐，度過尷尬的三小時，而且每個人都知道不會達成協議。

意外達成交易協議

他們拜訪的其他三家製造商也都不適合，生產規模較小，直到看見工廠後才意識到這一點。如果Hubble的銷售額如預期般快速成長，就會引發問題。他們一開始並未安排拜訪第五家臺灣公司——精華光學，因為之前遇到的一家美國經銷商指出，這家公司開出的批發價格會太高，以至於科根和霍維茲無法用美國大型競爭對手零售價的五〇%來販售隱形眼鏡。但是因為可能會在沒有達成任何協議的情況下離開臺灣，所以在最後一刻決定和精華光學洽談。

所幸供應商很感興趣，儘管精華光學在日本擁有二〇%的市占率，但在美國卻只做些零星的小生意，少量銷售給希望以自有品牌取代博士倫和其他大品牌的驗光師。「我們自我推薦說：你們已經在美國銷售十五年，但市占率還是很低，沒有打入大眾市場，請給我們一個機會。」霍維茲回憶他如此告訴精華光學的高階管理者。

一個關鍵協商點是，科根和霍維茲堅持在美國的DTC線上網站擁有獨家銷售權，但是如果一年後未能達到一定的銷售水準，兩人就會失去這項權利；如果他們成功了，不希望精華光學販售隱形眼鏡給山寨公司。

科根和霍維茲對精華光學國際業務部經理王廷舜，提出一個具說服力的說法。王廷舜表示：「他們使用我們已經量產的標準產品，還提前付款，所以我們沒有什麼損失。」但是精華光學確實拒絕科根和霍維茲提出的建議：對兩人的新創企業進行投資。王廷舜表示：「我們不想冒險。」

在反覆議價後，雙方達成共識[9]。精華光學製造一副隱形眼鏡的成本為二十四美分，然後會以每副三十八美分賣給科根和霍維茲，一個月三十副的總金額為十一．四美元。加上行銷和其他成本，精華光學的售價讓兩位創業家有了獲利空間，他們把零售價訂在三十三美元，再加上客戶自行支付的三美元運費。其他品牌的一個月供應量通常是四十五至七十美元，價差取決於不同製造商，以及顧客是否在線上折扣商店購買。但是無論這些大型隱形眼鏡製造商收費多少，仍享有更豐厚的利潤。事實上，霍維茲和科根預計博士倫憑藉較高產能帶來的規模效率，可以用十二美分製造一副隱形眼鏡，相當於兩人支付給精華光學成本的三分之一。

兩位創辦人返美後，事情便開始迅速推展。在確保隱形眼鏡已經可以穩定供應的情況下，霍維茲和科根從創投公司得到三百五十萬美元投資金額，並辭去工作，全心投入創業。科根放棄攻讀企管碩士的計畫，損失就讀華頓商學院的保證金。

為了吸引最可能購買低成本隱形眼鏡的千禧世代，兩人刻意將隱形眼鏡定位成生活風格品牌，而不是醫療產品。在確認另一個喜歡的名字 Iris 可能造成商標問題後，將公司名稱由 Clarity Contacts 改成更好記的 Hubble，取自哈伯太空望遠鏡（Hubble Space Telescope）。「我們不敢相信『Hubble』可以使用。」受僱幫助發表產品的品牌識別顧問馬爾柯姆．別克（Malcolm Buick）如此說道：「Hubble 一直在我們最初的名單上，但是我們告訴自己：『這個名字不太可能可以使用。』」經過一些測試後，他們選擇淡藍色作為包裝的主要顏色。「這個顏色是我們品牌識別的核心，這看起來時尚嗎？我可以把它從藥櫃裡拿出來，放在咖啡桌上嗎？」別克解釋道。

在 Hubble 開始銷售隱形眼鏡前，必須建立流程來確認顧客有驗光師或眼科醫生的處方箋，因為隱形眼鏡被規範為醫療器材。因此，科根和霍維茲建立一個網頁，讓顧客可以輸入處方箋和醫生姓名。驗證完處方箋後，Hubble 即可送出精華光學的強項產品：標準單光隱形眼鏡。

漸入佳境後，隨之而來的質疑聲浪

在二〇一六年十一月的發表日，當新聞報導將 Hubble 譽為「隱形眼鏡界的 Warby Parker」後，Hubble 獲得千禧世代買家青睞。Wildcat Capital Management 的德魯．塔羅（Drew Tarlow）回憶，他最擔心人們是否會把一個從未聽過的品牌放在眼裡。塔羅回憶道：「在推出的第一週，科根和霍維茲在手機上設定鬧鈴，只要一有新訂單，鬧鈴就會響起。我記得在第一天和第二天聽到鈴響時，每個人都很興奮，一至兩週後，他們就關閉鬧鈴，因為有太多訂單了，所以我不認為需求會是問題。」

正如同一元刮鬍刀俱樂部，Hubble 結合價格——「更實惠的日拋隱形眼鏡」與便利性。除了吸引從大品牌購買日拋隱形眼鏡的顧客外，目標是讓使用月拋隱形眼鏡的顧客轉向日拋隱形眼鏡，好幫助公司成長。科根解釋道：「很多人會配戴月拋隱形眼鏡，是因為比日拋隱形眼鏡來得便宜，如果你每年為月拋隱形眼鏡支付三百美元，大概不想為了日拋隱形眼鏡支付超過六百美元。」這是購買主要品牌的花費。「但是你可能願意為 Hubble 日拋隱形眼鏡支付三百至四百美元。如果我們可以讓更多人轉向使用日拋隱形眼鏡，就可以大舉擴張市場。」

當 Hubble 成立接近一週年時，兩位創辦人（看起來就像乾淨體面的大學生穿著牛仔褲和襯衫）拍攝一支十五秒的廣告，並在二〇一七年美國職棒世界大賽第二場比賽中播出。由於只在比賽進入延長賽時才會預訂廣告播出，因此只需支付保證廣告版位的一半價格[10]。

這場比賽的延長賽持續到十一局，讓 Hubble 獲得大量觀眾——由於這是一場勢均力敵又緊張的比賽，許多觀眾一直緊盯螢幕不放。「我們創辦 Hubble，是因為隱形眼鏡太貴了。」科根在廣告裡如此說道。Hubble 網站的瀏覽量立刻飆升，也讓廣告的單次瀏覽成本降低。

Hubble 面臨的一個潛在風險是，各大品牌可以決定降價；它們可以做到這一點，同時保有豐厚的利潤。但正如一位滙豐銀行（HSBC）的華爾街分析師在給投資者的一份報告中總結道：「鑑於隱形眼鏡的利潤十分豐厚，我們認為除非Hubble有大量成長，否則現在降價並不符合四大公司的最大利益[11]。」

批評者（包含出售名牌隱形眼鏡的驗光師）不斷對Hubble開火，因為Hubble販售舊水膠材質製的隱形眼鏡，也沒有盡責地嚴格驗證處方箋，是在挑戰法規的極限。Hubble開始銷售隱形眼鏡的一年後，商業新聞網站*Quartz*發現Hubble收到的某些隱形眼鏡處方箋來自虛構的驗光師；在文章發表後，Hubble表示會增加額外的審查關卡，更仔細地檢查訂單，防止這種情況再次發生[12]。《紐約時報》隨後報導聲稱，監管機構擔心線上提供隱形眼鏡的公司有時會觸犯法規，這些法規禁止使用不同材質的其他品牌，取代驗光師原本在處方箋上開立的材質[13]。負責監督隱形眼鏡銷售的聯邦貿易委員會（FTC）在二〇一九年提議將法規制定得更嚴格[14]。儘管並未提及Hubble的名字，但卻提到那些公司「常常在臉書上直接向消費者打廣告……而且通常是以訂閱服務的方式來銷售隱形眼鏡。」

前路漫漫，仍然充滿諸多未知挑戰

隨著時間推移，究竟批評和日益嚴格的法規審查會對Hubble造成多少阻礙仍有待觀察。在早期，這個問題似乎沒有勸退消費者和投資人。到了二〇一八年年中，Hubble從創投公司募得七千四百萬美元，得以在行銷與國際擴張上投入更多資金來加速成長[15]。該公司最近期的資金贊助者包含高露潔—棕欖這家大型消費性產品公司，它的投資部門（可能並非巧合）在被聯合利華收購前，已經透過投資一元刮鬍刀俱樂部獲利。Hubble也在二〇一九年年初成立相關企業ContactsCart，販售競爭對手博士倫和嬌生的品牌，就如同1800contacts.com等網站一樣，是擴大生意規模的方法之一。

二〇一八年，為了滿足美國之外不斷成長的需求與增加供應商來源，Hubble和位於中國的第二家製造商金可國際簽訂採購隱形眼鏡的合約。與精華光學不同的是，霍維茲和科根在與金可國際交涉時無須多加解釋，讓交易變得「更容易」，霍維茲輕描淡寫地表示。

第四章

小蝦米力拚大鯨魚

——鎖定對手的價格、便利或形象弱點

如同供應鏈本身，DTC品牌使用的採購方式有很大不同。Hubble用於隱形眼鏡，以及一元刮鬍刀俱樂部用於刮鬍刀片的商業模式是最簡單的。你購買的是供應商已經生產的東西，貼上你的品牌，加上你的行銷特調醬汁，並且攻擊市場上其他競爭品牌的弱點——無論是價格、便利性或形象。

就Warby Parker而言，採購模式有些許不同，但相對來說仍然簡單。該公司並未購買眼鏡製造商製造好的鏡框，並放上品牌名稱，而是自行設計鏡框，給予產品象徵性造型。一開始，為了要降低成本，只提供大約二十幾款塑膠鏡框，使用耐用、輕巧又有彈性的醋酸纖維素材料。讓Warby Parker不需要在製造工廠和生產設備上投資大量金額，也不需要在研發上花大錢，就能擁有獨特外型。

此後，Warby Parker擴大鏡框的種類與數量，有超過一百多款由鈦金屬和醋酸纖維素製成的

男女鏡框款式，而且所有款式仍舊是公司自行設計。雖然依然將鏡框生產外包，但是現在也經營一間用來切割鏡片的光學實驗室。

最後，Warby Parker、一元刮鬍刀俱樂部、Hubble和其他**DTC的新創品牌之所以創新，並非根本產品上有所不同，而是其他東西變得更好：更好的價格、更好的價值、更好的體驗及更好的顧客服務。**雖然這是許多DTC新創企業遵循的道路，但有些公司卻選擇其他策略：試圖打造高價產品。由於此舉的難度更高，可能是更具風險的商業計畫。

打造近八十種尺寸，提供「最合身的內衣」

當海蒂・查克（Heidi Zak）和大衛・史派克特（David Spector）這對三十多歲的夫妻，創辦線上內衣公司ThirdLove時，面對維多利亞的祕密（Victoria's Secret）這樣的象徵性品牌，就像杜賓面對吉列一樣。維多利亞的祕密在美國擁有三三%的市占率，設立超過一千一百家分店，並且擁有每年吸引數百萬觀眾觀看的電視時裝秀，因此遠勝其他內衣品牌[1]。

但查克和史派克特不想只是簡單販售世界上數十家製造商大量生產的標準內衣，而是決定自行設計，並在三十幾個料件上使用高品質材料。他們的策略是透過設計更合身的內衣，跳脫一般內衣的類別，這類合身內衣並不會以折扣價出售，價格會**高於**維多利亞的祕密和其他受歡迎的內衣品牌。

查克和史派克特在麻省理工學院（ＭＩＴ）商學院相遇，在大一下學期開始約會。當時，史派克特和其他人共同創辦 Scuba-Track，提供能在雲端上記錄和分享用戶的潛水資訊，包含潛水的深度、所在期間與位置。他回憶道，這家公司因為「許多原因」失敗了[2]，之後就到 Google 從事商業工作，包括 Google 支付與 Google 購物，而後加入矽谷知名創投公司——紅杉資本（Sequoia Capital）。同一時間，查克在服飾零售商 Aéropostale 從事策略規劃，之後便到 Google 負責企業對企業（Ｂ２Ｂ）行銷的廣告網站。

任職紅杉資本期間，史派克特認識四位來自賓州大學華頓商學院的學生，他們當時剛創辦 Warby Parker，正在募集資金。紅杉資本拒絕投資，因為 Warby Parker 當時還是年輕的公司，但是這場會談卻讓史派克特留下印象，他說道：「我認為他們要建立ＤＴＣ品牌，專注在一個了無新意、毫無變化的品類，而且採用數位零售的方式很特別，當時那場會議是我開始對品牌產生興趣的重要契機之一。」

二〇一一年，由於厭倦公司的工作，查克和史派克特開始討論電子商務的生意，但是當時並不確定要針對什麼品類。查克發現自己常常沮喪地在衣櫃裡翻找喜歡的內衣，讓她想起自己有十幾件內衣，但大部分都不太舒服也不太合身。此外，挑選內衣真是一件無趣的事。她說：「沒有女人喜歡選購內衣[3]，這是二十幾項待辦清單裡的最後一項，我寧可洗完所有的碗，也不願意到零售店購買內衣。」她在後來的電視採訪中表示：「把內衣放在網路上銷售，對女性來說會更簡單與方便。女性可以在深夜、週末、任何時候上網選購，完全不需要到店內購買。」

夫妻兩人都不太了解製造業或內衣，但是認為可以結合設計感與科技，製作更好的內衣。於是雙雙在二〇一二年辭去工作，為共同創辦的新創企業投資十萬美元，命名為MeCommerce Inc.，因為考慮未來會提供除了內衣外的其他品牌，而且喜歡MeCommerce這個名字帶有為客人特製化的商業概念。不久後，就選擇ThirdLove作為內衣品牌名稱，傳達風格、感覺、合身「三大」特點（相較於大部分品牌，大多提供時尚或舒適，但是很少兩者兼具，更少同時兼具三者），希望女性能「喜愛」自己的內衣。

他們僱用的第一個員工是瑞爾．柯恩（Ra'el Cohen），她是內衣設計師，曾在幾家時裝零售商工作，甚至曾在數年前創辦精品奢華內衣公司，雖然最後未能成功。第二位員工則是曾在美國國家航空暨太空總署（NASA）工作的工程師，具備電腦視覺技術的專業，這種技術能透過相機蒐集並分析數位圖片，創造更合身的內衣。

為解決演算法發現的問題，卻意外發現利基市場

儘管史派克特來自創投圈，但是募集資金並沒有那麼容易，畢竟當時這類DTC品牌才

剛起步。不過還有一個原因，查克回憶，他們向五十多家創投公司提出想法，但會議室總是滿屋子男人，無法理解為什麼女性會需要更好的內衣。不過到了二〇一三年年初，還是獲得五百六十萬美元資金[4]。

在四處募資的同時，公司小組已經開始尋找製作高級內衣的材料，並努力開發一款 iPhone 應用程式。這個想法是希望女性透過科技，在家就能找到比店內更合身的產品。跟著應用程式裡的語音提示，女性可以使用手機相機，拍攝穿著內衣或緊身上衣站在鏡子前的照片。為了避免隱私疑慮，照片會轉成數位資料傳送到公司系統，系統的演算法會將平面影像資料轉譯成三D量測數據，推薦最合適的尺寸。

二〇一三年年初，當其中一版的內衣應用程式已經準備好進行測試（這項電腦視覺影像技術後來獲得兩項專利[5]），ThirdLove 在美國的分類廣告網站 Craigslist 刊登廣告（大部分廣告刊登是免費的），並邀請女性穿著最喜歡的內衣到公司位於舊金山的小辦公室，參與試穿活動。約有一百位女性出席，並使用 ThirdLove 的內衣應用程式，試穿查克和史派克特根據業界標準尺寸設計的內衣原型。

這次的活動與查克和史派克特的期望一致。雖然應用程式使用起來有些麻煩，像是鏡子必須直立擺放，或是手機鏡頭必須放在特定位置，但是當這些條件都達到時，便能精準測量。不過應用程式也提供一些他們從未想過的寶貴資訊，隨著使用的女性越來越多，公司也蒐集到更多數據，發現約有三〇%的女性是應用程式很難成功推薦合適尺寸的，「應用程式會表示：『我們不知道要推薦什麼尺寸給這些人，因為她們並不是真的三十四B或三十四C。』」史派克特也說道：「這樣的狀況一再發生。」

這帶給他們一個想法，為了讓內衣貼合不同尺寸與胸型，會製作一些中間尺寸，像鞋子一樣有半號。於是柯恩開始設計新尺寸，例如三十四B½介於三十四B和三十四C之間；三十四C½介於三十四C和三十四D之間。半號和全號之間的差異可能看起來不大，卻足以影響適合度與舒適度。柯恩表示：「對內衣來說，每四分之一英寸都很重要。」

ThirdLove並不是第一個生產半號尺寸的內衣品牌。二〇一四年，Playtex就已經提供「Nearly」的尺寸，如「Nearly A」、「Nearly B」等，但是由於需求不高，幾年後就停產了[6]。對ThirdLove來說，與Playtex不同之處在於，這些半號尺寸都是來自真實女性使用應用程式後蒐集的數據。正因為沒有其他內衣品牌提供半號尺寸，讓ThirdLove在宣傳上能從飽和市場中脫穎而出。

在這一行工作二十幾年的柯恩說道：「我從未看過這樣的資料。」史派克特也表示：「沒有人有這些資料。」在增加半號尺寸後，ThirdLove最後提供近八十個尺寸，是維多利亞的祕密的兩倍之多[7]。儘管有些服飾公司，例如專門生產大尺寸的Lane Bryant，擁有和ThirdLove相同數量的內衣款式，甚至更多，但是因為成本極高，多數公司並未這麼做。更多尺寸的款式和顏色等於需要更多的庫存，更多庫存等於需要更多的零售空間，包含店內的展示與後台的庫存，這樣女性才可以在購物時試穿和購買。但是對ThirdLove這樣的電商而言，不必擔心展示的空間與零售庫存，所以尺寸的數量並不會成為限制。

品質問題導致退貨，造成大量資金損失

在決定提供半號內衣後，查克和史派克特在讓應用程式最佳化上遇到困難，於是在二〇一三年年中收購一家專門開發數位科技應用給試穿服飾的公司。在微調這項技術和內衣尺寸設計的同時，他們也在尋找供應商。在二〇一二年，他們從阿里巴巴、Google和LinkedIn裡篩選出一份潛在的中國合作夥伴名單，但是事情並未如想像中發展。查克說道：「我們還沒有品牌、網站，也沒有顧客，在中國，做生意光有想法，無法走太遠。」

一個複雜的原因是，他們希望供應商按照ThirdLove的規格生產內衣，使用ThirdLove選用的材料，而不是使用標準的原料、形狀和尺寸。為了要降低庫存成本，避免有大量的內衣在未賣出前被擱置一旁，他們希望製造商能在顧客訂購後再依需求生產。

每款新內衣，每種顏色、樣式和款式，中國製造商的最小訂購量為三千六百件。對服飾業而言，這樣的件數不算特別多，但是對查克和史派克特來說，在賣出第一件內衣前，這個數量卻

比他們願意買進的數量多上許多。「是的，如果你選擇採購對方生產的標準產品，就可以購買較少的數量。」查克解釋道：「我們並不想採用對方的罩杯形狀，也不想使用他們的材料，整個生意的重點就是為了做出更好的產品。」

因此，他們到墨西哥尋找製造商。由於地利之便，可以密切管理自己設想的快速變動生產時程。經過多次考察後，他們在距離利亞利桑那州尤馬（Yuma）約一小時車程的墨西卡利（Mexicali），找到一家已在生產內衣的公司，儘管對方的內衣屬於價格較低、品質較差的自有品牌，但是查克和史派克特認為，只要管理好製造內衣各部分的原料採購——罩杯、內部鬆緊帶、內衣和鋼圈、肩帶、前襟、背釦和胸墊，就能確保最終品質符合高級內衣的價位，他們打算以介於四十五至六十八美元之間的價格販售。

然而，ThirdLove開始在二〇一三年八月生產並銷售內衣，不久後就出現問題。查克回憶道：「我們有鋼圈和罩杯不合、棉線外露的狀況，罩杯位置偏離，沒有對齊，車線也不完美平直，很多內衣都被不滿意的消費者退貨。」

部分原因是工廠員工的車縫技術，不足以製作高品質內衣。查克和史派克特意識到他們錯在建立太複雜的生產流程，在大部分生產線上，工人一次又一次地重複同樣的工作，然後變得更快、更好，但這不是他們希望的生產方式。查克說道：「每次女工在縫製內衣時，都是不同的罩杯、肩帶和顏色，我們希望用矽谷的方式建立內衣的生產，雖然在紙上看起來行得通，但現實卻不是那麼一回事。」

儘管有許多問題，但只要製作正確的內衣，ThirdLove 的顧客還是會喜歡。在最初的六種款式裡，有一款特別受歡迎，如果能維持穩定的高品質，即可獲利。「基本上，我們的內衣退換貨率是個位數。」柯恩說道：「在我的職涯裡，從未見過這麼低的退換貨率，通常都在二〇%左右。」

雖然如此，生產線的失誤仍讓 ThirdLove 在材料上損失數十萬美元，以從投資者募集的金額來說，這是一筆大數目。「我們在墨西哥走到盡頭了，沒剩下多少錢。」史派克特說道。

他和查克別無選擇地另覓新製造商，他們回到中國，找到一家比墨西哥工廠擁有更多縫紉專業知識的公司。他們必須接受較高的最小訂購量，並且在訂單量減少時支付違約金，也取消商業模式裡按需求生產的方式。但是這家中國製造商的研發團隊和 ThirdLove 合作發明輕巧、柔軟的記憶棉材料，讓罩杯能更貼合女性胸型。內衣生產仍會依照 ThirdLove 的規格，由其他專業工廠製作，不過最後由中國製造商縫合，並管理所需料件的供應與交付，以滿足生產需求，和 ThirdLove 在墨西哥的生產方式一樣。

過渡期持續數個月，生產線在二〇一四年年中終於從墨西哥移到亞洲。儘管最初的生產小失誤差點讓 ThirdLove 倒閉，但史派克特說道：「我們從中學到什麼不能做，這個經驗讓我們學習如何縫合一件內衣，並將生產中樞轉移到亞洲。我們知道什麼會出錯，也知道如何和製造商合作製作最好的內衣，也學習到應該專注在銷售量最好的內衣上，所以將它命名為24/7 Bra。」

另外，查克和史派克特明瞭自己在某方面是很幸運的，由於第一年的銷售量極低，早期的品質問題並未讓ThirdLove的商譽受到永久傷害。現在生產問題解決後，他們認為要快速啟動銷售應該很容易。

而這將成為下一個挑戰。

三十天無風險試穿的大膽嘗試

二〇一五年三月，查克和史派克特在公司位於舊金山市中心以南數公里處的多帕奇區（Dogpatch）辦公室，召集十幾位高階主管開會。會中要傳達的訊息是，這家新創企業正面臨資金耗盡的危機，需要趕快找到提高銷售量的新方法。

ThirdLove已經撐過因為生產問題而瀕臨倒閉的時期，不過新的危機迫在眉睫。雖然大部分購買ThirdLove的女性都很喜歡，但是購買的人還不夠多。查克告訴同事：「如果不想辦法賣出更多內衣，並讓女性試穿，我們將在六個月至一年內倒閉，我們真的會消失。」

要讓ThirdLove成功比想像中更困難。查克回想道：「能有多難呢？我們一定會找到出路的。我們很聰明，也很努力工作。但是突然間，你會在餐桌上和夥伴乾瞪眼，不知道該怎麼辦，我有那種想著：『天啊！我們到底做了什麼？』的時刻。」

更困難的是，查克和史派克特並非唯一想在網路上販售內衣的公司，面對背後有許多創投公司撐腰的六個競爭者，讓他們很難脫穎而出。

儘管 ThirdLove 的應用程式裡，提供更合適的內衣測量功能，獲得大量關注，但是公司仍在努力求生。查克和史派克特接受《快公司》（*Fast Company*）、《富比士》（*Forbes*）及 *Inc.* 雜誌採訪，時尚網站 *InStyle* 和 *HelloBeautiful* 也以「妳會嘗試使用胸部自拍的試穿應用程式嗎？」為標題，相繼報導這款應用程式[8]。這些都是新創企業夢寐以求，卻很難獲得的免費宣傳，然而這些宣傳並不像創辦人預期的讓生意快速成長，年銷售額仍遠低於一百萬美元[9]。

似乎沒有什麼能明顯推動銷售。「一直沒有新訂單。我們更新網頁，仍舊未能得到任何回應，沒有人注意到我們。」查克對會議室裡的其他人這麼說。他們知道必須克服的一大問題是，其他公司都宣稱可以提供最合身的內衣，卻未能兌現承諾。史派克特說道：「這是一項會讓女性總是抱持懷疑態度的產品，尤其當 ThirdLove 是在網路上銷售時，人們更會抱持懷疑的態度。數十年來，女性總是感到失望，一直有不信任產品的問題，我們必須做些什麼來消除這樣的疑慮。」

然後，突然有人（甚至沒有人記得是誰）提出一個想法：「如果我們讓女性免費試穿三十天呢？讓她們穿着公司內衣去上班，還保證讓她們可以在喜歡後再付款？」團隊討論各種風險。

「如此一來，我們最初可能會有大量貨品沒有收費，對嗎？」史派克特說道：「萬一退貨率很高呢？一件被穿過幾週的內衣被退回後，不像 Warby Parker 被退回的鏡框一樣，那些鏡框在清洗後可以再寄給另一位顧客試戴，但是穿過的內衣卻無法轉賣。」

不過，大家都同意 ThirdLove 需要一些大膽嘗試，於是免費試穿的訊息開始發送給潛在顧客，有信心公司的內衣會比顧客的舊內衣更貼合身形。

因此在二〇一五年，ThirdLove 啟動免費試穿的廣告活動〈後來改名為先試後買（Try Before Buying）〉。活動主要在臉書上宣傳，而不是在電視、報紙或女性雜誌等，多數像維多利亞的祕密之類的內衣製造商會刊登廣告的傳統平台，因為如同大部分 DTC 品牌新創企業，ThirdLove 無法負擔數百萬美元的廣告費用。

試穿活動的廣告非常簡單而直接，最好是能在女性滑臉書時直接吸引注意力。公司使用一張內衣的照片和直截了當的文字：「三十天無風險試穿。如果它不是妳穿過最舒適的內衣，即可免費退貨」（**免費**一字以粗體標示，確保訊息清楚），或是「世界上最舒適的內衣，三十天免費試穿。提供半號罩杯。免費試穿」（最後一句話用紫色外框凸顯），偶爾這些廣告會出現一些真實消費者的推薦分享。參加這項免費試穿計畫，顧客必須支付一美元運費，並以信用卡扣款，只有在一個月內內衣沒有退回的情況下，消費者才會收到六十四美元的內衣帳單。

廣告利用臉書廣告「相似受眾」的特色功能，將廣告投放給潛在顧客：年齡介於二十五歲至六十五歲之間的女性，符合能負擔高價內衣的人口統計學特徵，或是那些一直在網路上搜尋內衣或其他貼身衣物的人。重要的是，由於ThirdLove需要節省開銷，這樣的鎖定有助於減少開支。

締造一飛沖天的銷售佳績

起初ThirdLove很謹慎，因為擔心會有很大一部分的女性退貨，這對公司來說將是一場災難。有些員工也對這項計畫感到緊張，從Gap離職並在免費試穿計畫開始不久後，擔任ThirdLove營運和策略副總裁的薇洛妮卡・鮑威爾（Veronique Powell）回憶道：「記得我走進門時，他們正在討論如何擴大這項計畫。這讓我大吃一驚，心想這是不可能成功的。」

計畫初期出現一些讓人焦慮的狀況，約有一〇%的訂單出了差錯。有一些情況是，買家使用的信用卡在訂購和三十天試穿期間到期，或是買家使用簽帳金融卡或預付卡購買，但是餘額卻不足以支付，這表示ThirdLove不得不取消交易，或是聯絡買家嘗試收取沒有被歸還的內衣款項。鮑威爾訝異地搖著頭，回憶當時有一些顧客試著欺騙免費試穿系統，有一位女士甚至在六個月內購買六件內衣，每件都在第三十天退貨，ThirdLove發現後，便將此人列入黑名單。

儘管如此，銷售量還是立即上升。查克表示，更好的是「保留率」——喜歡該內衣，並在免費試穿期滿後付款者的百分比「很高，大約七〇%至七五%。」到了二〇一六年一月，ThirdLove很有自信地知道「先試後買」的活動奏效，而且付款問題也獲得解決。於是ThirdLove將臉書廣告的預算增加到約十萬美元，銷售量提高到每個月三千件內衣。隔年一月，隨著將臉書廣告預算增加到兩百萬美元，銷售量也跟著提高到每個月三萬八千件。

隨著湧入的訂單量，ThirdLove也有更多的收入能投入行銷免費試穿計畫。在臉書的即時數據幫助下，顯示一天和一週最佳的投放時間，能用最少的預算獲得最大銷售量。ThirdLove的員工知道，看到廣告的人裡有多大比例點擊廣告，並進入ThirdLove的網站，當然還有多少人真正訂購。

這表示公司能精準追蹤廣告點擊成本和每次銷售成本，在免費試穿計畫前，ThirdLove每賣出一件內衣都要花費數百美元的廣告費。有了這個新的廣告活動，客戶獲取成本陡降到約四十至五十美元。查克表示：「我們在背後投入大量資金，並監控廣告成效。」在二〇一六年和二〇一七年，公司幾乎完全只在社群媒體上投放免費試穿廣告活動，為了公司帶來大約八〇%的銷售量，營收從二〇一五年約一百萬美元，增加到第二年接近兩千萬美元，然後在二〇一七年躍升到約七千五百萬美元，二〇一八年更是超過一億三千萬美元。

透過社群媒體廣告，ThirdLove只花費電視或平面廣告所需費用的一小部分，就成功突破雜亂無章的生意局勢；還透過全新線上測驗「尺寸小幫手」獲得成長，這個測驗在二〇一六年取代智慧型手機的尺寸測量應用程式。由於最初的測量應用程式使用麻煩，而且只適用iPhone使用者，設計總監柯恩和 ThirdLove 的數據團隊於是合作開發一份詳細的問卷調查，問卷能和應用程式一樣準確確認顧客的尺寸，會引導瀏覽網站的人回答一系列關於現有內衣的問題——製造商、尺寸、罩杯合身度（罩杯頂部有無縫隙……胸部有無溢出許多）、排扣及肩帶；還會請消費者在一系列不同胸型選項中，選擇和自己最相似的。九個胸型的選項裡，包括大小胸（一邊乳房比另一邊大）、鐘型（上半部較窄，下半部較寬厚）、外擴型（乳頭朝外，方向相反）。

到了二〇一八年，有一千一百萬女性參加尺寸小幫手測驗，ThirdLove 也結束免費試穿計畫。「現在我們不需要它了，因為人們已經認識我們的品牌與產品，身邊也都有穿過公司內衣的朋友。」查克說道：「弄清楚這一點後，改變我們生意的方向。如果沒有那項計畫，說真的，我們不會有今天。」歸功於該策略的成功，ThirdLove 從一家面臨深淵的新創企業變成快速成長的公司，市值超過七億五千萬美元，與截至二〇一九年為止募得的創投資金相比，現在的市值是十倍之多[10]。

第五章

從廣告狂人到金牌投手

──社群媒體如何改變遊戲規則

對 ThirdLove 來說，如同許多 DTC 新創企業，社群媒體廣告完全改變廣告的遊戲規則。查克表示：「臉書快速鎖定相似受眾，得以接觸到與實際購買者相似的人，成為我們事業成長的巨大動能。」她接著解釋道：「你可以進行無限次的廣告測試，可以找出什麼意象、圖形和文字是有效的，把它們混合起來，進而找到最佳組合。如果投放的廣告是一支影片，我們可以知道有多少用戶點擊、看了多久、有多少人完整看完，又有多少人點擊廣告進入公司網站。」

一九九〇年代的廣告業，受到紐約麥迪遜大道上的大公司主導。在嘈雜的市場中，如果你想成為全國性品牌，就必須僱用廣告公司製作讓人印象深刻的電視廣告，然後花費巨資播放。即使如此，你也不能確定錢是否花得值得，而且成果絕非短期內可以看出成效，因此產生一句名言：「五〇%的廣告是有效的，五〇%的廣告是無效的，你只是不知道哪一半有效。」在沒有其他替代方案的情況下，試圖建立新品牌的新創企業在當時處於極大的劣勢。

在二〇〇〇年代，矽谷在廣告界變得風生水起。這個變化從Google開始，該公司的搜尋引擎演算法允許任何人，甚至是新創企業，在不管花多少錢的情況下，透過競價熱門關鍵字和張貼贊助連結來尋找潛在顧客。

社群媒體的興起提供更多選擇空間，品牌可以直接接近擁有相同理念的消費者社群。有些宣傳是自然而然發展的：滿意的顧客張貼自己使用產品的照片——一元刮鬍刀俱樂部的刮鬍刀、Warby Parker眼鏡、Hubble隱形眼鏡、Glossier化妝品，為它們免費背書，也有公司網羅擁有大量社群媒體粉絲的「網紅」業配。

臉書在數位廣告上的突破

不過，一家公司必須先引起消費者的興趣，並產生銷售，因此對ThirdLove和其他數百個DTC新品牌來說，臉書（以及該公司在二〇一二年收購的Instagram）是可以從中取得完美平衡的平台，一家新創企業每天只要花費數百美元，就可以在這個社群媒體平台上購買廣告版位。由於不需要太過花俏的內容，企業得以用很少的預算製作廣告。事實上，簡單的廣告更能傳達真實性。

臉書並非一開始就是廣告業龍頭，在開始使用複雜演算法達到數百億美元年營收前，最初對行銷只有相當基本的嘗試。臉書在早期建立一個圖示，讓用戶得以對一些東西「按讚」，例如公司設立的臉書頁面；然後這些公司可以根據人們按讚的內容選擇曝光不同廣告。另外，早期臉書大多數的廣告商都是大公司，純粹把這個平台當成另一個廣告通路，就像電視一樣，用來提高品牌知名度。臉書在當時還沒有被認為是「績效行銷」（performance marketing）的理想通路，也就是說廣告商當時不會將臉書作為開發新顧客和推動銷售量成長的管道。後來臉書開始導入一系列功能，讓廣告商更容易識別那些尚未成為顧客，但是從人口統計學來看卻符合潛在顧客特徵的人。

為了建立廣告業務，臉書開始與數位行銷公司聯盟，其中許多公司本身就是新創企業。「臉書當時正試圖弄清楚該如何做出差異化，因為 Google 在數位廣告領域的搜尋功能占據最大優勢。」派翠西亞・賴（Patricia Lai）回憶道。她在二〇〇九年十二月加入臉書，臉書當時正尋找決定對抗 Google 的最佳方法。

臉書開始搜尋那些在網站上增加支出的廣告商名單，好了解對方在做什麼，並找到鼓勵他們（及其他潛在廣告商）增加支出的方法。在前一百名裡，除了百事可樂（Pepsi）、三星（Samsung）和家樂氏（Kellogg's）等熟悉的名字外，有人發現一家名為 Ampush 的舊金山公司，這是臉書員工從未聽過的數位行銷公司。

這些人是誰？賴想知道。

從嘗試中學習網路行銷

Ampush 成立於二〇〇九年秋天，由華頓商學院大學部的三位室友創辦。畢業後，三人分別到大型顧問公司或華爾街企業工作，很快就擁有數十萬美元年薪[1]，不過幾年後卻覺得厭倦而決定創業。三人中的傑西．普濟（Jesse Puji）和阿尼凱特．沙阿（Aniket Shah）搬到加州，最初搬到普濟在聖地牙哥的童年住所與父母同住，以節省開支；而克里斯．阿莫斯（Chris Amos），在 Ampush 剛起步時則繼續工作，利用收入資助。該公司名稱即來自三位創辦人姓氏的前兩個字母：AMos、PUji、SHah。

普濟回憶道：「父親不是很支持我離開高盛（Goldman Sachs），他說：『我花錢讓你上了常春藤盟校！』」這句話幾乎說明一切。普濟的父親也附和道：「我當初並不認為這是明智之舉[2]，他起初對於要做什麼毫無頭緒，不僅在一間小辦公室工作，還和我們同住。」

事實上，這三位年輕人的確沒有具體的商業計畫，但是他們精通數位技術，也了解數據日益成長的重要性，所以決定探索看看與數位廣告相關的事物。普濟解釋道：「數位媒體和網絡行銷是網路的脊髓，我們稱為沙盒創業。在沙盒裡玩，就會有好東西出現。」

不到一年，三人就把 Ampush 搬遷到舊金山，因為……你知道那裡是數位世界的中心，而聖地牙哥不是；還決定將工作重點放在教育市場上。營利性大學是年營收數十億美元的產業，對學生的需求大得驚人。為了找到學生，這些機構付費給廣告公司產生「銷售線索」，認為能藉此招收到一定比例展現出興趣的人。二〇一〇年二月，阿莫斯、普濟及沙阿參加在拉斯維加斯舉行的一場會議，說服凱普蘭大學（Kaplan University）與鳳凰城大學（University of Phoenix）等六所營利性學校和他們簽約，由這些大學付費給 Ampush，吸引潛在學生。

但是，他們很快就發現自己一點都不了解網路廣告。

Ampush 建立名為 DegreeAmerica.com 的網站，並且開始對 Google 關鍵字廣告競價。每當有人點擊 Ampush 投放的廣告時，就會被引導到該網站，並被要求提供電子郵件地址。這個人的電子郵件地址會被轉給一家教育機構，而該機構會和他聯繫，並試圖讓他註冊。如同其他專門從事這種「客戶開發」業務的廣告商，每個蒐集和被轉發的電子郵件地址，可以為 Ampush 帶來約五十美元的報酬。

一開始，這是一場災難。Ampush 在 Google 廣告上為設法產生的每個銷售線索花費八百至一千美元，每找到一位潛在學生就損失數百美元。「我們的信用卡債務達到十萬美元。獲得每個線索的成本遠遠超出我們的預期，也超過學校會支付的費用。」普濟回憶道。

經由試誤法，他們想盡辦法才在幾個月後勉強獲利，發現客製化廣告的更好方法，讓點擊廣告並連結到網站的人裡，有更高的比例會提供電子郵件地址。然而這仍是擁擠的市場，有許多數位廣告公司都以同一群潛在學生為目標。

Google 與臉書廣告之間的差異

在集思廣益，討論如何以較低成本脫穎而出，並找到更多的潛在學生時，三位創辦人開始思考 Google 以外的選項。沙阿回憶道：「我們要求一位實習生，『弄清楚這個叫臉書的東西，我們該如何使用這個平台？』最終她呈上一份完整攻略。」然後 Ampush 不得不隨著時間推移開發軟體，讓攻略提及的概念得以在臉書平台上大規模運作，並不斷改進。

Google 和臉書都要求廣告商為關鍵字競價。得標價是基於出價金額和人們點擊廣告可能性的公式。沙阿表示，在廣告方面的關鍵區別是，臉書是一個受眾平台，Google 則是一個「意向」平台。Google 擅長識別輸入搜尋關鍵字的人，也就是那些積極表達意向或對某事感興趣的人；臉書則擅長辨識目標受眾，也就是那些**可能**會對某些東西感興趣，卻尚未在網路上表現的人。

他解釋道：「藉由 Google，你可以找到一千位今天可能正在搜尋教學碩士的人，但在臉書上，你可以找到數以萬計在資料中表明自己是代課教師的人，他們可能正在考慮獲得高等文憑，卻還沒有開始搜尋，這就是我們的見解。你可以鎖定正確的人，吸引他們的注意力，並讓他們註冊。」

那是他們的「頓悟」時刻。二〇一〇年的臉書就像十年前的 Google，作為廣告平台的能力尚未被充分理解或重視。普濟表示：「我們想成為大家提及社群媒體行銷，就會想到的『那家』公司。」

為了測試自己的想法，Ampush 開始將廣告鎖定那些在個人檔案中表示自己是代課教師的臉書用戶，並直截了當地宣傳：「厭倦當代課老師嗎？回學校吧！」這則廣告的效果超出預期，普濟說道：「這則廣告有驚人的點擊率（Click Through Rate, CTR）。」他是指那些看到廣告、點擊廣告，並提供電子郵件地址的人。

當時臉書上的廣告商較少，競爭也較少，因此如果你知道自己在做什麼，在臉書投放廣告的出價會比在 Google 來得低，還可以產生更多的銷售線索。就好比華爾街這個 Ampush 創辦人了解到可以透過聰明套利來賺錢的地方，利用類似資產的價差。在這種情況下，資產是指數位廣告的關鍵字。「我們一直在 Google 廣告上白費心思，但是臉書便宜多了，一個點擊的價格便宜六〇%至八〇%。」

為了擴大在臉書上的支出，Ampush 編寫嵌入網站廣告平台的軟體。該軟體不僅使得 Ampush 在臉書上投放廣告和出價的方式自動化，也更容易鎖定潛在客群，並以最低成本出價。普濟解釋道：「有了 Ampush 的軟體，你可以快速客製化和個人化在臉書上的廣告，它可以自動鎖定不同的城市、按讚的事物、興趣、年齡及其他變數，並推播數千則廣告，然後根據廣告的表現，隨時改變廣告的出價金額。」這是幫助Ampush成為社群媒體廣告先鋒之一的決定。

成為社群媒體廣告先鋒的契機

二〇一一年三月，當普濟接到來自臉書的賴來電時，Ampush正在改進內部技術，以最佳化臉書的成效。賴在大約六個月前，也就是Ampush的名字突然出現在臉書的頂級廣告商名單後，被指派與Ampush創辦人聯繫並合作。賴邀請普濟及其同事與她在臉書的上司會面，儘管考量到某些營利性大學因為強迫式銷售而導致有點不光彩的聲譽，Ampush所做的廣告類型「並不是臉書希望被認識的模式，而我們試圖了解對方的商業模式。」賴說道。

普濟和幾位同事擠進兩輛汽車，前往矽谷的臉書總部。他笑著回憶道：「我想對方並不期待賓州大學畢業生和高盛前員工會出現，大概預期會找到網路上的騙子。」

在會議上，臉書的高階主管詢問Ampush為臉書廣告開發的軟體工具。賴回憶道：「他們對臉書的演算法非常了解，做了一些小事來最佳化競價，例如不與自己競價，並嘗試A／B測試。」也就是對一則廣告分開測試，確定哪一則廣告的表現更好，「所以已經弄清楚如何從廣告支出裡獲得最佳投資報酬。」事實證明，這些見解同時符合臉書與Ampush的利益，因為讓臉書廣告更容易又更有效，會讓企業有理由轉而在臉書上投放更多廣告。數十年前，微軟（Microsoft）

透過鼓勵軟體開發商為作業系統編寫文書處理、試算表及其他程式，從而使公司的產品更有用，並且最終成為個人電腦重要的一部分。而臉書正在仿效微軟的做法，逐漸占據主導地位。

會後不久，臉書邀請Ampush成為「專業行銷夥伴」（Preferred Marketing Developer）的一員。在這個計畫中，行銷人員被特別授予進入臉書平台的權限，以便編寫越來越尖端的軟體，讓這些廣告商更容易鎖定特定受眾。儘管公司在這個計畫中規模較小，但是這種認可促使Ampush得以擴展事業，從替營利性大學產生銷售線索，轉而尋找新的廣告客戶。在二〇一三年，Ampush更被授予加入更高階的「策略專業行銷夥伴」（Strategic Preferred Marketing Developer）計畫，允許接觸臉書廣告平台的演算法變動。

社群媒體行銷的標準做法

那年年初的某個晚上，Ampush的高階主管正在討論潛在廣告客戶名單，觀看杜賓為一元刮鬍刀俱樂部的第二項產品——一款名為One Wipe Charlies濕紙巾發布的新影片。這群人很喜歡，並且立刻達成共識。「這些人真的很有趣，我們應該和他們合作。」大衛．霍金斯（David Hawkins）回憶道，他在二月被Ampush聘為業務員，負責招攬新業務。

當時，一元刮鬍刀俱樂部仍是小公司，二〇一二年銷售額為四百萬美元，所以還沒有太多的廣告預算。不過，Ampush 得知杜賓在那年秋天正進行一千兩百萬美元的創投融資。Ampush 顧問之一的范姆將公司創辦人引介給杜賓（范姆在 Ampush 擁有少量的所有權[3]），以向一元刮鬍刀俱樂部提案在臉書上投入大量預算來加速成長。

有了額外的資金在手，一元刮鬍刀俱樂部委託 Ampush 測試想法。根據臉書從用戶活動裡蒐集的訊息，這些廣告將用戶區分成幾個不同的群體：一個群體被稱為「鯨魚」（whales），也就是價值最高的客戶，曾購買刮鬍膏、濕紙巾及刮鬍刀；另一個群體則被稱為「執行者」（executives），就是那些訂閱一元刮鬍刀俱樂部最昂貴六刀刃刮鬍刀的人；以及「粉絲」（fans），就是對該公司臉書頁面按讚，但尚未訂閱刮鬍刀服務的人。

Ampush 根據每個目標群體裡，人們的預期「終身價值」（Lifetime Value, LTV），提高或降低在臉書廣告的競價金額，這些預期終身價值是透過計算客戶可能維持多久的訂閱，以及會購買何種產品組合來決定。普濟回憶道：「當時，每位一生中會從你這裡花費一百五十美元的客戶，只需要花費二十五至四十美元（的臉書廣告支出）即可得到。」這個報酬是如此誘人[4]，以至於一元刮鬍刀俱樂部的每日臉書支出，從約兩千美元迅速提高到一萬美元，再提高到五萬美元以上。

在後來成為社群媒體行銷的標準做法中，一元刮鬍刀俱樂部實驗多達五十種不同的廣告訊息，觀察哪些訊息能得到最好的回應。與傳統的電視或平面廣告相比，這在臉書上是很容易的，因為臉書廣告較短又往往不那麼精緻。

以顧客角度拍攝刮鬍刀到貨照片為主題的廣告是最有效的。「由於我們的刮鬍刀非常便宜，所以很多人會質疑『這些刮鬍刀真的那麼好嗎？』」在這家刮鬍刀新創企業負責顧客獲取的約翰・布萊恩・金（John Brian Kim）回憶道：「一分錢，一分貨，對吧？透過展示來自真實會員實際收到的包裹，談論公司的刮鬍刀有多棒、品質有多好，可以讓人們給我們一個機會。」另一個帶來大量訂閱用戶的廣告是，與吉列進行直接的價格比較。在第三則廣告裡，則是針對女性，「我們杜撰『粉色刮鬍刀稅』來強調吉列的女性刮鬍刀比男性刮鬍刀更貴的事實。」金說道。

到了二〇一四年年中，一元刮鬍刀俱樂部每個月光是透過臉書，就有五萬五千名新訂閱用戶註冊[5]，比活動開始時高出一倍多。那年的銷售額提高到六千五百萬美元[6]，是前一年的三倍。金表示 Ampush 是大功臣，並說明道：「和他們合作，讓我們對臉書的生態系統有了更好的認識。」

社群媒體行銷成功後，紛至沓來的眾多機會

該活動的成功對 Ampush 的幫助，不亞於一元刮鬍刀俱樂部。二〇一五年，Ampush 在「*Inc.* 五千大企業名單」中排名第六十一[7]，這份名單是 *Inc.* 雜誌根據成長率百分比，列出成長最快的

私人公司。Ampush不再需要上門自我推銷。霍金斯說道：「作為我們與一元刮鬍刀俱樂部合作的副產品，就是有很多好事發生了，我們在合作中的成功產生很多話題，並在創業社群裡受到廣泛討論。」Ampush的客戶名單不僅包括新的DTC品牌，如Hubble和Madison Reed染髮劑，還包括Uber與StubHub等大型公司。二〇一五年，一家名為Red Ventures的大型數位行銷公司以一千五百萬美元入股Ampush[8]，持有二〇%的股份。

Ampush的成功向DTC新創企業發出明確的信號，雖然不是每個人都能產出像杜賓為一元刮鬍刀俱樂部製作的爆紅影片，但是任何人都可以複製一元刮鬍刀俱樂部的臉書策略，利用社群媒體鎖定最具潛力的顧客，並藉由顯示有效與無效的數據，不斷測試和更換廣告。

隨著時間推移，臉書的廣告定位明顯變得更複雜。當活躍用戶的數量從數千萬成長到遠遠超過十億時，臉書蒐集每位用戶越來越多的數據，建立「黑盒子」演算法，透過匯總數十億位元的數據來辨認相似受眾，並預測誰最有可能對廣告訊息做出反應，即使這個人第一眼看來與所選群體裡的其他人並不相似。

臉書在網站上發布指引，並提出可以為廣告商做很多事：「建立『相似受眾[9]』，你只要選擇一個受眾來源……我們即可確定這群人的共同特徵（如人口統計資訊或興趣），並找到和他們相似（或『看起來像』）的人。」臉書還能幫助廣告商選擇不同的目標受眾，並針對每則訊息的最佳受眾規模——通常從數千到數十萬不等，提出建議來達到最佳效果。

難怪花時間在臉書和 Instagram 上的人，幾乎都會被源源不絕的新品牌廣告轟炸。在表妹的新生兒照片、朋友的喜馬拉雅山健行照片，以及俄羅斯特務的假新聞中，你可以看到 Away 行李箱、Hubble 隱形眼鏡、Quip 電動牙刷、Glossier 化妝品、Allbirds 或 Rothy's 鞋款、Prose 洗髮精、Madison Reed 染髮劑、一元刮鬍刀俱樂部刮鬍刀、MVMT 手錶、Brooklinen 寢具、Purple 床墊、Brandless 雜貨……以及 ThirdLove 內衣等品牌的廣告。

投放影片廣告帶來更好的成效

在二〇一八年秋季的兩週內，ThirdLove 在臉書和 Instagram 上投放十四則不同的影片廣告，乍看之下幾乎是一樣的，都以穿著不合身內衣的女性為主角，藉此強調 ThirdLove 的行銷訊息：只要妳買了這家公司的內衣，就不會再有不合身的問題。

但是，這些影片搭配的文字略有不同。

「告別那些太鬆、太緊或穿起來讓人發癢的內衣，ThirdLove 內衣使用記憶泡棉罩杯、防滑肩帶和無標籤背扣。做看看『尺寸小幫手』測驗，讓妳在六十秒內找到完美內衣，並收到我們推薦的尺寸和款式！」

「是時候買一件真正合適的內衣了，告別那些太緊、太鬆或一直滑落的內衣，試試一件優質的內衣吧！」

「告別那些過緊、過鬆或一直滑落的內衣。ThirdLove 內衣享有六十天合身保證。穿穿看、洗洗看，如果妳不喜歡，不管出於任何原因，我們都會收回。」

這些影片在內容上也有些微差異，在一些影片裡，模特兒穿著的內衣「有空隙」，這是因為內衣罩杯對模特兒的胸部來說有些太大；有些影片中，顯示一名女性將滑落的肩帶拉好；還有一些影片則顯示，一名模特兒正在努力調整內衣背扣。這些影片長約十五秒；一些展示其中兩個問題組合的影片耗時約二十秒；另外一些同時展示三個問題的影片則長約三十秒。

這些微小的差異重要嗎？數據表明確實如此。

要準確衡量一則電視廣告的成效很困難，更不用說是在短時間內，但在臉書的世界裡，這項任務卻再簡單也精確不過了。ThirdLove 透過每則廣告反覆投放蒐集的大量數據，立刻就能知道什麼是有效與無效：每個版本點擊者的百分比、平均看了多久、有多少人看完了、有多少人使用 ThirdLove 的尺寸小幫手測驗，以及最重要的是有多少人看到廣告後購買。

團隊每兩週會聚集在一起，剖析最新一批臉書廣告的數字。數據顯示，在十四天的特定影片測試期間[10]，ThirdLove 在臉書上的每筆銷售花費五十二美元的廣告費，而廣告的轉換率

（Conversion Rate）是四．二%，這意味點擊廣告的人中有四．二%最終購買內衣。但是這些廣告之間的成效差異很大，十五秒的「內衣空杯」廣告占整體廣告銷售的二五%，是十四則廣告裡最高的，其他廣告則只占七%。ThirdLove 運用這些結果，決定哪些廣告更頻繁地投放，哪些則要剔除。

為了不斷追尋在臉書上用最少花費獲得最好的效果，ThirdLove 每個月會製作並發布數百支不同的影片，這需要類似工廠組裝線的產線——從素材拍攝，到一組將圖像切割成多支影片的團隊，再到發布影片並分析數據的人，還需要大量的影像。

在舊金山九月中旬的一個溫暖午後[11]，距離辦公室數公里遠的一間工作室裡，ThirdLove 創意總監嘉百麗．迪克萊門特（Gabrielle DiClemente）正在監督兩位模特兒進行快速拍攝，她們分別穿著五十款不同的內衣和貼身衣物。這些模特兒的身材較豐滿，符合 ThirdLove 的定位策略——維多利亞的祕密販售的是性感，ThirdLove 銷售的則是自然，希望女性在看到公司模特兒時會說：「我彷彿看到自己。」

線上競爭漸趨激烈，廣告支出日益多樣化

對臉書廣告來說，便宜和快速勝過精確周密。在臉書出現前，這類拍攝目標可能是每天拍攝

八張精緻的照片，而現在的目標則是二十五至三十張更自然的照片。同時，為了加快製作速度，每張照片都會在拍攝過程中同步進行挑選與編輯。「我們可以把這些不同素材用不同的順序拼湊，然後上傳到臉書，看看觀眾對什麼感興趣。」迪克萊門特接著解釋道：「如果觀眾不喜歡，你會把這些素材全部丟在剪輯室的地板上。」對比過去需要兩至三個月，現在從攝影棚拍攝到發布廣告只需要一個月或更短的時間。

不過，與早期那些DTC新創品牌相比，依靠臉書推動線上銷售已經變得更困難。為了避免使用者遭受廣告轟炸，臉書在手機應用程式上限制每五則發布內容中，只能有一則動態消息廣告。直到二〇一八年為止，臉書已有六百多萬廣告商[12]，而二〇一三年只有一百萬。更多的品牌廣告意味著更多的競爭，ThirdLove和其他人現在必須提高出價來競爭廣告版位。

為了脫穎而出，並保持人們的點擊率，ThirdLove和其他線上品牌在社群媒體廣告裡越來越從照片轉而投放影片。「基本上，臉書告訴我們：嘿，你必須轉而使用影片，它就是可以帶來更多成果。所以儘管製作品質不高，但是天啊！這很有效。」ThirdLove成長行銷主管尼索・謝里森（Nisho Cherison）說道[13]。儘管在臉書上獲取一個顧客的成本逐漸上升，但是ThirdLove從結果來看，臉書顧客獲取成本整體下降二五%——即使金額仍略高於二〇一五年「先試後買」活動開始投入的大量費用。

在二〇一六年加入ThirdLove前，謝里森在One Kings Lane這家線上家居飾品新創企業負責數位行銷。他回憶道：「二〇一一年，臉書上還沒有多少廣告商，我的每次點擊成本曾是二十至三十美分，現在每次點擊成本可以是一．五到三美元，甚至四美元不等。」然而，點擊並不等於銷售，只代表有人在臉書上點開一則廣告觀看。

隨著年銷售額在二〇一八年首次飆升到一億美元，ThirdLove的成功帶來一個問題。當你試圖在臉書上接觸越大的客群，就越要將那些與現有顧客不太一樣的群體也包含在內，這意味著你可能會花更多錢鎖定那些不太可能訂購商品的人，所以即使臉書依然有效，但是你花的每一塊錢報酬卻逐漸遞減。此外，儘管臉書擁有龐大受眾，但是並未觸及每個人。

直到二〇一七年，ThirdLove約有八〇％的行銷費用花費在臉書與Instagram，和許多DTC品牌一樣。到了二〇一八年年底，這個數字已經降至約五〇％。正如同其他成熟品牌，ThirdLove和其他新創企業發現需要將廣告支出多樣化，包括播客、老套的直接郵件、廣告看板，甚至是報紙、雜誌與電視廣告。因此在二〇一八年秋天，ThirdLove嘗試一些以前從未做過，也沒有能力做的事，就是委託大型廣告公司協助擴大新行銷活動，包括一則精心製作的電視廣告，費用約為九十五萬美元[14]，是該公司幾年前每月支出的好幾倍。ThirdLove在二〇一八年全年廣告預算超過五千萬美元，而這些廣告強調的和維多利亞的祕密形成強烈對比，試圖遵循一元刮鬍刀俱樂部的遊戲規則，攻擊競爭對手的弱點。

與領導品牌正面交鋒

在一元刮鬍刀俱樂部的個案裡，吉列的弱點是高定價和把刀片鎖在商店櫃檯後導致的購買不便，然而這對 ThirdLove 的內衣來說毫無用處，因為它的價格比維多利亞的祕密的大多數內衣還高。所以 ThirdLove 反而將目標鎖定在 #MeToo 世代眼中，維多利亞的祕密那種過時，甚至是令人感冒，強調性感模特兒，而且很少女性擁有的沙漏型身材。

為了強調這種差異，ThirdLove 的廣告活動以各種年齡、體型和尺寸的女性為主角，標語為「量身打造妳獨特的美」（To Each, Her Own）。

以 ThirdLove 為首的線上玩家加入，使得維多利亞的祕密形象處於守勢。雖然維多利亞的祕密仍是最大的內衣製造商，但是該公司在美國的市占率，從兩年前的三三％左右下降到二〇一八年的二四％[15]。ThirdLove 成長迅速但規模小得多，二〇一八年在全美市占率約為一％[16]。

但是意識到對手的弱點後，ThirdLove 欣然與維多利亞的祕密公開交鋒。在二〇一八年十一月接受 *Vogue* 雜誌採訪時，維多利亞的祕密母公司 L Brands 的一位高階主管，嘲笑 ThirdLove 在年度電視時尚盛宴裡出現大尺碼或跨性別女性的想法，表示：「這個節目是一個空想。」在結束時更補充道：「我們不是任何人的第三段愛情，而是她們的初戀[17]。」

如果這個說法當初是為了打壓 ThirdLove，造成的反效果不僅引發大眾對維多利亞的祕密猛烈批評，也免費幫 ThirdLove 宣傳，讓後者成為大眾關注的焦點。查克被各種採訪請求淹沒，不久後出現在《今日秀》（*Today*）中。雖然她和丈夫在公司的地位平等，是共同創辦人與共同執行長，但有不少人認為她是自行創辦並經營 ThirdLove，因為這對精明的夫婦意識到，這家公司強調的品牌理念讓身為女性的查克來傳達，才是明智的策略選擇。

在《紐約時報》週日的全版廣告裡[18]，由查克獨自以「ThirdLove 創辦人」身分署名的「給維多利亞的祕密的一封公開信」中寫道：「你們向男性推銷，向女性出售男性幻想……而我們相信未來是要建立一個為所有女性而生的品牌，無論她的身形、尺寸、年齡、種族、性別認同或性取向為何。」這讓 ThirdLove 獲得更多媒體報導[19]。儘管維多利亞的祕密在二〇一九年起用第一個跨性別模特兒，但是依舊沒有意識到公司與時代脫節。記者甚至透過這篇報導提醒讀者，在 ThirdLove 和維多利亞的祕密先前衝突裡，ThirdLove 早已比競爭對手更得人心。

就算是臉書的廣告也無法實現這一點。

第六章

演算法比你更了解自己的頭髮

——小公司也能精準掌握市場

有一位四十多歲的中年女性顧客，在第一次登入eSalon.com，訂購客製化染髮劑時，就很清楚知道自己想找的顏色：用eSalon販售的極淺金色染髮劑，搭配她的一頭天生金髮，並遮蓋白髮。當她點擊完一系列，大約數十個相關的問卷問題後，eSalon電腦裡的演算法開始運算。此時，雖然公司無人見過這位顧客，甚至在不曾和她交談的情況下，演算法會比她更了解自己的髮色。

問卷的問題如下：妳的頭髮多長？妳有多少白髮？妳是直髮或捲髮？妳的頭髮有多濃密？妳是哪一個種族？妳的眼睛是什麼顏色？妳天生的髮色為何？哪種色調與妳天生的髮色最接近？妳想維持目前的髮色嗎？

為了協助她選擇最合適的染髮劑，該份問卷提供三十一張不同色調的金髮照片，顏色從淺至深，而且每一張到下一張的顏色變化幅度非常微小。最後，如同她一開始想要的，選擇eSalon提供的極淺金色，但這不會是她將收到的商品。

eSalon已經蒐集五百多萬人的數據，只要根據她們的回答，演算法即可知道最佳染髮劑顏色配方，所以無論她們的內心怎麼想，最後都能符合想要的金髮顏色。eSalon的電腦透過分析數據得知，許多和她一樣首次訂購極淺金色染髮劑的顧客，收到商品時都會感到失望，因為使用後都覺得髮色太過金黃，以美髮的專業術語來說就是太「性感」了。同時數據也顯示，大部分的顧客會在下一次訂購時，選擇稍深的色調，讓髮色看起來不會過淺。

因為有了這些資訊，eSalon在沒有通知顧客的情況下，寄送另一個配方的染髮劑，而非直接給顧客百分之百極淺金色染髮劑，該染髮劑的成分為九八％的極淺金色，加入二％的藍色，軟化整體色調，或是讓它看起來冷酷一些。eSalon技術長托馬斯．麥克尼爾（Thomas MacNeil）解釋道：「看到數據分析後，我們調整演算法，讓原本髮色是金色，又想保留原先色調的新顧客，自動在染髮劑裡添加一點藍色。雖然顧客一開始要求提供最淺色調的金色，但是最後都較滿意改良後的染髮劑顏色。」

對eSalon和其他DTC品牌而言，數據就像金幣一樣有價值，因為直接蒐集每個顧客的數據，與其他更大或歷史更悠久的品牌相比，更具有顯著優勢。例如，可麗柔（Clairol）的顧客是零售商，無法蒐集真實的顧客數據，所以對可麗柔和其他大多數的大公司來說，基本上無法追蹤使用產品的人，當顧客走進一家藥妝店，從貨架上挑選一盒染髮劑，結帳後就離開了，不會留下任何資訊與紀錄。

eSalon的貨架就是公司網站，會蒐集每個造訪網站並回答問卷問題的顧客資訊，當一位女性成為顧客的時間越長，eSalon對她的了解就越多，而且這些數據不只是用來了解一位消費者，eSalon還彙整所有顧客的個人行為數據，並透過機器學習演算法，加上數據預測分析，採取各種改變：從調整配方到引進新產品（如挑染的顏色），甚至是測試更動網站上那些看似無關緊要的詞彙。eSalon共同創辦人之一的塔米姆．穆拉德（Tamim Mourad）表示：「說到底，我們就是一家販售美容產品的科技公司。」

資料探勘對消費者行為的預測分析

對品牌來說，資料探勘是面臨的最重要挑戰：降低吸引新顧客的成本，並在購買一、兩次後留住顧客。eSalon使用蒐集的數據，將顧客最一開始低於五〇%的回購率提高到七〇%左右。特別是對eSalon、一元刮鬍刀俱樂部及Hubble等訂閱制公司而言，關鍵指標是顧客終身價值，或是他在一段時間內總共消費多少金額。只有當許多顧客成為月復一月，甚至年復一年的忠誠顧客時，才能降低獲取新顧客的成本。另一位共同創辦人弗朗西斯科．吉梅內斯（Francisco Gimenez）解釋：「這一切都和顧客留存有關，因為沒有人能在第一筆訂單中賺錢。」

過去數十年內，企業一直在使用預測分析，但是電腦的計算功能日益漸大，同時品牌對客戶和潛在顧客已經擁有蒐集大量數據的能力，讓機器學習成為品牌成功的核心。經營預測分析公司的艾瑞克．西格爾（Eric Siegel）說道：「這些公司主要的銷售都來自數位世界這件事，本身就是一件大事，而它們持續追蹤所有顧客的數位足跡，也因為累積這些資源，為公司帶來一筆龐大的意外之財。」

西格爾指出，在使用資料分析鎖定目標顧客上，直接郵件公司是領頭羊：「如果你已經有五十萬筆顧客資料，而且準備要在每位顧客身上花幾美元，寄給他們實體信件，然後剛好有極少數的關鍵顧客還真的回覆了，這個活動的重點就是可以分辨或定義哪些顧客會真正回覆。如果我可以找到比平均值高好幾倍，或是容易購買廣告信件商品中二〇％的人，然後只寄信給這個圈子裡的人，就算放棄完整名單裡另外八〇％的人，這個行銷活動的利潤也會以驚人倍數成長。」

近年來，消費者行為的預測分析已經越來越成熟。隨著越來越多的商業活動都轉移到網路進行，公司也從顧客端蒐集更多的資料，同時電腦運算和建立關聯的演算法能力也呈現指數型成長。無論規模大小，幾乎所有公司都會使用預測分析，從銀行決定誰有資格辦信用卡，到線上交友服務預測兩個陌生人的速配程度。

二〇〇六年，Netflix舉辦一場獎金高達一百萬美元的比賽，主要是為了創造改善對內部用戶推薦電影的最佳演算法，從而讓預測分析成為眾人關注的焦點。三年後，一個參賽團隊撰寫的演算法贏得勝利[1]，讓預測 Netflix 用戶會喜歡哪方面相關電影的準確度提高一〇%，並獲得更高的顧客留存率。

在電子商務平台新創企業裡，Stitch Fix 是資料分析早期的有力用戶之一，在網路提供客製化服裝造型搭配的購物方式，可以幫助顧客選擇符合時尚感和預算的服飾。該公司成立於二〇一一年，鎖定那些沒有時間購物，或是需要幫忙挑選衣服的女性提供服務（後來也擴大到男性和兒童）。顧客會收到五件郵寄的商品，從中留下想要的，也可以免費退回不想要的商品，只需支付二十美元的造型設計費用，這個金額還可以折抵購買商品的費用。Stitch Fix 的成功取決於顧客保留什麼商品，可以讓公司在不和顧客見面的情況下，精準預測對方最有可能留下哪些商品。

開發更複雜的演算法探索顧客喜好

為了弄清楚這一點，Stitch Fix 從一份問卷調查開始，確認顧客的喜好，再由整體造型師進行分析。Stitch Fix 一開始雖然和 eSalon 一樣，基於顧客初始提供的答案進行分析，不過更透過保留或淘汰的商品資料，預測其他與該份清單資料相似的顧客，會保留或淘汰哪些商品。這種相似的分析方式，也應用在亞馬遜開發的演算法上，會推薦哪些書籍可能是你喜歡的。這份推薦清單不僅參考你曾購買的商品，也檢視和你購買相同書籍的顧客還買了什麼書，加以綜合後的推薦結果。

這些演算法使用不同類型的電腦運算方式，像是演算法「決策樹」（Decision Tree），顧名思義就是連接一系列的數十、數百，甚至數千筆資料（像是樹上的分支），篩選出你可能不喜歡的項目，並加入你可能會喜歡的內容；演算法「隨機森林」（Random Forest），則是由數十種，甚至數百種不同，而且較簡單演算法組成的一個集合體互相運作學習，從中修正可能的錯誤。

Stitch Fix 僱用一位演算長（Chief Algorithms Officer, CAO）和一百多名資料科學專家，同時可能是唯一一家在官網上發布「演算法之旅」（Algorithms Tour）的公司[2]。Stitch Fix 以一張詳細又冗長的圖表，解釋公司如何使用這些資料（雖然有些沒有明顯相關性或關聯性），扮演服飾搭配的專家。Stitch Fix 演算長艾瑞克・科爾森（Eric Colson）在公司部落格 *MultiThreaded* 上，解釋道：「描述一件商品的每個屬性都能用數據呈現[3]，並與每個顧客的獨特偏好互相搭配。例如，某件襯衫會緊貼肩膀，並展現上臂的肌肉線條，這對某些顧客來說具有吸引力，但是對另一群顧客而言卻不受歡迎……而電腦很擅長找出並應用它們之間的關聯性。」

Stitch Fix 接連開發出更複雜的演算法，開始透過電腦視覺（Computer Vision）幫助顧客選擇服飾，官網上解釋道：「我們讓電腦查看顧客喜歡的服飾照[4]（如透過 Pinterest 的照片），尋找視覺上看起來相似的商品。」雖然該公司最初是販售其他公司製造的服裝和配件，但是從二

○一七年開始，公司的資料科學家利用不同風格特徵，並結合時下流行的服飾，設計 Stitch Fix 獨家產品，內部設計師透過人工智慧生成顧客可能喜歡的服裝類型組合，創造這些「混合設計」（Hybrid Designs）。

現在各式各樣的數位原生品牌都採用預測分析：Warby Parker 使用問卷調查裡的資訊，幫助顧客挑選即將寄給他們的五副鏡框，並使用公司提供的在家試戴計畫；ThirdLove 的演算法可以幫助顧客挑選最適合內衣；The Farmer's Dog 在網路上販售新鮮的客製化寵物食品，使用問卷調查為顧客的愛犬找出正確的飼料組合與分量；Winc 是一家線上葡萄酒零售商，利用問卷確定要向顧客推薦哪一款葡萄酒，並且如同 Stitch Fix，逐漸透過演算法在顧客喜歡的葡萄酒中處理分析資料，從不同的葡萄品種打造自己的葡萄酒品牌；Care/of 根據顧客調查中的回答，量身打造維他命配方；Prose 則使用問卷，為線上購買的顧客提供客製化洗髮精。

顛覆現有市場的嶄新思維

穆拉德和 eSalon 的幾位同事，從實戰經驗裡了解到科技對新創企業的重要性。在一九九八年，DTC 品牌革命開始前，當時他們年約二十多歲，就創辦網路公司 PriceGrabber（實際上，當時許多新創公司背後的創業家都沒有大學畢業的學歷，甚至有些人連高中都沒畢業），該公司也是線上比價網的始祖。

穆拉德和同事一起創辦 PriceGrabber，主要是因為注意到一家販售高容量軟式磁碟機（一種早期資料儲存裝置）的電子公司，該公司透過低價商品吸引顧客。這些裝置的零售價通常是八十美元，但該公司的售價只要二十美元。穆拉德回憶道：「所以我們盡可能地購買，使用二十至三十個不同的收貨地址，以便讓對方繼續販售商品給我們，然後再轉賣給其他人。同時也讓我們想到，這家零售商還能以低於成本的價格販賣什麼東西？於是我們編寫軟體，檢索該公司的網站資訊，並請電腦顯示所有價差最大的商品。」

他們迅速擴展 PriceGrabber，透過比較網路上各個不同賣場的價格，並且按照郵遞區號和零售商對產品進行分類，之後就變成顧客在網路上尋找最優惠價格的首選網站。同時，PriceGrabber 也從列出價格的零售商端，收取每次顧客點擊的費用。二〇〇五年，益博睿（Experian）以四億五千萬美元收購該公司，讓創辦人以一百五十萬美元的初始投資總額就換得龐大收益[5]。

經過幾年的休息，PriceGrabber 創辦人開始腦力激盪，想展開另一門新生意。起初他們發想一個線上語言翻譯網站，但討論後的結論是很難做好，而且沒有明確的收益模式，因此打了退堂鼓。

然後在二〇〇八年秋天，穆拉德和妻子與一對在比佛利山莊擁有美容院的夫妻共進晚餐。對方的妻子是染髮師，提出一個商業想法：「女性在家無法自行染髮，主因是資訊不足。」穆拉德說道：「建立一個解釋如何染髮的網站如何？」不過他看不出這樣的網站要如何獲利，接著又詢問對方：「是否可能為沒見過面的顧客客製化染髮劑配方，並讓顧客在家即可購買染髮劑，郵寄給她們？如果效果很好，就代表提供的產品比一般藥妝店販售的標準染髮劑來得好，更接近她們想在美髮店獲得的效果。如果能做到上述所說的，即可收取溢價，這樣完全就是一個商業模式。」

穆拉德回頭尋找以前的 PriceGrabber 同事，這些人都是對染髮一無所知的男性。儘管如此，他們越討論就越喜歡這個想法，認為這是完全可以顛覆現有市場的商業機會，主要有以下幾個原因：雖然自行在家染髮可能是利基市場，但卻是由少數幾家公司主導的大利基市場（全美年銷售額為二十億美元）。透過研究朋友與家人發現，大多數女性消費者對於市面上提供可以自行染髮的商品選擇並不滿足，儘管現有商品尚可，但大多只提供五十種左右預先調好的顏色。

吉梅內斯指出：「在家染髮的人大多不滿意，因為染髮的成果喜憂參半，不過因為在家染髮是相對負擔得起的價格，所以仍是她們選擇在家染髮的原因。如果在高級一點的美髮店，最基本的單一髮色全染，平均收費約為六十美元，在某些城市可能低到四十五美元，但在較大的城市，價格更接近一百美元或一百五十美元。」

客製化染髮劑的初次嘗試

接著，他們詢問另一個關鍵的問題：萊雅（L'Oréal）、可麗柔或露華濃（Revlon）是否會透過零售商販賣客製化顏色的染髮劑？在進行一些研究調查後，他們打賭答案是否定的，因為所有大品牌公司不僅透過零售商販賣包裝好的標準化染髮劑，也會向美髮店提供含有優質成分的「專業」產品。

如果萊雅要提供客製化居家染髮品牌，可能會激怒沙龍店老闆和美髮造型師，而這群人在公司銷售額中占了極大一部分。吉梅內斯表示：「這對他們來說會發生衝突，因為這些大公司對所有產品集中研發，最後只有專業美髮店才能獲得更好的配方和成分，而不是消費者。」

PriceGrabber 團隊得到一個結論，如果新染髮劑品牌售價介於美髮店專業品牌和一般藥妝店架上販售的染髮劑，就有成功的機會。在當今全球市場上，很容易找到供應商，向對方購買用在染髮劑裡的專業級成分：染料、改性劑（用來穩定色調）、維生素（用來滋潤頭髮）、抗氧化劑、過氧化氫（去除舊有顏色並活化新染料）等。最大的挑戰是，明瞭如何結合這些成分，模仿美髮造型師為每個進入美髮店的女性調配染髮劑顏色的過程。穆拉德說道：「你能為沒見過面的人設計染髮劑嗎？我們必須弄清楚如何測試，並且驗證這個想法。」

首先，他們進行概念驗證（Proof of Concept, POC）測試，看看女性是否有興趣在網路上購買客製化染髮劑。他們建立具備基本功能的網站，並讓五十位已註冊、上傳照片，表示想要什麼染髮劑顏色的女性試用，透過純手工方式幫她們混合染髮劑顏色。接著詢問這些女性是否喜歡這種客製化顏色，這種顏色是否勝過藥妝店販賣的染髮劑。穆拉德回憶道：「我們招募在不知道我們是誰的情況下，還願意將這種產品塗抹在頭髮上的人，而且她們對產品效果有正面回應，這就足以證明我們的方向是對的，現在該做什麼呢？」

下一步，他們利用自己的技術和資料科學知識，找出如何複製客製化染髮劑，販售給五萬名女性，而不只是五十位女性。穆拉德說道：「我們想做一些真正具有創新性的事，不是天馬行空的創新，而是真正與眾不同又有附加價值的事。」

奧馬爾．穆拉德（Omar Mourad）是穆拉德的弟弟，也是PriceGrabber共同創辦人之一，他閱讀所有和染髮相關的資料，表示：「我從來沒有實際幫人染髮的經驗，但現在我是染髮色彩理論方面的專家。」

在接下來幾個月裡，奧馬爾和吉梅內斯率先將染髮的規則轉化為電腦軟體，好確定正確客製化組合相應所需的顏色。這可能取決於許多因素，像是女性天生的髮色、當下頭髮染的顏色、想要的色調、最近染髮的時間、需要遮蓋多少白髮、頭髮的粗細和長度。但染髮有幾個通則是，從較淺髮色變到較深髮色，會比從較深髮色變到較淺髮色來得容易；另外，如果要一次將髮色染成兩種以上不同的色調是非常棘手的，所以最好循序漸進。

奧馬爾解釋道：「基本上，你可以看到各種組合，然後建構成一個矩陣，這時候就可以了解，如何將所有的情境制定成一個有依據可循的公式。」穆拉德補充道：「雖然可以和色彩專業人士合作，但是最終將他們給予的建議轉化成一套軟體，並非簡單任務。」

蒐集數據將染髮程式化

有了奧馬爾提供的這些知識，該團隊設計一份問卷，其中包括髮型師會向首次染髮顧客提出的問題。儘管這些問題本身並沒有什麼，但是當成千上萬的人回答問題時，就產生有意義又了不起的知識來源，因為這可以讓你蒐集到越來越多的資料，進行分析並找出資料之間的關聯性。

在將染髮規則轉成軟體，並設計好問卷的題目後，下一步是將客製化染髮劑顏色的配方混合自動化。如果透過人力混合染髮劑成分，可能要花費好幾個小時，因此他們購買染髮劑調色設備，透過電腦精確混合不同液體。

一切都運作得很好，或者說至少一開始看起來如此。穆拉德回憶道：「一週後，所有染髮劑都變質了，可是我們並不知道，因為販賣染髮劑的人沒有告訴我們，販賣染髮劑調色設備的人也不知道染髮劑會氧化。染劑不喜歡暴露在空氣中，而且無疑極易氧化。幫我們製造的人根本從未想過，因為把染髮劑放在一個罐子裡，然後在接到訂單時，混合一點不同染髮劑這種想法原本並不存在。」

因此，eSalon不得不花費數個月，打造全新生產線，以免染料暴露在空氣中。該公司還製造一種機器，可以精準將液體數量分配到每個沿著輸送帶前進的兩盎司著色劑瓶裡，這些液體是用高級醫療秤測量出重量（比用體積測量更精確）。每個染髮劑瓶身都會貼上顧客的名字，例如「Mia色」是由六〇%的淺金色、五．九%的灰色、一九．一%的金色和一五%的珍珠白混合而成。

二〇一〇年九月，該產品以eSalon的品牌名稱上市，單次購買價格最初是二十二美元，後來提高到二十五美元。但是為了建立回頭客，公司針對第一次訂購收取十美元，之後再訂購則收取二十美元，顧客可以在四至八週內下單購買，取決於她們染髮的頻率。

eSalon最初鎖定的客群是在家染髮的女性。「但我們發現有二〇%至三〇%的顧客，都是經常到美髮店的人，並且可能出於成本考量，而說出：『等等，這是在告訴我，你們可以提供和美髮店同等級的產品，但價格卻是美髮店的一小部分嗎？』」穆拉德表示，這個資訊對她們很有吸引力。

許多顧客在一開始就喜歡公司產品，但是eSalon想要也需要更多的人喜歡。穆拉德回憶道：「剛開始，我們就像從美容學校畢業的染髮師第一次染髮。換句話說，eSalon客製的染髮劑配方雖然比市面上其他標準染髮劑來得好，但還是比不上擁有多年豐富染髮經驗的美髮造型師。」

對最佳化與客製化的不斷追求

和美髮造型師學徒一樣，eSalon 的配方隨著時間推移而不斷最佳化，因為公司獲得更多顧客，蒐集到更多資訊。「不只要更新染髮劑配方的公式，也要更新演算法的邏輯，因此就需要歷史數據支持，也就是那些先前顧客購買時提供的參數。當時為她們客製化獨特的染髮劑配方，最後在她們使用後給予回饋，擁有這些資訊即可在下一次遇到相同特質的顧客時，依據先前的歷史資訊做出調整。」穆拉德解釋道：「現在我們的客製化染髮劑顏色比剛上市時更好。」

除了分析重複的訂單資料（這是衡量顧客有多喜歡收到配方的最佳方法）外，eSalon 還追蹤要求調整配方的女性百分比，以及她們想如何調整，顏色再深或稍淺一點？

在事業剛起步時，eSalon 還聘請調色專家，透過電話指導女性顧客完成第一筆訂單，並回答所有的問題、建議或抱怨，調色專家甚至會建議對混合後的染髮劑進行微調。所有這類質性數據，也會與量化數據一併蒐集和儲存。現在如果顧客願意，可以提供一張照片（這是 eSalon 最初並未提供的服務），這為整體造形師在演算法中增加另一個關鍵的數據，以便調配正確染髮劑的顏色比例。

截至二〇一八年為止，eSalon 已經送出十六萬五千種不同的配方，計算出二．二乘以十的兩百六十七次方種顏料變化的總數。

穆拉德和團隊不斷分析資料，尋找有無異常現象，以提出改進染髮劑配方，並讓顧客更滿意的方法。有一次他們從資料中注意到，使用公司調配好的深金色—自然金色（Dark Blonde-Natural Golden）的女性，重新訂購的速度與該調色板裡類似顏色的速度不一樣，因此減少金色的百分比，並增加深金色，獲得更好的遮蓋白髮效果。這一次配方的改變，讓第三次訂購的顧客留存率提高二〇％。

提高第三筆訂單的顧客留存率特別重要，根據 eSalon 的數據顯示，只要是購買第三次的顧客，通常就會成為忠誠顧客。而且顧客留存的時間越長就越有價值，因為獲得新顧客的成本高於保留現有顧客的成本。科技長麥克尼爾解釋道：「如果我們能讓她們完成三次訂購，就知道她們會繼續訂購七、八、九次；如果讓顧客突破訂購三次這個門檻，最後更有可能留下來訂購三、四十次。」

為了減少顧客流失，eSalon 一直致力於研究預測分析演算法，尋找如何在已經確定的顧客流失斷點，留住更多顧客的線索。在第二次訂購後，留在 eSalon 的顧客有什麼共同點？在第三次至第八次訂購之間，是否要求調整客製化染髮劑配方？如果有調整，eSalon 就會考慮調整其他具有相似特徵的女性顧客訂單，看看能否提高留存率。這就是公司對那些長髮女性所做的事，根據她們的自然髮色、染過的髮色、染髮的時間和染髮頻率等變因，得出其他的類似情況。麥克尼爾說道：「我們知道要給妳兩種不同的配方：一個用於髮根；另一個則用於髮尾，所以會給妳像是去美髮店染出來的髮型，而不只是把相同顏色染在所有頭髮上的填色遊戲。」

烽煙再起，迎戰更強大的競爭對手

基於對細節的掌握，讓 eSalon 獲得許多忠誠顧客，包括那些曾去美髮沙龍店的顧客，以及購買更便宜現成染髮劑的顧客。美妝部落客珍妮．塞維爾（Jenny Sewell）寫道，她曾在美髮沙龍店花費七十五美元讓美髮師染髮，但是決定嘗試 eSalon 的染髮劑，因為價格較低，而且提供客製化染髮劑顏色。塞維爾表示：「使用 eSalon 更合理[6]，因為品質高、價格合理且產品好用。」安．林莉（Ann Lingley）也是忠實顧客，她在獨立評論網站上寫道：「當我有全職工作時[7]，還能負擔去美髮沙龍店兩百至兩百五十美元的染髮服務，現在退休後，這樣的價格就不在預算內……，但是自從我在網路上找到 eSalon 後，就對它的高品質留下深刻印象。」

eSalon 蒐集的數據不僅用於染髮配方，和大多數 DTC 品牌一樣，幾乎分析各種顧客體驗的面向。雖然該公司的主要產品是染髮劑，但也銷售洗髮精等相關產品。為了吸引尚未購買的新顧客，只要註冊成為定期訂閱的顧客，就能獲得首次購買洗髮精的折扣（通常是十二至十五美元）。為了確認能產生最大收益的最佳價格，eSalon 測試七美元、八美元和九美元這三種不同的價格。穆拉德表示：「把購買人數與購買價格相乘，我們發現八美元是最好的價格。」

資料也顯示，eSalon 一開始認為 YouTube 是可以吸引新顧客的便宜廣告通路，但實際上對購買轉化卻不是特別有效。分析這些資料後，穆拉德和團隊意識到 YouTube 的大部分流量都來自二十多歲的女性，這些人只是想嘗試染髮，很少有人會持續購買，所以最好在其他廣告上花更多的錢，並針對那些購買染髮劑遮蓋白髮的年長女性，以及更可能多次回購的人，他指出：「並非所有顧客都一樣。」

二〇一九年，萊雅做了 eSalon 創辦人原本預測不會做的事，就是決定在網路上提供客製化染髮劑服務。萊雅推出全新品牌 Color&Co[8]，複製 eSalon 的主要功能，包括線上問卷測驗與調色專家諮詢服務，將品牌定位成「專為您打造的獨特客製化混合染髮劑顏色」。對註冊訂閱的回頭客來說，十九．九美元的價格幾乎與 eSalon 相同。面對更強大的競爭對手[9]，eSalon 一年銷售額仍只有三千萬美元，市占率極低，因此同意將五一%的股份出售給德國跨國企業漢高（Henkel）。漢高已銷售一些染髮品牌，如施華蔻（Schwarzkopf）的 Brillance 和怡然（Natural & Easy），該公司表示，美容產品客製化的成長趨勢和 eSalon「寶貴的顧客洞察力」，是公司投資的原因。

第七章 做十億件滿足客人的小事

——打造超乎顧客預期的體驗

Warby Parker 於二〇一〇年二月開始線上販售眼鏡的幾天後，根據免費提供在家試戴，郵寄給潛在客戶的鏡框庫存用完了，很快就開始收到不想等待補貨的顧客詢問。

「我聽說你們在費城，我可以去你們的辦公室試戴眼鏡嗎？」通常詢問的電子郵件都會這麼說。

然而，當時 Warby Parker 並沒有辦公室，四位創辦人仍是華頓商學院企管研究所學生，不確定是否有夠多的人真的會在網路上購買眼鏡，讓 Warby Parker 成為像樣的公司，因此其中一些人有備用的工作計畫，預防該事業無法成功。

在回答這類詢問時，創辦人之一的布門塔回憶道：「我們其實就在我的公寓工作，所以非常歡迎顧客前來觀看產品。實際上，我們也真的邀請五位顧客前來，並且想著如果因此商譽受損，也只有五位顧客知道。」

在公寓裡，Warby Parker 的鏡框整齊地排列在餐桌上，並在靠牆的那面安裝一面鏡子，這樣顧客就可以看到自己試戴鏡框時的模樣。布門塔說道：「當他們進來時，也會看到我們坐在沙發上工作，並回覆其他顧客郵件的樣子，這是一種對幕後工作的窺視。」

那天有位顧客是賓夕法尼亞大學醫院（Hospital of the University of Pennsylvania）的住院醫生，布門塔回憶道：「我們知道他是醫生，是因為他當時穿著手術服。」大多數來到辦公室的顧客都會訂購，這是好現象，但後來發生的事卻引起創辦人的注意。

「接下來一週，我們真的開始收到來自醫院的電子信箱所下的訂單，我們想著……哇！這裡發生一些事。首先，我們知道有些人想要觸摸和感受眼鏡。」布門塔如此說道，並且確認在家試戴可以幫助顧客克服在網路上購買眼鏡的猶豫。「其次，如果你提供一個意想不到的體驗，譬如到別人的公寓，或更重要的是看到一家新創企業背後的樣子，將會引發更多對話和聯繫，而品牌即可和顧客建立關係，如同人與人之間建立關係，這就是透過展示脆弱的一面實現的。所以，如果我們展現不夠完美的一面沒關係，雖然傳統品牌的觀點是必須只露出完美無瑕的一面。」

這個假設很快就受到一個意想不到的問題考驗：該公司最初只訂購一萬副鏡框，避免在需求不大的情況下會有大量庫存的困擾。但是最受歡迎的鏡框很快就銷售一空，到了三月中旬，Warby Parker 的二十七種款式中已經有十五種用完了[1]，但是造訪網站的顧客並不曉得。因為沒料到銷售量會快速起飛，所以創辦人並未設法在網站顯示特定鏡框何時售完，導致顧客不斷刷卡購買。

創造良好顧客體驗的不二法門

「我們很快就組成團隊，接著自問：『我們現在要做什麼？』」布門塔回憶道。這些鏡片是依照需求量生產的，但是公司需要一段時間才能拿到更多鏡框，因為中國供應商需要時間製造和運送。

他們爭論是否要繼續接受訂單，因為對新創企業而言，拒絕任何一筆訂單都很痛苦。在協商過程中，另一位創辦人吉爾博不停查看手機，因為他把手機設定成只要一有訂單就會收到通知。他對同事說：「夥伴們，在討論這個問題的同時，我們又收到五筆新訂單了。」接著，他們馬上致電網站開發人員，在賣場加上「售完」的訊息，之後發送電子郵件給訂購的顧客，表示因為無法太快拿到眼鏡而向對方致歉，同時也把收到的款項退回顧客的帳戶。布門塔說道：「這個舉動產生好影響，本來顧客應該對這件事感到極度沮喪，卻因為退款與道歉信的關係，反而展現耐心和包容。」

這些顧客大多數都在公司補貨後重新訂購，布門塔指出：「從這件事學到一個很重要的教訓，就是當你向人們解釋一些問題時，對方可以理解並接受，所以在你犯錯時，最重要的是承認錯誤並盡快解決。」

Warby Parker 創辦人很早就意識到，在數位時代打造新品牌與創造良好的顧客體驗一樣重要，甚至更加重要。

事實上，Warby Parker 並非第一家在線上販售眼鏡的公司，也不是價格最便宜的[2]。在此之前[3]，Eyeglasses.com、Goggles4u、FramesDirect 和 Zenni Optical 都以低於眼鏡店的價格，在網路上販售眼鏡。

Zenni 創辦人之一的蒂博．拉扎伊（Tibor Laczay），在被問到 Warby Parker 時難掩憤怒，並開始發表長篇大論：「當他們剛崛起時，不斷聲稱自己發明線上販售眼鏡的服務，經常重複這個訴求，以至於所有公關操作都在重複這句口號。現在他們作為一家偉大的新創企業出現在市場上，我卻不知道他們到底創新了什麼，他們甚至沒有比實體店鋪便宜多少，可能便宜四〇%至五〇%，但是我們卻便宜了九〇%。」他補充道：「而且他們都是華頓商學院的畢業生，過去我也遇過許多華頓商學院的畢業生，但是並不想僱用他們。」

關於誰先進入市場，拉扎伊的說法是正確的，早在二〇〇三年 Warby Parker 賣出第一副眼鏡的七年前，他就協助創辦 Zenni，當時稱為 19dollareyeglasses.com。雖然是根據鏡框類型提供一系列不同的價格，但具備基本的單一視力矯正功能眼鏡只要四十二美元[4]，是 Warby Parker 最便宜眼鏡售價的一半。從那時起，Zenni已銷售兩百萬副以上的眼鏡，相較之下，Warby Parker的銷售量則突破五百萬副[5]。

然而，Warby Parker是迄今為止知名度最高的線上眼鏡新創企業，市值預估約為十七億五千萬美元[6]。Warby Parker從創投資本家籌募約兩億九千萬美元[7]，估計年銷售額在四億至五億美元[8]。Warby Parker是受千禧世代喜愛的品牌之一，而這個名字已經作為動詞被收錄辭典，例如「我要（進入）Warby Parker這個產品類別。」或是像二〇一五年《赫芬頓郵報》（*Huffington Post*）標題宣稱的[9]：「目前有四個產業正被Warby Parker化。」在網路上搜尋Warby Parker，你可以找到醫院磨砂膏的Warby Parker、牛仔靴的Warby Parker、油漆的Warby Parker，以及自我護理的Warby Parker等相關資料。

布門塔大方坦承，Warby Parker的眼鏡和其他品牌眼鏡之間的實體差異微不足道，表示Warby Parker以時尚、經典的鏡框設計自豪。他自誇塑膠鏡框使用來自義大利家族企業的優質醋酸纖維素製造，而金屬鏡框則使用高品質且輕盈的鈦金屬製作，但大多數的眼鏡公司材料也是如此。

為了從舊有的競爭對手中脫穎而出，Warby Parker關注在販售眼鏡以外的其他事項：與顧客建立更穩固的關係。「這個世界的產品市場競爭越來越激烈，大多數販售的產品至少都做得到宣稱的效果，因此市場上的產品品質越來越相近，很難做出差異化，甚至就連洗碗精也是如此。」

布門塔說道：「於是，在消費者心中決定購買的其他考量因素，現在就有了更高的優先順位。作為一個DTC品牌，我們可以創造更好的體驗，不只是關於免運和無條件退貨等顧客友善政策。」

創造品牌與顧客之間的個人化連結

Warby Parker的價值觀是早期線上銷售的例子之一，後來被許多數位原生新創企業模仿，如同華頓商學院教授貝爾所說的：「建立連結，而非推廣品牌。」（Bonding, not branding.）

為了解釋這種區別，貝爾指出其中一個最具標誌性的品牌符號：「菲利普莫里斯（Philip Morris）創造萬寶路牛仔（Marlboro Man）的形象，並在某種程度上告訴人們，這就是他們應該渴望成為的人。」他解釋道：「品牌與顧客間的連結是更個人化的，你會感覺賣家有一種親和力，就像賣家正與你直接交談，你甚至可以訂閱該品牌的社群（媒體）頻道。過去在萬寶路的時代，消費者不像現在有實際能夠表達對品牌喜愛的方式，可以在Instagram裡幫你的香菸拍照或上傳貼文。這就是我們已經從純粹的品牌塑造，轉變為品牌與顧客連結的原因，顧客開始在社群通路中與品牌互動，並和朋友分享。」

另一個成功的DTC品牌化妝品Glossier，甚至在產品推出前，就已經與女性顧客建立關係。

魏斯經常在 *Into the Gloss* 部落格上，發表對不同化妝品的評論，因而深受大量粉絲喜愛，她決定尋求創投公司的挹注，並在二〇一四年創立 Glossier。

魏斯接著透過向顧客徵求建議，加深品牌與顧客之間的關係，她在 Instagram 上發布不同深淺色調的粉紅色，邀請粉絲選出最喜歡的顏色，而後 Glossier 在包裝上就使用粉絲選出的柔粉色[10]。即使公司成長到一定規模，Glossier 仍會聽取粉絲對產品的建議，例如亞特蘭大的非裔美國研究生德文．麥吉（Devin McGhee），建立一個非常受歡迎的 Instagram 帳號 GlossierBrown[11]，並公開指出 Glossier 的某些產品缺乏適合較深膚色的黑人女性色調。

Glossier 前副總裁瑪拉．古德曼（Marla Goodman）回憶道：「我記得魏斯看到這個訊息時，我們本來就知道公司的色調範圍確實有限，但在聽到和看見該訊息後，這件事就已經在公司傳開了。」麥吉的貼文促使 Glossier 更密切關注擴大色調的數量。古德曼補充道：「我曾在 Ralph Lauren 工作，在那裡不可能做到這樣的事，絕對不可能。」

二〇一八年，公司邀請麥吉參觀位於紐約的研發實驗室，麥吉說道：「他們伸出手，還說真的想和我合作擴大產品的色調。所以當我到達總部時，就在產品開發室裡把玩產品。當時他們向我展示很多東西，並且讓我提供極為個人的建議，像是喜歡這個產品的什麼，或是不喜歡那個產品的什麼。」接著，她會見魏斯和當時的總裁戴維斯。隨後，Glossier 將遮瑕膏和隔離霜的色調從五種增加到十二種，其中包括一些較深的色調。麥吉說道：「Glossier 很真誠地傾聽。」

戴維斯表示：「直接接觸像麥吉這樣的顧客，是 Glossier 的公司核心策略。」Glossier 是在 *Into the Gloss* 社群中誕生的，任務就是與社群裡的人互動產生聯繫，這也是 DTC 真正的意義所在。這並不是關於產品配銷，而是關於連結，接觸顧客，並與顧客建立關係是最重要的因素。」他指出：「你如何傾聽顧客的意見，並且和他們合作？你要讓別人覺得自己正在傾聽，就是直接和他們溝通。」相較之下，他說：「寶鹼不知道他們的顧客是誰，必須向廣告代理商支付一大筆錢，進行非常複雜的市場調查和民族誌研究等，才能得知市場上潛在顧客可能的樣貌，但這並不是他們實際的顧客。」

有時從銷售的角度來看，創造良好的顧客體驗似乎有悖常理。當你訂閱一元刮鬍刀俱樂部時，每個月都會收到刮鬍刀，在出貨的幾天前，你會先收到一封電子郵件，提醒包裹即將出貨，也可以透過該信件將其他產品加入訂單（如刮鬍泡或髮膠），而且假設你的浴室櫃子裡還有一堆尚未使用的刀片，可以取消或重新安排出貨日。

假設要暫停有線電視服務一個月，幾乎是不可能的，相較之下，為什麼一元刮鬍刀俱樂部會讓延遲出貨的機制變得如此容易，還可能造成收益減少？但是因為如此一來，更可能留住顧客，也更可能讓你向朋友推薦該公司的刮鬍刀。

Warby Parker、Glossier、一元刮鬍刀俱樂部，以及許多 DTC 新品牌意識到，和好產品一樣重要的是創造顧客體驗，進而培養顧客忠誠度，因為這群顧客會在社群媒體上傳播訊息，並吸引更多的顧客。貝爾說道：「在數位經濟裡，你的受眾也可以觸及另一個受眾。」

布門塔表示：在產品變得越來越大眾化的世界裡，公司需要建造護城河來抵禦競爭。「你如何建立護城河？就是繼續提供更多價值。但是你又要如何提供更多價值？可以創造更全面的體驗，這將會是競爭者的進入障礙。」

超乎顧客預期的滿意處理，帶來有利影響

二〇一八年感恩節前夕，馬克・伊利（Mark Ely）注意到最近購買 Warby Parker 的眼鏡鏡片上有一道小刮痕，不過眼鏡有一年無刮痕的保固，所以他在當晚傳送一則訊息給客服團隊。考量到隔天是特殊節日，他說：「我想必須到下週才會收到回覆的訊息，而且可能不得不再次傳送電子郵件，因為現在正在放假。」

伊利很快就得到回應，他回憶道：「半小時後，我收到兩封電子郵件。第一封表示你的新眼鏡正在路上，然後第二封則是『這是你的退貨標籤，可以把舊眼鏡寄回給我們，讓我們檢查眼鏡在保固期間內有刮痕的原因。』這讓我大吃一驚，尤其這是在感恩節前一天晚上九點，但最令人驚訝的是，郵件上也提到一切正在處理，對方甚至還說：『這的確是個問題，我們會協助

妥善解決。』」

對任何曾在 Warby Parker 工作的人來說，這不足為奇，從該公司在推特上關於顧客服務的訊息來看，對待其他顧客的方式也是如此：

「@WarbyParker 顧客服務太好了[12]，我很高興近視度數幾乎減輕。」

「幾週前，我最喜歡的 Burke 系列鏡框徹底壞了，而 @WarbyParker 幫我解決，並更換新鏡框給我，這百分之百是我遇過最好的顧客服務。」

「我今天打給 @WarbyParker，有真人接聽電話，而不是一連串錄製好的問題要求我回答，對方就是一個真實和我打招呼的人，讓我感到非常震驚。」

這類推文很常見，這就是 Warby Parker 顧客服務的重點。多年來，在開始擴大零售店網絡前，正如 Warby Parker 和大多數 DTC 品牌宣稱的，在顧客服務或「顧客體驗」（Customer Experience, CX）部門裡，有著比其他部門更多的員工。二〇一九年，該公司的兩千名員工裡，約有三百五十人在顧客體驗團隊工作，成為僅次於零售店員工的第二大部門。許多美國公司出於節省公司開銷，已將客服中心外包到海外，通常是印度或菲律賓，但是對顧客而言，這可能意味著你要和把英文當作第二語言，又有著難以辨認口音的人交談。

相較之下，Warby Parker 認為，客服中心的員工對於和顧客建立連結至關重要，因為他們是公司面對顧客的第一個接觸點。布門塔解釋：「當你打電話給 Warby Parker，我們希望有人在六秒內接聽。許多電子商務網站都會試圖隱藏客服電話號碼（譯註：在美國一八〇〇為消費者免付費電話，但是會向公司收費），因為將顧客服務視為應該最小化的成本中心；相反地，我們卻一直視為利潤中心，是對品牌的投資。由於推薦我們的顧客是最大的流量和銷售驅動力，只要讓某位顧客感到開心，對公司就是有利的。」

Warby Parker 採取的模式，類似於電子商務男裝先驅 Bonobos 提供的「忍者」（ninja）顧客服務。該公司的行銷（宣言）承諾更合身的褲子，但最終它們仍然只是一件褲子。曾在 Bonobos 客服中心工作，後續為ＤＴＣ床墊新創企業 Tuft & Needle 提供顧客服務的亞倫・巴塔（Aaron Bata）回憶道：「你可以購買外觀與價格相似的東西，但人們會一次又一次地回來，是因為他們知道如果有任何問題，都可以獲得解決，對他們來說，這是比衣服本身更重要的事。而我們在那個房間裡，每個人的學經歷都大幅超越擔任客服代表的資格，我旁邊是一位剛從普林斯頓大學畢業的女性，另一邊則是巴納德學院（Barnard College）的畢業生。」

與眾不同的客服中心團隊

直到二〇一四年，Warby Parker 的客服中心團隊都在位於紐約的公司總部工作，該總部在曼哈頓下城歷史悠久的帕克大廈內，這可能使其成為世界上最昂貴的客服中心辦公空間。即使在田納西州納什維爾（Nashville）建立第二個客服團隊（現在約有三百人）後，公司仍在市中心泉街的新總部，保留約五十名客服中心的員工，凸顯顧客服務對公司業務成功具有象徵性意義。

剛畢業於康乃爾大學（Cornell University），並獲得心理學學位的科琳．塔克（Colleen Tucker），是二〇一〇年年初加入 Warby Parker 的首批員工之一，當時該公司開始販售眼鏡後不久，創辦人就在布門塔的公寓裡工作。塔克回憶道，她被聘僱為「營運助理」，但是大部分的時間都在回答顧客來電與電子郵件的問題、處理退貨，以及將訂單交給優比速（UPS）進行配送。塔克坦言，會從事這份工作，是因為二〇〇八年金融危機後找不到工作，還和父母同住。「經濟不是很好，所以沒有得到其他的工作機會。」她回憶道。

塔克早期在 Warby Parker 工作的記憶裡，除了布門塔赤腳主持員工會議外，還有一次處理客訴，她不記得顧客對什麼事不滿意，卻清楚記得其中一位創辦人對她說：「給他們免費的眼鏡。」「他只是不願意接受我們提供的方案而已。」塔克回憶道：「這是創辦人給我們的一個信號，因為他們真的很關心顧客，而且不那麼關注短期成本，而是將眼光放在長期發展，因而賦予我們自主權，讓我們說真話、道歉和做出非常規的事。」

另一名客服中心的員工派翠克・馬奧尼（Patrick Mahoney），從賓州大學取得哲學、政治和經濟學學位後，曾在華爾街工作幾年，但是由於不喜歡這份工作，因此儘管年薪和獎金超過十萬美元，卻還是辭職了，接著到 Warby Parker 以時薪十五美元接聽電話，也就是年薪約三萬美元。他坦承道：「父母都覺得我一定是瘋了。」當時是二〇一二年，公司規模還很小，但是馬奧尼買了一副 Warby Parker 的眼鏡，而且非常喜歡，因此想做一些創業會做的事。

客服中心是大多數人認為的低階工作，馬奧尼卻不以為然，他說：「『客服中心』不完全是我用來描述自己工作的詞彙，因為我們擁有強烈的顧客至上心態，這就是我討厭『客服中心』含義的原因，我們有另一種表達的方式：『驚喜和喜悅。』」他想起一位住在紐約的顧客，在週五狂打電話到公司，因為她訂購的眼鏡沒有按時送達，她打算週末參加婚禮時戴上。他追蹤眼鏡已經送達鎮上的配銷中心，並清楚了解要等到週末後才能送到顧客手上，於是他離開辦公室，取得眼鏡，坐計程車送到顧客的公寓。他回憶道：「對她來說，已經不可能在婚禮前拿到眼鏡，因為這超出正常程序的可能性。但那就是一種心態，不惜一切代價都要把眼鏡送到顧客的手上，這並不是當時顧客想像得到的體驗。」

馬奧尼在客服中心的同事，包括其他知名大學的畢業生，其中有許多人在數個月到一年後獲得晉升。在前往哈佛商學院攻讀企管碩士前，馬奧尼被調任到財務和策略團隊，但是他有許多同事都留下來，就在最近的二〇一九年，Warby Parker 約有十幾位高階管理人員，如塔克，都是從客服部門開啟職涯。

有些人利用在 Warby Parker 學到的知識，創立其他 DTC 品牌，也有些人離開，前往其他相似的公司擔任高階主管。大約在馬奧尼受僱時，另一名客服中心員工，從布朗大學（Brown University）畢業的史蒂芬・柯瑞（Steph Korey）被提拔為公司供應鏈團隊的負責人。二〇一五年，他和 Warby Parker 的夥伴珍・魯比歐（Jen Rubio）正準備創辦 Away，這是一家 DTC 行李箱公司，在四年後公司估值超過十億美元[13]。

持續從細微之處改善顧客體驗

在 Warby Parker，創造良好的顧客體驗不只是快速接聽電話和回應客訴，有時還涉及趣味的創意想法。在早期，公司開始提供處方單眼眼鏡時，價格為五十美元起，當時銷售量並不多，一年只有幾百副[14]，但是擁有處方單眼眼鏡讓時尚的都市年輕人覺得 Warby Parker 認同自己。然後在二〇一二年四月一日，出現一個全新的網站 warbybarker.com，專賣狗狗的眼鏡，正如創辦人解釋的，因為狗狗的眼鏡就像人類的眼鏡一樣賣太貴了。有些人信以為真，直到他們注意到日期是「愚人節」，這就是最典型的 Warby Parker。這個想法出自兩名員工，因為他們注意到 Warby Barker 是在 Google 搜尋中最常見的拼字錯誤。布門塔解釋道：「它讓我們一窺自己是誰。」

我們的想法是不斷找尋方法，建立顧客與公司的關係，並讓這樣的互動盡可能簡單、無縫、愉快和有趣。布門塔表示：「我們經常引用『幸福等於現實減去期望』這句話，我們要怎麼做才能不斷創造超出顧客期望的現實，讓他們感覺開心呢？」

儘管這聽起來很感人，但是Warby Parker做的大多數事情，和大部分數位原生品牌相同，都是經由數據驅動。有多少比例的鏡框被送回調整，是因為顧客覺得不合適？哪些處方不適合哪些鏡框，是因為矯正的度數太高，鏡片看起來太厚重？有多少顧客在購買新眼鏡前，有舊的處方鏡片需要更新？在網路上結帳的過程裡，潛在顧客會在哪一點感覺沮喪而停止購買？

這些數據中的每一點，都是改善顧客體驗的機會。

布門塔解釋道：「這對於對抗像羅薩奧蒂卡這樣更大、更成熟的競爭對手來說至關重要，我們做的一切都需要變得更好。但是要怎麼變得更好？就必須做出明確的決定，如何做出明確的決定？你必須獲得數據，並且加以分析。」

最一開始，Warby Parker銷售的兩大驅動力是在家試戴和虛擬試戴功能，但是顯然這兩項服務都讓顧客感到沮喪，需要改進。

當Warby Parker在二〇一〇年開始銷售眼鏡時，只提供二十七款不同風格的鏡框，如果加上鏡框顏色有些微差異，總共約四十款。由於選擇有限，因此挑選五副鏡框寄到家裡試戴相對容易。但是隨著 Warby Parker 增加更多鏡框，直到二〇一六年約有兩百四十款[15]，其中包含不同的顏色，但不包括處方太陽眼鏡，所以在網站上瀏覽產品的時間越來越長，讓一些顧客感覺沮喪。為了改善顧客體驗，Warby Parker 決定測試縮小選項範圍的方法，並讓選擇五副鏡框變得更容易、更快。

最初，公司創造精心策劃的在家試戴盒，也就是預先選好五副鏡框，寄給不想花時間觀看眾多款式並自行選擇的顧客。但在家試戴盒的內容物是基於顧客提供的幾個要素來決定，包括性別和臉部寬度。電子商務和消費者洞察資深主任艾琳・柯林斯（Erin Collins）回憶道：「這個方法其實並未奏效，測試後發現，並未讓更多人使用在家試戴的服務，因為我們沒有得到足夠的資訊，提供最好的建議，而且人們喜歡對自己選擇的東西擁有控制權，所以即便我們允許他們退回不需要的鏡框時，對他們來說並未引起共鳴。」

進一步挖掘顧客資料，媒合更符合需求的選項

因此，柯林斯和團隊決定嘗試更精密的測驗，類似 eSalon 用來幫助確定新顧客的染髮組合，以及 ThirdLove 用來確定合適內衣尺寸的測驗。她說：「我們為什麼不詢問你更多的問題，然後提出十至十五個建議？你依舊可以選擇五副鏡框，但是透過測驗可以縮小選擇的範圍。」

為了確定哪些問題可以誘發更多人參與測驗，並將鏡框送到家裡，柯林斯的團隊在幾個月內進行數十次的線上A／B測試，嘗試各種問題的組合，並且提供不同數量的鏡框做選擇，然後再研究資料。最終他們只提出七個問題[16]，其中五個用來確認如何推薦鏡框：

你想找什麼款式？男生款或女生款。

你的臉部寬度大約多寬？窄、中、寬或不確定。

讓我們跳過這個問題。

你喜歡哪種形狀？圓形款、長方形款、正方形款、貓眼款或沒有特別偏好。

你喜歡哪種顏色？明亮的、中性的、黑色的、玳瑁色、水晶色、雙色調或沒有特別偏好。

你喜歡哪種材質？醋酸纖維、金屬、混合材料或沒有偏好。

另外兩個問題則有不同的目的。第一個問題是：**你上一次檢查視力是在什麼時候？**目的是想提醒你在購買處方眼鏡前，是不是要進行新的視力檢查；第二個問題則是：**想要太陽眼鏡的推薦嗎？**目的是要讓公司有機會同時售出兩副眼鏡。

最棘手的問題是臉部寬度，「天曉得知道消費者臉的大小？」柯林斯解釋道：「在決定提出最佳的問題測試中，Warby Parker 測驗的特點是有一個戴帽子的人的插圖，並詢問**這頂帽子是**

否適合你？答案選項是「通常太緊」和「通常太大」。但是這個提問很快就被放棄了，因為許多人不是表示不知道，就是回答「我真的不戴帽子」。最後的提問是三張不同尺寸大小的臉，每張臉下方都有簡短的一句話來幫助顧客選擇。

Warby Parker在二〇一七年一月推出測驗後，要求申請在家試戴的人數有所增加。另外，測驗結果還有另一個好處，就是幫助公司改進鏡框樣式的選擇，像是顧客表示臉型偏窄的人比預期更多，所以公司設計師增加大約六款窄框眼鏡。

事實證明虛擬試戴更具挑戰性，背後的想法很簡單，當你瀏覽Warby Parker網站時，上傳一張臉部照片，然後選擇想要「虛擬」試戴的鏡框，就會疊加在你的照片上。Warby Parker大多數的競爭對手都使用類似軟體，因為人們喜歡在購買眼鏡前，想像戴在臉上的效果。

問題是：Warby Parker在二〇一〇年開始銷售眼鏡時，可用的技術存在一些限制與挑戰。當鏡框疊加到相片上的臉時，很難對應適當的比例，部分原因是上傳的照片尺寸有差異，所

窄
我說它是細長且狹窄的

中
不確定？這可能是你的選擇

寬
這肯定是寬的

以視覺效果往往遭到扭曲，因此他們後來增加在家試戴，而不是只依賴虛擬試戴。

等待時機成熟，才再次採行的虛擬試戴

公司繼續提供虛擬試戴，直到二〇一五年為止，然後決定暫停該功能，並從網站上完全移除，因為使用虛擬試戴的人最終購買眼鏡的比例比不使用的人還低。柯林斯表示：「這不僅毫無幫助，反而造成傷害，因此我們進行整體策略調整，並且決定寧可什麼都沒有，也不能有這項功能。實際上，很少看到有什麼事物可以真正損害購買行為，所以對我們來說，這真的很糟糕。」

然而調查顯示，有一些顧客仍懷念這項功能，因此在蘋果於二〇一七年年底推出配備更先進相機的 iPhone X 後的幾個月，Warby Parker 開始研究全新並改進的虛擬試戴。新款 iPhone 配備蘋果的 TrueDepth 鏡頭，可以在一張臉上蒐集三萬個資料點，在捕捉臉部圖像時能更準確地反映比例，即使圖像旋轉，仍能回傳適當比例。柯林斯表示：「三D建模和三D渲染設計的品質比以前好得多。」

Warby Parker 的一個工程師團隊，開始研究名為 Blueprint 的擴增實境（Augmented Reality, AR）產品，當鏡框疊加在 iPhone X 上查看的即時臉部圖像時，可以建立逼真的視覺效果。大約經過六個月的嘗試，該團隊發現可以看起來更逼真又合乎比例，但讓技術顯示不同鏡框的顏色

卻是一大挑戰。當團隊向一組使用者展示早期版本時，大家的反應都是「我看不太懂；我想看看顏色。」由於缺乏內部專業知識，柯林斯決定聘請外部三D動畫師擔任合作夥伴，專門研究可以準確描繪顏色的技術，她說：「我們不斷和他們合作，經過反覆運算，並在員工和使用者身上進行許多不同臉型的測試。」

經過一年的研發，測試約十幾個版本後，Warby Parker 於二〇一九年二月推出新的虛擬試戴功能，從 iPhone 捕捉你的臉部即時圖像，並允許你快速且連續地滑動，瀏覽數十款不同的鏡框，甚至可以左右移動你的臉，從不同角度（包括從側面）查看鏡框外觀。雖然新的虛擬試戴功能僅適用於 iPhone X，但卻一炮而紅，部分原因是它包含社群媒體分享功能，因此可以詢問朋友，他們對你喜歡的鏡框有什麼看法。

布門塔指出：「我們很早就發現一件事，購買眼鏡和社群環境有很深的連結，美國人每兩年買一次眼鏡，所以這不是平常大家會頻繁購買的東西。但是我們注意到，消費者在家試戴的過程中會自拍，並且發布在臉書上向朋友徵詢意見，因為人們都會想從朋友或夥伴得到建議或認同，這也有助於品牌的病毒式傳播。」

魔鬼藏在細節中

Warby Parker還找到一項技術解決方案，處理其中一個棘手的問題：當有人看上並訂購特定的鏡框，但是處方鏡片卻無法與該鏡框配合使用，可能是因為鏡片太厚，或是由於鏡片的尺寸沒有讓中心正確對齊，因而造成視野不夠清晰。

通常哪些鏡框可不可用，都取決於配鏡師的主觀判斷。但是當配鏡師猜錯時，顧客就會退回鏡框，不得不另尋新鏡框並重新訂購，這讓顧客感到沮喪，同時對Warby Parker來說，也需要負擔很高的成本，因此這個問題不容忽視。商店營運經理科里．弗雷德里克（Corey Frederick）表示，透過資料蒐集和分析，顯示每款鏡框被持有某種類型處方，並感到不滿意顧客退回的頻率。「我們知道數學公式是什麼，它計算你的處方度數，並知道你何時選擇不適合的鏡框。我們可以告訴你這個鏡框是太寬或太小，雖然尺寸樣式可能看起來不錯，但不適合你的處方。」發生這種情況時，訂單的上方會以紅字跳出警告。

有時提供良好的顧客體驗，意味著不做某事，或是在Warby Parker認為可以做得很好之前不做。漸進鏡片的處方，也就是現代版的雙光眼鏡，占全美銷售眼鏡品類的一半左右。但Warby Parker直到二〇一四年才開始在網站上提供這類產品，當時公司已經經營四年了。主要原因是漸進鏡片很難正確佩戴；需要精確測量眼睛中心相對在鏡片上的位置，因為你可以透過鏡片的一部分看到遠處物體，並透過另一部分看到近處物體，而且每副眼鏡的中心都不同。

在網路上販售眼鏡時，正確校準這一點可能會特別棘手。資深溝通經理卡基・瑞德（Kaki Read）解釋道：「每副眼鏡在每個人臉上戴起來都不同，因此通常必須親自測量。」Warby Parker之所以延遲提供漸進鏡片，是為了等到可以開發出相關技術，讓線上配鏡師能幫助消費者在訂購過程中獲得高度信心，相信他們可以找出最好的搭配，並降低眼鏡的退貨率。

涉及顧客體驗時，幾乎沒有任何細節是小到無法衡量的。為了確定當顧客在某家商店購買眼鏡時，銷售人員輸入的每則訊息需要花費多久，Warby Parker透過計時器計算，找出可以加快哪些步驟。布門塔指出：「試戴眼鏡很有趣，因為這是一種社群體驗過程，但是結帳並不好玩，因為一旦你做出決定，就是該離開那裡的時候了。但是我們需要知道你的住址、電子郵件地址、帳單資訊等，我把這些稱為低價值的互動；相反地，為你找到合適鏡框則是高價值的互動。」

在檢查資料時，Warby Parker將注意力集中在一些比必要時間多花幾秒的事情上：輸入個人的電子郵件地址。布門塔說道：「這是一個非常明顯的問題，為什麼我們不直接建立一個@gmail.com的按鍵，這樣就不用逐字輸入，這是超級簡單和容易的事吧？而這樣的改變會讓我們成為價值一千億美元的公司嗎？並不會，但是如果我們做十億件這樣的事，它就會成真。」

第八章

物流機器人革命

——快速送貨與退貨的激烈競賽

七月某個週一下午五點零一分，布魯克林區的一位網路購物者點擊電腦上的「購買」鍵，訂購兩件 Bonobos 的褲子：「藍色週末戰士直筒褲」和「灰色彈性水洗長褲」。

隔天，兩件褲子就送到他家門口[1]。

這是怎麼發生的？

旅程從一個龐大的倉庫開始，隱身在波士頓西北部六十五公里，一個充滿田園風光的郊區，看起來和大多數倉庫一樣，有數百條明亮的走道，兩旁是一排又一排貨架。但是在這個宛如迷宮的倉庫裡，可以看到數十個機器人靜靜滑行，每個機器人約一百五十公分高、約四十五公斤重，還有一個圓形的底座和修長的脖子，卻沒有手臂，也許類似高大、時尚版的 R2-D2。這些機器人被設計成只做一件事，但要做得極有效率：快速將訂單出貨。

在 Bonobos 的訂單以電子方式送達倉庫的幾秒內，電腦系統就會分配給其中一個 Locus 機器人。有七十萬件不同物品分散在倉庫內，但是機器人毫不遲疑。演算法將機器人依最佳路線，派往裝有正確尺寸和顏色褲子的倉位。

當機器人抵達時，一名工人會揀選褲子，並放入機器人攜帶的長方形購物箱裡。在許多倉庫裡，工人們每天可以走八至十六公里，並沿途準備訂單；一個高效率的工人可能每小時揀選最多五十件物品。但是在這個倉庫裡，機器人負責跑腿，而工人則策略性地駐紮在倉庫各處，在與人類揀貨員合作的情況下，機器人每小時可以蒐集多達兩百件貨物。

一個多小時後，也就是下午六點零五分，機器人蒐集好這兩條褲子，為了使揀貨行程最佳化，還被指定沿途蒐集許多其他貨物。一分鐘後，機器人將褲子送達包裝站。在那裡，會有一名工人將褲子整齊摺好放進盒子，然後迅速送到在倉庫碼頭等待的優比速拖車。褲子再被送到附近的一個區域性優比速分揀中心，轉移到另一輛前往紐約的優比速拖車上。然後在「最後一哩路」——這趟旅程的最後階段，這兩件褲子和其他運往布魯克林區郵遞區號一一二〇八的貨物，會一起被放在一輛棕色的優比速貨車上。

週二下午六點二十三分，包裹落在顧客的前門台階上。對購物者來說，商品免運費；對Bonobos而言，則要花費十二美元。

這種情況每天會在全美各地的倉庫上演數百萬次，在這麼短的時間內，要把眾多貨物送到這麼多的家庭，在十年前是不可能的。為了實現這個目標，現代供應鏈已經發展成高度自動化，又經過精心設計的生態系統，其中每一小時、每一分鐘都很重要，這是網路購物者從未看到或甚至想到的事——除非訂單延遲或遺失，不過從速度到準確性，再到成本，都是DTC品牌關注的事。

物流機器人成為電子商務持續成長的有力後盾

在麻薩諸塞州倉庫工作的機器人是Quiet Logistics部署的第二代機器人，該公司於二〇〇九年由兩位有意建立未來自動化倉庫的業界資深人士創立。最初，他們使用另一家公司的機器人，後來卻被告知不再提供服務，當時未來岌岌可危，儘管沒有機器人相關經驗，但是Quiet Logistics創辦人仍快速且艱難地，在新公司Locus Robotics旗下打造自有又更好的機器人，現在正將這些機器人賣給世界各地的其他倉庫，而這些倉庫也在競相實現自動化。

Locus機器人的誕生，是席捲物流界的革命和激烈競爭故事裡的一個篇章。Locus機器人曾像只會費力裝卸板條箱的呆板工人，現在已漸漸成為一個產業，由電腦科學博士編寫演算法和研發貨物運送的尖端科技。供應鏈管理已成為美國各大學成長最快速的科系之一，每年有數萬名學生入學。

二〇一九年，光在美國就運送大約一百八十億件電子商務包裹[2]，產生超過一千八百億美元的物流營收，比十年前高出許多倍，這些數字預計還會繼續成長[3]。與此同時，人們對網路訂單應在短時間內送達的期望越來越高，在電子商務發展初期，如果一筆訂單在五至七天內送達，顧客就會很高興，但是現在如果需要這麼久的時間，顧客就會想要知道哪裡出了問題，甚至可能停止和該網路零售商做生意。從數十億美元的運輸營收裡分得一杯羹的誘惑，導致瘋狂的競賽，使得旅途中的每一步都更快、更便宜，或是對消費者來說更友善。

一些新創企業將目光鎖定在把貨物從海外製造商運送到美國港口；一些公司專注將貨物從碼頭運送到倉庫；一些公司專注製造機器人和高度自動化倉庫，以便在顧客訂購後，提供最有效率的處理；還有一些公司則專注開發智慧型手機應用程式，幫助卡車司機填補卡車上的空位，或是開發允許網路購物者追蹤訂單的應用程式。許多人正在解決最後一哩路這個日益嚴重的問題，因為送到門口的包裹數量正呈現指數型成長，甚至有一些新創企業集中關注「逆向物流」（reverse logistics），也就是讓線上顧客輕鬆退回不想要的商品，這在所有網路購物中占五％至三〇％。

其中包含 Schlep、ShipCalm、ShipHawk、Shippo、Shipsi、Shipt、Shipwaves、Shipwire、Shotput、Shyp、Stord、Stowga、Swapbox 及 uShip；Darkstore、Deliv、Dolly 與 DoorDash；Cargobase、Cargohound、Cargomatic 和 Curbside；Returnly、Rickshaw、Roadie 與 Routific；Flexe、Flexport 和 Freightos；Parcel Pending、Parcel 及 Postmates；Lugg 和 Lockitron；

TruckTrack、KeepTruckin 與 YouTruckMe，Instacart 和 MakeSpace，以及 Narvar 與 Optoro。

還有 Locus Robotics。

讓物流倉庫大幅提高效率的兩大推手

擁有科技魂的布魯斯・韋爾蒂（Bruce Welty）和麥克・強生（Michael Johnson），自一九八〇年代以來一直從事物流業務。韋爾蒂在科羅拉多學院（Colorado College）學習數學與電腦科學，然後運用技能編寫管理倉庫運作的軟體，他在一九八七年創辦 AllPoints Systems，並和一些投資人，還有在波士頓學院（Boston College）尋找人才時，認識的電腦程式設計師強生合作。

當時，倉庫剛剛走出黑暗時代，他們用紙筆追蹤庫存，工人則手工操作拖板車和堆高機來搬運貨物。

由 AllPoints Systems 和各個競爭者提供的倉庫管理系統軟體大幅提高效率，倉庫第一次實現從追蹤庫存到繪製每個貨架上儲存貨物位置圖的電腦化，新技術讓工人能在最短時間內找到正確的棧板，並確保卡車在送貨時滿載且採取最有效率的路線。沃爾瑪之所以成為全美最大零售商，部分原因是花費數十億美元改善物流網絡。

不過，即使有了新的軟體，物流業務的本質——向零售店運送棧板和成箱的貨物卻並未改變，套用倉儲界的說法，這是一項多對一的業務，也就是將大量產品送到一家商店。

韋爾蒂和強生為軟體產品建立著名的客戶名冊，包括玩具反斗城（Toys "R" Us）、永備（Eveready）電池及五月百貨公司（May Department Stores）。在一九九〇年代中期，也開始鎖定線上零售商。

一九九六年，韋爾蒂對一家在線上銷售書籍，名為亞馬遜的新興公司特別感興趣，並下定決心讓這家公司成為AllPoints Systems的客戶。他多次致電該公司，卻無法得到任何人回應。他回憶道：「我甚至飛到西雅圖，試圖進入亞馬遜的倉庫，但卻找不到，所以我找到一個優比速司機，問道：『嘿，這附近有亞馬遜的倉庫嗎？』他說：『哦，有的，就在那邊。』於是我走過去，真的跳上裝貨碼頭，開始在倉庫裡走來走去，試圖找到人。」

AllPoints Systems未能獲得亞馬遜的業務，但確實取得一份合約，幫助另一家知名的西雅圖新創企業——線上零售商Drugstore.com建立最先進的倉庫[4]。

該計畫意味需要重新思考傳統的倉庫運行方式，電子商務不是把大棧板或大箱的貨物送到相對較少的商店地點，而是需要把大量的小包裹送到許多不同地點，要有效做到這一點變得更加複雜。很多訂單可能不只一項商品，例如牙膏、漱口水、洗髮精和洗面乳，這代表需要迅速找到個別貨物，然後確保每個包裹都放入正確產品，並寄送到正確地址。

AllPoints Systems在二〇〇〇年協助Drugstore.com建立的自動化倉庫，使用一系列輸送帶，幫助工人從貨架上挑選貨物後，將訂單商品送到包裝站。這在當時是很先進的，但仍需要大量的人力，而且很容易出現瓶頸，好比輸送帶損壞或速度變慢。

在建立成功企業後，為了尋找新的挑戰，韋爾蒂與合夥人在二〇〇一年以三千萬美元的價格出售AllPoints Systems[5]。踏入投顧領域幾年後，韋爾蒂與強生聽聞一家名為Kiva Systems的新創企業，正處於開發倉庫機器人的早期階段。Kiva Systems是由Webvan前高階主管創立，Webvan是一家已經破產的線上雜貨店，部分原因是倉庫未能充分自動化。

韋爾蒂的直接反應是：「我不相信，倉庫裡的機器人？不可能。」但是隨著他和強生聽到更多消息後，開始感到好奇。二〇〇〇年代中期，一些大型零售連鎖店，如史泰博（Staples），替公司自有倉庫引進Kiva機器人。韋爾蒂說服一位前客戶，讓他偷偷進入使用Kiva機器人的倉庫[6]。「我徹底受到震撼，這是我見過最酷的東西。」他回憶。

韋爾蒂和強生知道，建立著重電子商務的新型倉庫會很困難。「每個人都說：『這很好，我可以在家門口拿到自己的東西。』但是天啊！實際上這改變了一切。」韋爾蒂解釋道：「事實上，當時要把東西運送到顧客家門口而非商店，按照單位成本計算，不是貴一點而已，成本可能高出**非常**多。當時無論是軟體、倉儲、包裝，一切都安排錯誤，而我們需要一個真正的答案。」

韋爾蒂意識到Kiva Systems擁有重塑倉庫所需的技術突破，表示：「他們將解決很多問題。」因此，他和強生建立新公司Quiet Logistics，為電子商務公司經營倉庫，並在二〇〇九年年初成為第一家部署Kiva機器人的獨立倉庫營運商。Quiet Logistics很快就因快速廉價的貨運建立商譽，根據尺寸、重量和運送距離的不同，可以將運送費用壓低到六至八美元（包括優比速或聯邦快遞〔FedEx〕的費用），與幾年前線上零售商支付的費用相比，節省五〇%或更多。

產業先鋒的隱憂

諸如Gilt Groupe這家純網路時尚和家居用品零售商，以及Bonobos等新創企業，是與Quiet Logistics簽約的早期客戶。Music Parts Plus發現，在將倉庫業務轉移給Quiet Logistics後，出貨錯誤率幾乎降到零；在此之前，顧客收到沒有訂購產品的機率約為一〇%[7]。

從二〇一二年成立以來，男性內衣褲線上零售商Mack Weldon一直使用Quiet Logistics當作倉庫。該公司創辦人布萊恩．柏格（Brian Berger）表示，由於Quiet Logistics使用的技術越來越先進，加上公司銷售量增加，整體運輸成本已經從總營收的近一六%下降到約一〇%，平均交貨時間也有所縮短。他指出：「從一開始，對方就幫助我們考慮包裝等問題，以及如何讓我們的產品最好地放置在他們的倉庫裡，好獲得最大的運輸效率。」

雖然按照倉儲業的標準，Quiet Logistics 相對較小，但是韋爾蒂經常被《商業週刊》（*Businessweek*）、CNBC、英國廣播公司（BBC）和《六十分鐘》（*60 Minutes*）的記者，以及其他許多貿易出版品引述為產業先鋒。隨著公司蓬勃發展，很快就跨出最初在麻薩諸塞州威明頓（Wilmington）那個五百六十二坪的小倉庫，開始擴展空間，最終在附近的德文斯（Devens）擴大到三個新倉庫，總面積超過兩萬兩千四百八十坪。

Quiet Logistics 甚至成為 Kiva Systems 的展示窗口，Kiva Systems 經常要求讓潛在客戶參觀 Quiet Logistics 的倉庫，讓他們得以看到機器人工作的情形。這讓韋爾蒂和強生受寵若驚，因為驗證他們當初重新設計倉庫的設想是正確的。「我們想著，這太酷了，Kiva Systems 竟然想炫耀我們的倉庫。」韋爾蒂說道。

即使公司在成長，但是如同所有的創業家，兩人不斷關注和擔心來自更強大競爭對手的可能威脅，而沒有人比亞馬遜更厲害，已經擴展到遠遠超越線上書籍銷售商的範疇。亞馬遜正在迅速建立倉儲帝國，配銷網站上銷售的各種商品，並為電子商務公司提供物流服務，如 Quiet Logistics 的客戶。

「如果亞馬遜收購 Kiva Systems，我們就完蛋了。」韋爾蒂在二〇一一年秋天的一場董事會上討論競爭局勢時，如此告訴同事。這時候，強生回憶：「大家都笑說：『這永遠不會發生。哈哈，如果真的這樣，不是很有趣嗎？』」

數個月後，在二〇一二年年初，Kiva Systems 帶一家不明公司的員工到 Quiet Logistics 參觀，在倉庫裡待了大約一個半小時。陪同參觀的強生回憶道：「他們非常拘謹，但是可以看出他們正在動腦筋，就像在努力吸收一切。當人們第一次看到我們的倉庫時，都會說：『哇！這麼簡單啊！』然而，這不是一個普通的倉庫，你會想著『其他東西呢？所有的堆高機在哪裡？』」

在一行人離開後，強生的腦海中掠過一些念頭：**我想那是亞馬遜**。

強生是對的，起初他和韋爾蒂對亞馬遜的關注感到自豪，但是並未持續多久。「數個月後，我們得到一個壞消息，亞馬遜非常喜歡他們看到的東西，因此決定買下 Kiva Systems[8]。」韋爾蒂說道：「一年後，我們得知更壞的消息：他們將在幾年內停止為我們的 Kiva 機器人提供服務，所以我們不得不為倉庫尋找新的機器人。」

韋爾蒂和強生感到不安，他們已經圍繞著自動化倉庫建立整個商業模式，Kiva 機器人對公司業務至關重要。一開始，他們只有十個 Kiva 機器人，現在倉庫已經部署兩百個。為了尋找替代方案，韋爾蒂飛向世界各地，拜訪開發機器人的公司。但即使如此，他和強生還是擔心：如果亞馬遜最終收購 Quiet Logistics 決定採用的新機器人來取代 Kiva 機器人，該怎麼辦？到時候他們會不會又遭遇同樣的困境？

亞馬遜為加快運送最後一哩路的物流創新

亞馬遜收購 Kiva Systems 的背後，是傑夫・貝佐斯（Jeff Bezos）對物流的瘋狂迷戀。為了讓網路消費者改變終生的消費習慣，從亞馬遜購買任何東西，公司必須讓顧客體驗和到商店購物一樣簡單或是更好，最好比到商店購物更容易、更便宜，有什麼會比訂購的商品在一、兩天內免費送到家門口，更容易或更便宜？

當然，亞馬遜並不是第一家將物流當作競爭優勢的零售商，也不是第一家隨時隨地為顧客運送商品的零售商。在亞馬遜賣出第一本書的一百多年前，西爾斯百貨（Sears Roebuck）和蒙哥馬利華德（Montgomery Ward）都利用物流，在十九世紀末成為零售業巨頭。購物者瀏覽郵購產品型錄，產品可能需要幾週才能送達，但這足以幫助兩家零售商贏得顧客忠誠，特別是那些生活在農村地區的顧客，因為那裡的商品選擇往往有限，而且當地店主的出價更貴。

亞馬遜推動物流業的大部分創新其來有自：它在二〇一七年運送五十億件包裹，遠遠超越其他公司[9]。亞馬遜在美國各地建立龐大的倉儲網絡，讓配銷中心靠近每個地方的客戶，從而加快貨物交付。在二十一世紀初，該公司只有少數幾個倉庫，但是後來開始瘋狂地興建倉庫。到了二〇一九年，在全美經營三百九十個各類倉庫和物流設施（其中五十多個至少有兩萬八千一百坪的規模），總面積達三百九十九萬八千六百三十坪，另有一百萬零三百六十坪規劃好的倉儲空間[10]，這些倉庫如果並排放置，將覆蓋曼哈頓的四分之一左右。

亞馬遜曾因倉庫員工過勞問題成為焦點，雖然仍飽受批評，但是現在倉庫的工作條件在新聞中出現的頻率低上許多。由於部署二十多萬個各類機器人，以及高度自動化的輸送系統，大部分的揀選和搬運工作都是由機器，而非人工完成[11]。亞馬遜正在測試新的倉庫自動化設備，如從輸送帶上取下貨物，並包裝後裝運的機器，和優比速等其他競爭對手，都希望部署小型無人機進行空中送貨[12]。亞馬遜並不滿足於在配銷中心花費數十億美元，還在供應鏈的每個環節上傾注資源。為了減少對傳統運輸巨頭的依賴，亞馬遜正在建立自有長途卡車車隊，在線上購物者集中的城市中心建立「垂直」倉庫，這樣就可以在兩小時或更短的時間內，為 Prime Now 計畫中經常訂購的商品提供送貨服務。

為了舒緩包裹遞送量大增造成的交通堵塞問題，亞馬遜正在試驗亞馬遜儲物櫃（Amazon Locker），這是一種社區「自助服務」設施，貨物被送到 7-Eleven 等地方的安全儲物櫃裡，由買家取走，而不是送到買家門前[13]。

亞馬遜也嘗試使用不同方法，加快最後一哩路的送貨速度。在開始為司機提供 Amazon Flex，讓他們在業餘時間遞送包裹賺錢後，公司進一步幫助更有企圖心的司機建立自己的加盟本地遞送業務，稱為亞馬遜運送服務夥伴計畫（Amazon Delivery Service Partner），好處是能利用物流技術和規模經濟的折扣，購買啟動該計畫所需的設備。公司還在測試一種「人行道」

（sidewalk）送貨機器人，大小和冰櫃差不多，可以將貨物從路邊運送到顧客家門口。亞馬遜財務長布萊恩・奧爾薩夫斯基（Brian Olsavsky）表示，光是在二〇一九年第二季，亞馬遜就會花費八億美元，「將兩天免費送貨計畫進化成一天免費送貨計畫[14]。」二〇一九年夏天，聯邦快遞表示計劃停止向亞馬遜提供全美的地面配送服務和快遞空運（Express Air Freight）服務，表明該公司越來越把亞馬遜視為競爭對手，而不只是客戶[15]。

力圖尋求新出路的競爭對手

亞馬遜的零售對手也展開瘋狂反擊——在某些情況下，是透過挖角亞馬遜的物流高階主管。二〇一六年，塔吉特（Target）挖走亞瑟・瓦爾德斯（Arthur Valdez），他任職亞馬遜的十六年中不斷晉升，最終成為負責供應鏈和運輸的副總裁。亞馬遜控告瓦爾德斯，聲稱對方加入塔吉特違反競業禁止協議，此舉也強調公司對經驗豐富的物流人才高度重視：瓦爾德斯在亞馬遜的每年薪酬超過一百萬美元[16]。

許多獲得數十億美元創投資金的物流和供應鏈新創企業，都以複製亞馬遜的創新為目的。在維吉尼亞大學（University of Virginia）商學院任教，並密切關注亞馬遜發展的供應鏈專家提姆・拉塞特（Tim Laseter）表示：「亞馬遜是物流領域的巨獸，擁有難以匹敵的網絡，整個思維模式層層堆疊在技術上，並且隨著時間的推移，做得越來越好，終將成為成本最低的運輸商。」

韋爾蒂和強生並不是唯一擔心亞馬遜收購 Kiva Systems 帶來威脅的人，其他十幾家公司也在競相開發配備機器人技術的高度自動化倉庫，好利用電子商務產業的成長，並在亞馬遜宣布停止向外界出售 Kiva Systems 的機器人後，填補這個缺口。

二〇一三年秋天，韋爾蒂花費一個月訪問德國、英國和日本的機器人公司，卻未能找到適合倉庫工作的機器人。他表示：「我記得回來後說過：『我們應該打造機器人，而不是買別人製作的。』」

強生的最初反應是：「你瘋了！」但韋爾蒂認為，他們比許多機器人公司具有優勢，由於曾在倉庫裡使用 Kiva 機器人，知道其局限性，以及如何讓下一代倉庫機器人的功能變得更好。「隨著時間的推移，我們已經列出一長串不喜歡 Kiva 機器人的缺點清單，我們為什麼不解決這些問題呢？」韋爾蒂說道。

Kiva Systems 的主力機器人看起來不像大多數人認為的那樣，而是近似巨大的橙色瓢蟲，帶有輪子的箱子，長約六十公分、寬約七十六公分、高約三十公分，在接到產品訂單後，會按照倉庫裡的標記，停在存放該產品的倉位貨架下；然後將整堆貨架運到由倉庫工人駐守的站點，在 Kiva 機器人送回貨架，並拿起另一個貨架、領取下一筆訂單前，工人會揀選出貨品。

儘管聽起來很麻煩，卻能產生巨大的生產力收益。讓機器人負責跑腿，它們清楚知道在哪裡可以取得產品，而不是在不記得每件貨物存放地點的情況下，浪費時間尋找。不過，Kiva 機器人的速度很慢。此外，將 Kiva 機器人配置在倉庫裡可能要花費大量時間與金錢。

改採自製機器人的艱辛歷程

韋爾蒂和強生希望有更快的機器人，能像人類一樣沿著無限多的路徑自動導航，不必遵循標記的路線。他們希望這些機器人價格低廉，並且比 Kiva 機器人更有靈活性，可以根據倉庫的訂單數量增減機器人數量，因為從夏季到冬季假期，訂單數量可能會有很大的變化。他們希望倉庫能夠在幾週內啟動和運行機器人，只需在整個倉庫放置條碼，而不是安裝特殊貨架或其他設備。

雖然任務很艱鉅，但是韋爾蒂表示：「自從 Kiva Systems 開始以來，技術已有了很大的進步，感測器變得更好也更便宜，軟體也有了很大的改善。我們可以採購這些東西，不必從頭開始投資和建立，這就是我們相信自己可以打造更好、更快、更便宜機器人的原因。」

他們先購買三百美元的業餘機器人套件——基本上是一堆機械零件、一個馬達和一個電子控制板，經過一番折騰，看看能否編寫程式碼，讓它向前和向後移動。完成後，他們買了 TurtleBot 這個更複雜的機器人套件，並且嘗試一些功能，像是無線通訊。

最初，該專案是 Quiet Logistics 的一部分，而後隨著開發成本提高，兩人成立 Locus

Robotics作為獨立公司。起初由韋爾蒂、強生和贊助者出資七百萬美元，後來又由創投資本家出資五千九百萬美元。

倉庫機器人可能聽起來很平凡，但是Locus Robotics為該專案招募機器人科學家並不困難。曾在Kiva Systems和另一家機器人公司工作的麥可・蘇斯曼（Mike Sussman）於二〇一四年年初簽約，成為公司的硬體工程主管。「我總是喜歡得到一塊空白的畫布來創造一些東西。」他解釋自己的決定，「在這個蓬勃發展的市場裡，有一個巨大的需求尚未被滿足，而正確的方法還沒有被想出來。」不久後，由十幾名科學家和工程師組成的團隊就被集合起來了。

團隊很快就意識到，最大的障礙是編寫軟體，好向機器人的「大腦」（電腦晶片和電路），還有內建在機器人裡最先進的鏡頭與雷射感應器發送複雜指令，以便它們能在不撞到東西的情況下忙進忙出。

他們花費一年的時間對機器人編寫程式，讓機器人得以在擁擠的倉庫內順利移動。「想想走在曼哈頓的街道上，你必須不斷又即時地進行計算，以免撞上另一個人。」韋爾蒂回憶道：「那是相當滑稽的，在你認為已經寫好軟體程式時，就會看到機器人高速行駛並撞在一起。」

在這段期間內，從另一家工業機器人公司加入Locus Robotics擔任首席機器人專家的布萊德利・鮑爾斯（Bradley Powers），偶爾會連續工作三、四天，不離開位於威明頓的總部研發實驗室。他說：「你會忘記時間，機器人看到不認識的東西，將導致它們有點迷失，到錯地方。」

解決這個問題涉及編寫演算法、測試機器人、重寫演算法、更多的測試，以及一遍又一遍地重複執行這樣的繁重任務。

總體來說，該團隊在機器人準備於倉庫裡釋出前，製造大約十二個原型，以倉庫工人稱為Locus 'bots的電池供電，機器人沒有機械手臂或腿，而是有著低矮的圓形底座，也就是「身體」，坐落在四個輪子之上。與底座相連的是設計優雅的長「脖子」——Locus Robotics稱為**電樞**，還有一個可容納多達三個塑膠提袋，用於蒐集和搬運倉庫貨架上商品的平台。脖子的頂部是「臉」，這是一個彩色編碼的電腦螢幕，顯示機器人要蒐集的下一個商品。

二〇一五年年底，經過廣泛測試後，Locus Robotics在Quiet Logistics的倉庫裡部署幾個機器人。它們表現得比預期更好，在幾個小時內，機器人只和一個工人合作，就成功處理兩個工人在八小時內才能完成的訂單。

眾所矚目的新倉庫機器人

數個月後，強生帶著幾個機器人參加一場物流貿易展，希望能引起大家的興趣。Locus Robotics設立展位，讓機器人可以四處移動，模擬蒐集倉庫訂單。他記得當時很緊張，希望能有五十人駐足觀看，最後有近五百人參觀，包括沃爾瑪、亞馬遜及DHL的高階主管。「一天結束時，燈光會熄滅，人們仍駐留在展位上，表示：『你能讓我看看它們如何運作嗎？』」強生回憶道。

二〇一八年五月，美國專利局審查團隊拜訪 Locus Robotics。「我們已經在物流領域申請許多專利」——已經申請數十項，而且其中有十多項已獲得授權，韋爾蒂表示：「他們很少看到同一個地方申請這麼多的專利，所以想要參觀一下。有誰能想到搞倉庫的人可以打造機器人呢[17]？」

在亞馬遜和 Kiva Systems 解除服務後的一年裡，Locus Robotics 幫助 Quiet Logistics 擴大業務。二〇一九年，該公司已經開始向西岸擴張[18]，經營約五萬六千兩百坪的倉庫空間，計劃到二〇二一年再成長一倍。同時，客戶數量也加倍，達到六十多家，增加一些品牌，如行李箱新創企業 Away 和線上床墊品牌 Tuft & Needle。

由於全美只有約一〇％的倉庫設置機器人，韋爾蒂和強生相信在 Locus Robotics 上的賭注將得到回報。「亞馬遜在這個產業創造一場軍備競賽，而 Locus Robotics 是這場軍備競賽中的軍火商。」Locus Robotics 執行長瑞克．福爾克（Rick Faulk）表示：「亞馬遜是我們最好的行銷武器，而且做得非常棒。」

Locus Robotics 面臨很多競爭，競爭對手之一是名為 6 River Systems 的自主行動機器人新創企業，該公司在二〇一九年年底被 Shopify 以四億五千萬美元收購[19]。不過，Locus Robotics 被公認為產業領頭羊之一，以每月一千美元的價格出租機器人，讓那些不想支付三萬美元直接購買機器人的倉庫經營者得以負擔。

身為 Locus Robotics 的第一批客戶之一，DHL 這家巨大的包裹運輸公司對六個 Locus 'bots 進行大約一年的測試。DHL 北美業務副總裁阿德里安・庫馬爾（Adrian Kumar）說道：「我們是一家指標導向的公司，發現在使用 Locus 機器人後，生產力大幅提高，最高可達兩倍之多。」DHL 迅速擴展到一百多個機器人[20]。

韋爾蒂表示，公司已經拒絕一個潛在客戶——亞馬遜。「他們打電話來，但我們拒絕了。」他問道：為什麼要做可能幫助亞馬遜的事呢？

Quiet Logistics 正為了與亞馬遜的另一場戰鬥做準備。二〇一九年五月，該公司被兩家大型房地產公司以約一億美元的價格收購[21]，包括開發曼哈頓價值數十億美元的哈德遜城市廣場（Hudson Yards）之開發商 Related Companies。韋爾蒂表示，該公司的任務是透過在大城市建立「垂直」倉庫，成為反亞馬遜的公司，以促進當日配送服務，就像它的巨大競爭對手一樣。當然，他預計這些新倉庫將裝滿 Locus 機器人。

實體商店的閒置倉庫空間再利用

如洞穴般大小的倉庫位於加州安大略（Ontario），在洛杉磯以東約五十公里處，涵蓋四萬四千九百六十坪，占地近三十個足球場，內部有八十公里長的輸送系統，外面則有一千個大型拖車停車位。該倉庫由凱瑪在一九八〇年建造，並於二〇〇四年收購西爾斯百貨。三十多年來，這個倉庫裡充斥著滿滿的存貨。

但是到了二〇一七年，隨著凱瑪和西爾斯百貨的資產變少，數百個堆放著五公尺高金屬貨架的走道顯得空空蕩蕩，令人感到不安。零售商幾乎不需要像以前那麼多的貨物，因為購物者都待在家裡進行線上購物，但通常是從其他零售商那裡購買。

一年後，許多貨架都補貨了——不是凱瑪和西爾斯百貨的貨物，而是十多家電子商務公司的產品。卡爾．西布雷希特（Karl Siebrecht）提出倉儲界的 Airbnb 這個想法，將這些存貨帶到倉庫。

西布雷希特在西雅圖的一場雞尾酒會上，碰到一個友人的朋友，對方從事酒吧用品生意，銷售攪拌棒、酒杯、杯墊之類的商品。對方表示，業務進展得還好，但是感嘆經常必須為了不需要的倉庫空間付費。這是因為大多數倉庫要求客戶承諾至少一年固定大小的空間，儘管企業的銷售可能會因為各種原因而波動，好比季節性波動，對新創企業來說更是如此，因為無法預測銷售成長的速度。

這引發西布雷希特思考，身為連續創業家的他正在出售第二家數位廣告軟體公司，並開始考慮下一步能做什麼。如果就像許多人經常做的那樣，協助媒合酒吧用品公司這樣的企業和有閒置空間的倉庫如何？如果這麼做，雙方都可以受益。倉庫可以透過填補一些空貨架來賺錢，消費性產品公司則可以根據需求租借倉儲空間，無須簽訂長期租約的費用。此外，這個概念很容易向客戶解釋。如同 Airbnb 為旅行者和尋求出租房屋的人牽線搭橋，西布雷希特的公司讓交易雙方都能輕鬆找到對方，並藉此收取費用。

對電子商務創業者而言，還有一個優勢，如果西布雷希特能建立夠大的倉庫網絡，新創企業就能負擔得起兩個、三個，甚至更多的倉庫位置，策略性地放在全美各地，從而加快交貨速度，讓它們與擁有全國倉庫網絡的亞馬遜相比更具競爭力。「新創企業的基本挑戰之一是，『我的東西能以多快的速度送到消費者手上，而且這麼做的成本有多高？』」西布雷希特解釋道。

因此，西布雷希特創辦 Flexe。儘管對他來說，這似乎是不費吹灰之力的事，但是招募夠多的倉庫加入網絡比預期得更困難，因為在達成群聚效應前，這不怎麼像是網絡。他解釋道：「倉庫是老派的產業，根本不是最先進的。」倉庫的典型反應是：「既然我們一直在尋找自己的客戶，為什麼還要付給 Flexe 一〇%至一五%的佣金？」他則回答道：「我們會為你找到客戶，所以在我們為你帶來更多收入前，你沒有任何成本。」

第一年，西布雷希特在地下室工作，慢慢地簽訂倉庫，同時小團隊建立媒合顧客與倉庫空間的網站，還有讓網絡裡的所有倉庫提供相同水準服務和品質的軟體，畢竟幾個倉庫的糟糕經歷，可能會成為整個網絡的害群之馬。他設法在早期的兩輪創投基金中募集兩千一百萬美元，最初集中在西雅圖和洛杉磯，因為這兩個城市是西岸的主要港口與交通樞紐，有很多倉庫。

西布雷希特表示，Locus Robotics的最大幫助在於如同亞馬遜般的成長力量。他觀察道：「過去幾年裡，有一種變革的迫切感，讓我們有了自信。」二〇一五年，Flexe網絡裡只有數十個倉庫，到了二〇一九年年中，已經發展到在全美五百七十五個城市和加拿大四十個城市的一千多個倉庫。西布雷希特指出，這個數字遠遠超越亞馬遜近四百個物流設施的總量。

提供電子商務客戶倉儲空間的新生意

Flexe的網站看起來類似於Airbnb，如果你是在洛杉磯尋找倉庫空間的企業，進入Flexe.com後，就會跳出一張地圖，顯示各種規模和不同地點的倉庫，包括位於安大略的四．五萬坪Innovel倉庫，該倉庫由凱瑪和西爾斯百貨的母公司擁有。

二〇一六年年底，這家陷入困境的零售巨頭正在出售倉庫，因為銷售額下降，意味著不需要像以前那麼多的倉庫。「我們有很多空間是閒置的。」位於芝加哥郊區Innovel總部的資深經理萊恩．戈雷基（Ryan Gorecki）表示。他停頓一下，接著補充強調道：「到處都是。」當時，他在同事的辦公桌上發現一本Flexe手冊。

戈雷基很感興趣，於是致電 Flexe。他很快就接受 Flexe 的概念，但是老闆最初抱持懷疑態度。「記住，我們是一家傳統企業。」他說，這和西布雷希特一開始提到很難獲得支持的情況一致。戈雷基設法說服老闆，表示沒有什麼損失，特別是考慮到公司業務正處於艱困時期。在將幾個倉庫納入 Flexe 的網絡後，好處很快就顯現了。Innovel 迅速將參與範圍擴大到二十多個倉庫，填補閒置空間，每年帶來「數百萬美元」的額外收入。

安大略倉庫的初期 Flexe 客戶，包括線上床墊零售商 Casper 和 Lull；hOmeLabs 品牌迷你冰箱和其他小家電的製造商莫霍克集團（Mohawk Group）；線上醫療裝置商店 Vive；以及戶外電器電子零售商 Kangaroo。這個倉庫最小的 Flexe 客戶是 Cargo，該公司向 Uber 和 Lyft 司機銷售裝滿薄荷糖、潤唇膏、牛肉乾、糖塊、能量飲料及阿斯匹靈（便利商店銷售的小額商品）的盒子，可以轉賣給乘客，並賺取一些額外費用。Vive 占據約一千四百坪，而 Cargo 雖然最初只占據不到二十八坪，但有能力擴大到約七十坪，這種大型倉庫為顧客提供空間的方式在過去前所未聞。戈雷基指出：「當我們評估一些電子商務客戶時，會詢問對方成長的潛力。一家新成立的公司今天可能只需要十五坪，但一年後可能是五百坪。」

Flexe 已經有一個競爭對手：優比速，這家巨大的運輸公司為了填補自己的倉庫網絡和其他公司倉庫裡的空間，推出內部新創公司 Ware2Go，基本上完全複製 Flexe 的模式。Ware2Go 的網站承諾：「無論何時何地，你都可以擴大規模。」

對 Flexe 及其投資者來說，優比速可疑的跟風舉動，證實他們已經挖掘出潛在的巨大市場。二〇一九年年中，Flexe 從創投公司募集四千三百萬美元，總資金增加到六千四百萬美元，以協助公司擴張，並抵禦新的競爭對手[22]。

放馬過來吧！西布雷希特如此表示。「在我們開始這項業務後，我發現自己盯著卡車、飛機、船舶和火車。」他說：「物流比金融體系更大，它就在你面前，無時無刻、隨時隨地，你卻從未真正注意。」

第九章

自我顛覆的席夢思集團

——想和新品牌競爭，先和自己競爭

想像你現在走進一家美國的床墊商店，凝視展示間四周。深吸一口氣，你即將經歷最令人困惑和煩躁的購物體驗之一，購買床墊的體驗會讓買車看起來容易和愉快許多。

你可能已經試著先在網路上搜尋一些資料，但是幫助不大，因為你會有五花八門的選擇。在加州卡爾弗城（Culver City）一家商場的床墊商店 Sit 'n Sleep 裡，有一百三十四張床墊，價格從五百至一萬一千美元不等，其中有售價九百九十三．九九美元的席伊麗（Sealy）Premium Joy 特大雙人尺寸、售價一千三百八十二．九九美元的舒達（Serta）Perfect Sleeper Sandalwood、售價兩千六百五十九．九九美元的舒達 Blue Fusion 1000 LF 特大雙人尺寸、售價五千九百七十八．九四美元的 Aireloom Laguna PL 特大雙人尺寸、售價七千五百九十八美元的 Tempur-Contour Elite Breeze 可調式／加長雙人尺寸，以及售價一萬一千三百九十六美元的 Tempur-Ergo Premier 床墊，還有更多。另外，如果你之後不喜歡這張床墊（因為只在店內躺了幾分鐘，但是其實需要睡幾晚才會知道是否適合），也別想要退錢，Sit'n Sleep只願意讓你更換另一款床墊，你還需要額外支付二〇%的「補貨」費用[1]。

你說想和車程十五分鐘內的幾家床墊店比價，或是與在網路上看到的價格比價？好吧！祝你好運，其他床墊零售商都販售來自相同製造商的床墊，但是可能會有不同的名字。這種混亂是刻意製造出來的，因為零售商的銷售人員靠抽成賺錢，不希望你能比價。舒達—席夢思（Serta Simmons）和丹普—席伊麗（Tempur-Sealy）兩大公司，長期以來一直控制全美七〇%的床墊市場，市場大致上被這兩家公司瓜分，它們也很樂意彼此合作。這是非常舒適的關係，目的在於讓製造商和零售商利潤最大化，並讓銷售人員賺取佣金，一天只需賣出幾張床墊，生意就可以做得很好。

差勁的購物經驗，反而為創業提供助力

二〇一〇年，約翰—湯瑪士．馬里諾（John-Thomas Marino）和妻子在舊金山灣區（Bay Area）的床墊商店，購買一張價格超過三千美元的丹普（Tempur-Pedic）泡棉床墊。對於剛從賓州州立大學（Penn State University）數學和電機系畢業的馬里諾來說，這張床墊是他買過最貴的東西之一。他回憶自己到幾家床墊商店試圖比價，卻發現這是不可能的，然後因為貨運公司

沒有在預定日期出現，還不得不請兩天假等待床墊送到家裡。「這真是一場惡夢，是我人生經歷過最糟的經驗之一。」馬里諾說道，而且和妻子在睡過床墊後甚至不喜歡，沒有退貨是因為退貨政策太麻煩。

大約十八個月後，在二〇一二年春天，當時二十七歲的馬里諾和大學好友——二十四歲的戴希・派克（Daehee Park），正在一家新創企業工作，開發被馬里諾稱為「購物界 Pinterest」的應用程式，但他們都意識到自己並不快樂[2]。「我們是兩個做軟體卻想逃離軟體並解決問題的人，還想從親身經歷的問題開始解決。」馬里諾說道：「我們花費大概兩週的時間，列出所有讓自己覺得火大的問題。」在名單裡，可能變成生意的是在網路上販售客製化維他命（這是別人已推出的 DTC 想法）。「但一直讓我們回頭想的則是床墊，這是所有想法中最無聊的，但它之所以能脫穎而出，是出自於我在二〇一〇年購買床墊的經驗。」

於是兩人拿出筆記本，並寫下「討厭清單」，在紙上寫滿人們在購買床墊時不喜歡的事，以及要如何解決。「這不是火箭科學。」馬里諾坦承道，回憶清單上的內容包含強迫推銷的銷售人員、高昂的價格、昂貴的運送和退貨費用，以及多到令人困惑的床墊選擇。

馬里諾和派克說好各投入三千美元，並且開始制定計畫，準備向年產值一百六十億美元的床墊產業發動第一輪攻勢。最後這場攻勢不只是由一、兩家新創企業，而是由數十家企業一同發起。如果說很多消費性的產品進入障礙已經降低，在床墊產業則是已經崩塌了，銷售將變成一場自由競爭，代表那些老品牌即使試圖模仿新進者的策略，也很難捍衛地盤；而且對快速成長的新進者來說，要在充滿同類競爭者的擁擠市場中獲利也相當困難。

二〇一二年，還不夠確定人們是否願意到網路上進行採購，購買刮鬍刀只需要幾塊錢，就算不喜歡也沒關係，但是要在網路上購買一張價值數百美元的床墊，而你甚至不曾短暫試躺？

這就是馬里諾和派克想要回答的問題，因此在有產品可賣前，就用兩人的程式專長進行一項測試。他們為剛起步的公司建立一個虛擬的網頁，並命名為 Tuft & Needle。網站上顯示一張床墊的照片，並提供快速、免費的送貨和退貨服務，同時加上點擊購買鍵，看看是否有人會提供信用卡資訊。「一些創業的朋友告訴我們，如果你讓一個既不是家人，也不是朋友，而是完全不認識你的人願意掏出錢來，就說明這是對的。」馬里諾解釋道。

二〇一二年六月某個傍晚，網站上線了。馬里諾到帕羅奧圖（Palo Alto）市中心的庫帕咖啡館（Coupa Café）喝咖啡，據說 Google 共同創辦人謝爾蓋．布林（Sergey Brin）和已故的史蒂夫．賈伯斯（Steve Jobs）等科技界名人都曾造訪[3]。派克打電話給馬里諾，告知投放一則 Google 搜尋廣告，希望能吸引訪客造訪網站。十五分鐘後，馬里諾又接到派克的來電，派克告訴他：「哥兒們，我們就在剛剛成交了一筆生意。」

馬里諾從椅子上跳起來：「『中大獎了！』我說得非常大聲，咖啡館裡嘰嘰喳喳的聲音都停止了，接下來是一片死寂。所有人都轉頭看我，點頭微笑。他們都來自矽谷，所以知道發生了什麼事。」（之後馬里諾急著解釋，因為當時他們還沒有商品可以販售，所以並未接受這筆信用卡付款。）

線上測試成功了。馬里諾和派克決定將公司設在鳳凰城（Phoenix），因為那裡的消費較低，也較容易僱用員工。「在矽谷，你不是為前二十大公司工作的工程師或設計師，就是創業家，而我們卻試圖讓這些人為了一家缺乏資金的床墊新創企業辭職。」馬里諾解釋道。

床墊產業的技術創新

但是，兩人必須先弄清楚如何製作床墊。首先，他們切開馬里諾在二〇一〇年購買的床墊。在進行一些研究後，兩人得出結論，製作床墊的原料主要是泡棉和布料，價格為數百美元。

事實證明，由於泡棉床墊的興起，馬里諾和派克選擇在技術上較容易生產的產品。數十年來，市場上的床墊都是由彈簧線圈製成，它們笨重、龐大又不容易使用，製作過程複雜，運輸成本也很高。然後有一種新型床墊材料出現了，是在一九六〇年代由美國國家航空暨太空總署的埃姆斯研究中心（Ames Research Center），為了改善飛機座椅及椅背舒適度和安全性研發的「黏彈性」（viscoelastic）記憶棉，這種材料可以貼合身體，吸收壓力，然後回復原來的形狀。最初，這種材料很難製造也很昂貴，但是隨著時間推移，技術層面獲得改善。一九九一年，一家瑞典公司推出「丹普瑞典床墊」（Tempur-Pedic Swedish Mattress）[4]。

泡棉床墊曾是小眾產品，部分原因是售價很高。但在接下來二十年裡，泡棉床墊在床墊銷售的比例成長到三〇%左右[5]。因為泡棉變成大宗物資，由許多美國製造商生產製造，價格因而下降。不過好的泡棉床墊售價依舊很高，主因是：隨著床墊公司的併購——丹普在二〇一三年收購席伊麗[6]，舒達與席夢思在二〇一二年被私募股權公司安宏資本（Advent International）持有多數股權[7]，價格競爭受限。曾經高度分裂的床墊零售商，彼此的競爭也受到局限，因為產業巨頭Mattress Firm併吞競爭對手[8]，並快速拓展到三千五百家商店。

為了替Tuft & Needle製造泡棉床墊，馬里諾在東西岸來回開車拜訪供應商與合約製造商。許多人不願意和他洽談，他說：「他們不想和產業顛覆者合作，不想和試圖打垮他們供應產業的公司合作。」最後，他找到一家製造商，對方告訴他：「我們不能幫你製作床墊，只能供應泡棉，但是我會教你一些需要知道的事。」

掌握相關知識後，馬里諾和派克與康乃狄克州的一家製造商合作，但卻沒有成功，然後轉而向加州布埃納維斯塔（Buena Vista）的一家小型家族家具製造商合作，對方生產泡棉沙發坐墊等產品，希望能多元化發展。對一家提供免費送貨的網路新創企業來說，泡棉床墊還有一個優勢，就是壓縮後的泡棉床墊可以裝在相對小型的運輸箱裡，運輸費用可降低到五十美元；而彈簧床墊的運輸費用則要二至三倍，因為彈簧床墊必須平放運輸，並且需要兩人才能運送。布埃納維斯塔的工廠沒有壓縮床墊的機器，所以最初壓縮床墊都是手工完成，用一台吸塵器抽出泡棉裡的空氣[9]，一名工人（有時是馬里諾本人）會跪在床墊上，以便摺疊床墊塞進箱子。

Tuft & Needle並非第一家在網路上銷售床墊的公司，儘管這種包裝是公司策略和形象的核心，卻不是首家提出「捲包床墊」（bed-in-a-box）想法的公司。位於田納西州約翰遜城（Johnson City）的BedInABox從二〇〇七年開始就做出這樣的區隔。「我們是一家家族經營的小公司，競爭對手已經把我們的工作做得很好了，並邁向新水準。」公司創辦人之女，行銷長梅麗莎・克拉克（Melissa Clark）感嘆道。

二〇一〇年十月，Tuft & Needle並未募集到任何創投資金，而是運用自有資金開始銷售床墊。一開始的床墊版本非常基本，只有十二公分厚，一張雙人床墊價格為三百五十美元。有別於Warby Parker和一元刮鬍刀俱樂部，Tuft & Needle一開始並未獲得關注，銷售量也沒有起飛。馬里諾坦承道：「我們一開始不得不處理很多的退貨[10]，但卻不斷改進，直到顧客滿意度高到讓我們開始獲得推薦。」

隨著床墊品質的提高，Tuft & Needle從在公司網站上銷售床墊，轉為在亞馬遜網路商城提供，商城上的買家好評幫助該公司賣出更多床墊，而不必在廣告上花費太多錢。

驚人獲利空間，誘使競爭者接連加入

然而，馬里諾和派克並非唯一認為床墊產業已經成熟到可以顛覆的人。二〇一二年九月，就在Tuft & Needle開始銷售床墊前，名為Priceonomics的部落格發表一篇八百字文章，標題是「我們需要床墊界的Warby Parker」。文章中直截了當地指出：「床墊產業已經腐敗了[11]，被少數幾家企業控制，這些企業毫無理由地賺取Google式的利潤。透過壟斷市場的結構、強硬的銷售技巧及不透明的產品命名慣例，床墊製造商的利潤遠遠超過提供給消費者的價值。」

大約在同一時間，紐約創投公司Lerer Hippeau創投資本家萊爾——Warby Parker的初期投資人之一，去購買床墊。他回憶道：「我走進一家Sleepy's，給人感覺很噁心、奇怪又不人性化。」萊爾委託顧問艾略特．皮爾斯（Eliot Pierce）研究床墊市場，還有創辦線上床墊公司的條件。他在二〇一三年五月提交給萊爾名為「睡眠細胞」（Sleeper Cell）的報告，儘管列出各種挑戰（最顯著的是找到一家製造商），但結論卻是：「有機會在床墊產業裡創造一個引人注目的新品牌。」報告也指出其他收入來源，例如銷售枕頭套、床單及床頭板。這份報告預見DTC床墊新創企業的驚人潛力，但是營收預測卻保守得令人發笑（至少現在看來），銷售額成長緩慢，估計會在二〇一七年達到一千五百萬美元[12]。

萊爾相信床墊可以像眼鏡一樣。「我傳出消息：『有人對創辦床墊公司有興趣嗎？請讓我知道。』」他回憶道。一群已經在籌備建立床墊公司的創業家響應萊爾的號召，並將公司名稱暫定為Duke's。該小組負責人菲力普．克里姆（Philip Krim）於二十一世紀初曾在網路上銷售廉價的無名床墊，當時他還是德州大學（University of Texas）的學生。萊爾表示：「他們做的研究基本上和我們一樣，但是更有依據，例如對價格為什麼應該訂在一千美元左右，而不是五百美元或兩千美元極具說服力。」

二〇一四年二月，Lerer Hippeau成為這家新創企業一百六十萬美元種子輪投資的主要投資者[13]，該公司已改名為Casper。它的做法和Tuft & Needle一樣：一開始只有一款泡棉床墊的型號[14]，價格是同類大品牌的一半或更低，三十天免費試睡、免費送貨及免費退貨。如果你不喜歡，退回的床墊會捐贈給慈善機構。在Casper推出前不久，Tuft & Needle的馬里諾回憶表示，他在紐奧良（New Orleans）由國際睡眠產品協會（International Sleep Products Association）舉辦的會議上，遇到Casper的幾位創辦人。「我和他們一起參加聚會，並且告訴他們：『我們將顛覆這個產業。』」馬里諾停頓一下後，補充道：「我們最後變成敵人。」

二〇一四年四月，Casper開始大張旗鼓地銷售床墊，這都要歸功於精明的媒體宣傳，在《紐約時報》、彭博新聞社和其他許多媒體上都有相關報導[15]，直到年底，關於Casper的文章數已多達一百五十八篇。在第一個月，Casper的銷售額就超過一百萬美元，大約是Tuft & Needle在二〇一三年全年銷售額。Casper的行銷方式不僅避免消費者到實體商店購買床墊的悲慘經歷，還讓購買床墊看起來很有趣。顧客開始在YouTube上傳影片，介紹Casper泡棉床墊的開箱過程，看著床墊膨脹，然後跳上去；其他的YouTube影片裡，則可以看到送貨員把Casper床墊平衡地放在自行車上。訂單湧入的速度之快，甚至超出Casper的庫存量。

為了良好的形象，避免網路上的負評或客訴，克里姆回憶道：「我們會打電話向消費者致歉，並告知會為他們購買氣墊床。」這是作為床墊準備好之前的權宜之計。「我們對上百位客人都這麼做。亞馬遜多次拒絕我們的訂單，因為我們購買太多氣墊床，對方誤以為要買來轉賣。」

同一時間，Tuft & Needle在鳳凰城相對默默經營，並保持穩定成長，在二〇一四年，也就是公司第二個完整年度，銷售額從前一年的一百萬美元提升到九百萬美元[16]，因為使用改良後的二十五公分版本取代原本的十二公分床墊。床墊不僅更厚，馬里諾還找來科學家，為更舒適的床墊配置更好的泡棉。雖然該公司距離紐約媒體的鎂光燈焦點很遠，但最後還是受到關注：二〇一三年十二月，Hacker News網站發表一篇文章[17]，隨後《財星》於二〇一四年一月刊登標題為「認識床墊界的Warby Parker」的報導。馬里諾和派克仍未募集任何外部資金，儘管接獲一些創投資本家要求投資的電話，但兩人都婉拒了。馬里諾說道：「事實上，有兩家創投公司分別告訴我們：『如果你們不願意讓我們參與，我們會找到其他願意的人。』其中一家公司最後投資Casper。」

線上床墊大戰剛剛開始，但是就像吉列面對一元刮鬍刀俱樂部和Harry's一樣，大公司尚未感受到威脅。

設立內部新創企業，試圖擺脫舊有包袱的產業龍頭

二〇一四年九月，麥克．陶博（Michael Traub）被聘任為舒達床墊公司總裁時，對床墊生意所知不多。他在負責博世（Bosch）和 Thermador 家用電器的北美業務多年後，試圖了解床墊產業的競爭局勢，因此向新同事提出一個問題：我們應該如何看待這些線上床墊新創企業？

「什麼是 Casper？什麼是 Tuft & Needle？」陶博詢問執行團隊。當時，所有新創企業年銷售額加總可能不到五千萬美元，當然也少於一億美元，也就是遠遠低於市場的一％。執行團隊回答：「不要擔心[18]，它們只是一群瘋狂的小孩，它們的床墊爛透了，人們在幾年內就會意識到這一點，不會再購買。」

舒達及姊妹公司席夢思的高階主管，堅信公司的床墊是最好的。該公司僱用大約五十名科學家與技術人員，不斷測試和開發床墊的材料。在亞特蘭大郊外的實驗室裡，研發負責人克里斯．鐘洛（Chris Chunglo）喜歡帶遊客參觀，並展示一些他最喜歡的設備[19]。有一台機器用切成兩半的保齡球，模仿人們在床墊上坐了十萬次，藉此模擬十年的磨損；另一台機器則類似巨大的六邊形擀麵棍，稱為滾輪，來回壓在床墊上，經過十二萬次來回，模擬人體在床墊上睡了幾年

後的磨損；然後是一個高科技的人體模型，可調整來模擬不同體重和體型者的睡眠。當人躺在床墊時，一張嵌入兩千個感應器的墊子可將所有壓力點生成圖。鐘洛獲得專利的「泡棉壓縮回復」測試裝置[20]，可以測量床墊在不同重量或壓力下回復狀況的速度，好比睡眠者在夜間改變姿勢時；另一個人體模型則用來測試，人體睡在床墊上散發的熱量和濕度。

不要告訴鐘洛，所有泡棉都是一樣的（他的辦公室外掛著一面寫著「能和泡棉對話的人」的牌子）。他說明，對泡棉床墊最常見的抱怨之一，是當你睡在上面時，床墊會變熱。為了提供更舒適的體驗，最好的泡棉都嵌入所謂的相變化材料（Phase-Change Material），有助於維持均勻的溫度。「當你上床時，身體通常都是溫暖的，然後才開始冷卻。」他解釋道：「這種材料在你熱時會吸收熱量，然後在你變冷時釋放熱能。」

「大多數人會找泡棉的供應商，尋找有特殊觸感的泡棉，卻從未真正了解泡棉實際上的物理特性。」鐘洛直言道：「他們不了解這些成分如何相互作用，以及如何影響良好的睡眠，我們一直在測試競爭對手的床墊。」對其他床墊的新創企業有什麼想法？他不屑一顧地說：「Casper的床墊非常普通。」

儘管如此，從不斷成長的業績看來，消費者似乎對Casper、Tuft & Needle和其他公司的床墊非常滿意。因此，陶博在二〇一五年成為舒達—席夢思集團（Serta Simmons Bedding）的負責人，管理公司兩大受歡迎品牌後，委託專人對這些線上新品牌進行研究，得到的結論是公司內部許多人不願意承認的。「我們發現，大多數顧客都沒有退回這些公司的床墊，他們很喜歡，不想到床墊商店和銷售人員打交道。」他回憶道：「這可能是一個非常自滿的產業，非常老派，而且有自己的一套方法。沒有人認為新進者可以找到進入產業的方法，這個產業有很高的進入障礙，從業者自大傲慢。我們從消費者那裡聽到這些，知道必須解決一些問題。」

舒達—席夢思集團不能無視DTC的趨勢，於是陶博決定，儘管這可能意味著會蠶食高價床墊的銷售額，但是為了與新品牌競爭，就要先和自己競爭。

陶博和助手們曾考慮是否收購其中一家新創企業，最後卻放棄這個想法。他解釋道：「這些公司沒有太多的價值，很少有智慧財產權。」而是把重點轉向推出自己的捲包床墊產品，並決定它應該是一個新品牌，或是應該使用公司現有的名稱。他坦承道：「當時有很多激烈的爭論。」有一些主管認為，應該控制任何新的DTC床墊品牌，而不是看著研發和行銷資金流向可能奪走銷售量的新品牌。最後，陶博否決這個想法，「我們決定從一個新品牌開始，我不想要舒達現代化過程中的包袱，而且要如何向Mattress Firm這家銷售大量舒達—席夢思集團床墊的巨型連鎖店床墊零售商解釋，將越過對方，在網站上銷售新的席夢思Beautyrest床墊？」

面對公司現有品牌與顛覆產業新品牌的夾擊

陶博還決定，任命長期在舒達—席夢思集團工作的高階主管，管理這家新創企業並沒有意義，他認為任何已經在公司工作的人會被傳統經營方式束縛，不太可能有創造性思維，也不能與公司內部的朋友競爭。因此，陶博委託獵人頭公司尋找具有創業精神的外部管理者。

布萊恩・墨菲（Bryan Murphy）是名單上的首選，他在二十多歲創辦一家銷售汽車零件的電子商務公司，並發展成年銷售額二十億美元的企業。這引起 eBay 的注意，收購墨菲的新創企業，並讓他負責 eBay Motors 的業務。「我們每年在 eBay 上銷售八十億美元的零件和汽車。我告訴人們，我是全國頭號二手車業務員。」墨菲打趣地說。

當墨菲接到獵人頭公司的電話，詢問是否有興趣為舒達—席夢思集團創立的一家線上床墊公司工作時，他抱持懷疑態度，應該說是高度質疑，「我的第一個反應是……」他停頓了一下，「床墊？我不確定。」

但這通電話是四十多歲的墨菲正在尋找新挑戰時打來的，因此他決定聽聽看。「我意識到床墊是年產值一百六十億美元的產業，有巨大的獲利空間可以利用。」不過，他還是表達出另一個擔憂。「我告訴他們的第二件事是，『當你說想要顛覆自己時，我並不相信。』我不知道有任何——我再說一次，**任何**成功的公司會想要顛覆自己。歷史顯示，像這種內部的新創企業，百分之百會被完全致力於顛覆產業的新公司踢爆。我接下這個工作的唯一辦法就是，可以按照市場條件而不是人為條件進行競爭，否則我們就會失敗。」

最後，墨菲堅持將線上新創企業辦公室設在紐約，遠離舒達─席夢思集團位於亞特蘭大的總部，否則可能會過度屈從母公司的傳統思維方式。

讓墨菲驚訝的是，陶博同意了。「我們必須這麼做。」陶博解釋道。

墨菲在二〇一六年九月加入公司後，發現即使有陶博的支持，他在拜訪舒達─席夢思集團位於亞特蘭大的辦公室時並不受歡迎。「在總部裡有兩種人：真正高興見到我的人，還有假裝高興見到我的人。」墨菲說道。他的線上創業越成功，就越會削減母公司高價床墊的銷售額，並且可能導致整體毛利率降低，以及面臨裁員的狀況。但是他認為另一種情況會更糟，「你可以把百分之百DTC生意讓給別人，然後失去所有的收入，或者你可以爭取五〇%的網路生意，而失去目前的一些收入。」

墨菲和陶博明白，透過建立新的品牌和商業模式來與公司現有品牌競爭並不容易。在底特律地區長大的墨菲，從最近通用汽車（General Motors）的例子裡清楚明白這一點。一九九〇年，通用汽車建立釷星（Saturn）當作「不同類型的汽車公司」，應對來自豐田汽車（Toyota）與本田（Honda）的低價、節能進口車，因為它們正在搶走通用汽車的銷售額。釷星的目標是模仿競爭對手。不同於通用汽車的既有品牌雪佛蘭（Chevrolet）、別克（Buick）、龐帝克（Pontiac）、奧斯摩比（Oldsmobile）、GMC、凱迪拉克（Cadillac）等一系列廣泛但重疊的車型，釷星最初只提供兩種車款，經銷商以「不討價還價」的定價策略為榮。釷星還試圖在這個以勞資爭議聞名的產業裡，培養管理階層和勞工的合作精神。儘管初期取得一些成功，但釷星的生產效能卻始終無法與日本相比。在底特律經營通用汽車的其他部門人員總是抱怨，釷星拿走數十億美元的投資，這些錢本來可以用來改善既有品牌。隨著時間推移，釷星變成往事，在二〇一〇年停產。

墨菲在談到舒達—席夢思集團線上創業的風險時，表示：「如果能成功，我們將成為哈佛商學院研究個案。」

因此，這個被命名為Tomorrow Sleep的新部門，成為Casper和Tuft & Needle的模仿者，甚至在曼哈頓中城設立辦公室，並擁有一家值得尊敬的電商新創企業所有必要特徵。乒乓球桌？有了；電腦出現難看的電線，並散落在閣樓空間的開放式桌面上？有了；附近四川餐館的外賣餐盒打開吃了一半？有了；二十歲和三十多歲的員工懶洋洋地穿著休閒服？有了，墨菲會穿著藍綠色格紋的伐木工人襯衫與牛仔褲出現。整個氛圍和Casper的辦公室有著不可思議的相似之處，Casper在南方大約三十個街區的距離，靠近聯合廣場（Union Square）。

後進者的劣勢

Tomorrow Sleep的商業模式模仿捲包床墊新創企業，將床墊價格訂為零售店對老牌床墊的一半或更低價格，並且提供免費運送、在家免費試睡（從一百天到三百六十五天）、含運費的免費退貨服務。Tomorrow Sleep的網站用影片講述品牌「故事」，包含工廠的「幕後花絮」：在工廠裡，床墊被高壓機器壓平，然後被捲起來塞進大約迷你冰箱大小的箱子裡。

到了墨菲接手時，任務變得更急迫。二〇一四年，只有少數幾家線上床墊的新創企業，現在已經增加到十多家，因為找到製造商在網路上推動床墊生意變得十分容易。許多公司的規模不大，但墨菲估計它們在二〇一六年總銷售額是六億至七億美元，並且每年至少成長七五％。「很少產業會讓供應商成為你最大的競爭對手，但是泡棉製造商很樂意賣給任何人。」陶博感嘆道。

為了要開拓利基市場，並讓自己與眾不同，Tomorrow Sleep的第一個產品是混合式床墊，上層是泡棉，下層是彈簧，合而為一。在讚揚和模仿網路上新創企業的商業模式（免費運送、長時間在家試睡和免費退貨）的同時，墨菲覺得很有自信，差異化床墊可以有效對抗競爭者。「我告訴你，我對這些新創企業不滿的是，它們的產品是不足的，產品還可以，卻不是很好。」墨菲說道。

有了舒達—席夢思集團研發實驗室的專業知識，Tomorrow Sleep床墊的泡棉以冷凝乳膠製成，平衡泡棉床墊會聚熱，造成睡眠不舒適。一張Tomorrow Sleep特大床墊定價一千兩百美元，價格和新創企業的純泡棉床墊差不多，是高價席夢思和舒達品牌的二分之一到三分之一。為了降低製造成本，相較於公司現有品牌，Tomorrow Sleep的床墊薄了大概五到十三公分。

但是拓展新生意需要時間，Tomorrow Sleep的床墊直到二〇一七年夏天才開始銷售[21]，在網路上有著良好評價，消費者認為它堅固又舒適，並以合理價格提供良好品質，但是競爭也變得更激烈。根據墨菲的統計，在他加入舒達—席夢思集團和推出 Tomorrow Sleep 床墊的一年內，線上床墊公司（包括新創企業和開始銷售捲包床墊的區域型公司）的數量已增加到一百多家。他估計，網路銷售額已提高到十三億美元，或是占整體床墊市場的八%。

作為較晚進入市場的公司，Tomorrow Sleep 很難獲得成長動力。「在我們開始銷售床墊幾天後，我接到安宏資本的私募股權老闆來電。」陶博回憶電話那頭說：「你們的市場定位在哪裡？發生了什麼事？有多少銷售額？」他向老闆解釋，生意緩慢進行，他們需要有耐心。此外，線上床墊生意已經成為喧鬧、赤手空拳的爭鬥。由於有這麼多相似的新公司在爭取消費者注意，床墊買家又往往受到「獨立」評論網站左右。如果購物者在 Google 上輸入「最好的床墊」，網路評論就會出現在最前面，好評可以為新品牌帶來大量銷售額，負評則可能造成損害。

評論網站帶來的利與弊

馬里諾回憶，Tuft & Needle 很早就接到德瑞克．哈勒斯（Derek Hales）的電話，對方經營名為 Sleepopolis 的評論網站，表示想要評論不同公司的床墊。「我想，哇！這太棒了！」馬里諾說道。在得到普遍好評後，哈勒斯回電表示：「嘿，我寫了這篇文章，你知道如果能讓我從閱讀文章，然後按下連結到 Tuft & Needle 購買床墊的讀者得到一點回扣、一點佣金的話就好了。」馬里諾認為這就像是廣告費，可以增加銷售量，便答應所謂的「聯盟行銷」關係，支付給 Sleepopolis 每筆來自該網站銷售額的一〇％。

馬里諾後來知道，Sleepopolis 和其他新創企業也有類似交易，包括 Casper 與另一個名為 Leesa 的熱門品牌，但是這些佣金關係（消費者在閱讀所謂的「獨立」評論時可能想知道）被藏在評論網站的一個角落裡。馬里諾表示：「然後我們頓悟，評論網站就像是新的床墊銷售人員，在網路上轉世了，所以 Google 是新的床墊商店。」有這麼多新的捲包床墊公司在銷售同樣的東西，有同樣的免費運送和退貨政策，讓購物變得像走進床墊商店一樣令人困惑。

然而，一切的運作仍舊祕而不宣，直到 Tuft & Needle 和 Casper 成為最暢銷的新品牌後，都決定不再支付評論網站任何聯盟行銷的費用。在停止支付費用前，馬里諾回憶道：「我們把『對 Tuft & Needle 床墊的評論』截圖，因為知道將會發生什麼事。一不和它們合作，然後砰的一聲，我們就被打倒了，Casper 也一樣。」

二〇一六年四月，由於評論網站將其他床墊品牌的排名置於其產品之前，Casper 對其中幾個網站提起告訴，包括 Sleepopolis，指謫網站的不實廣告和欺騙行為[22]，正如《快公司》雜誌所說的。Sleepopolis 是「網路版鬼鬼祟祟的詐欺者，已經成為在線上購買床墊的消費者想避免的高佣金銷售人員。」訴訟上如此聲稱。

哈勒斯回應，Casper的排名下降只是因為有更新的床墊問世。此外，提交法庭的文件裡提到：「在Casper宣布終止『聯盟行銷協議』後，立刻聯絡哈勒斯，並提出恢復關係，如果哈勒斯同意在Sleepopolis上，對其床墊發表更正面的意見，條件對哈勒斯相當有利，但哈勒斯拒絕了。」

經過更多的法律攻防，該訴訟在二〇一七年七月和解，同月，另一家線上床墊評論網站收購Sleepopolis，「經濟來源」正是來自Casper。不久後，Sleepopolis給予Casper一篇最新又「極為正面」的評論[23]。

如今Sleepopolis公開從瀏覽者點擊「推薦連結」並購買床墊時，可以獲得「銷售佣金」，網站評論員在十幾種不同的類別裡，推薦最優秀的幾張床墊——最適合釋放壓力、最適合側臥、最好的記憶泡棉、最好的乳膠、最適合情侶及最涼感等，結果約有五十款不同型號的床墊獲得最高評價。事實上，Sleepopolis從這麼多的床墊製造商獲得佣金，公開表示：「這有助於我們保持個人誠信[24]，減少因為金錢而產生的偏見。」

為從競爭者中脫穎而出的廣告競賽

為了脫穎而出，新進入產業的競爭者不得不在廣告上投入更多資金。Casper連續募集幾輪新資金[25]，讓該公司的創投資本在二〇一七年達到近兩億四千萬美元，其中一部分用於研發實驗室，繼續改良床墊，並擴大生產線，但大部分的資金則是用於廣告。

大多數床墊公司都是私人企業，不會透露詳細的財務訊息。但是從 Purple Innovation 的文件裡，可以看到賭注提高多少，因為它是上市的線上床墊公司，因此必須提供財務報表。該公司從前名為 WonderGel，由猶他州的兩兄弟托尼．皮爾斯（Tony Pearce）和泰瑞．皮爾斯（Terry Pearce）創立[26]，在過去數十年裡，一直生產用於輪椅與醫院病床的泡棉，以預防褥瘡。當線上床墊生意起飛時，兩人開始銷售泡棉床墊，並透過一支影片行銷，這支影片就如同杜賓自製的影片。

在《生雞蛋測試》（Raw Egg Test）影片裡，四顆附著在玻璃片上的雞蛋從數公尺的高度扔在 Purple 床墊上——雞蛋安全地陷入泡棉裡，沒有破裂。「是的，這些都是生蛋[27]，我們也沒有作假。」一位金髮女郎打扮的人在影片上這麼說。六個月內，這支影片在 YouTube 上的觀看次數為五百八十多萬次[28]，在臉書上則超過五千萬次。

儘管是較晚成立的公司，但 Purple 很快就成為表現最好的線上床墊公司之一，銷售額在二〇一七年提高到一億九千七百萬美元，低於 Casper 估計的兩億五千萬美元，卻超越 Tuft & Needle 的一億七千萬美元[29]。但是隨著 Purple 的銷售額提高，行銷和銷售成本也急遽上升[30]，在一年內翻漲四倍，達到七千九百萬美元，和其他大型捲包床墊企業的情況相同。該公司解釋道：

「為了擴大品牌知名度和推動消費者的需求[31]」，公司需要增加支出。

隨著廣告軍備競賽的升溫，Tomorrow Sleep越來越落後。在開始銷售床墊的幾個月後，墨菲曾表示有信心對付快速增加的新進者。「現在舒達—席夢思集團在整個床墊市場上擁有三〇%至四〇%的市占率，因此我們的目標是在DTC市場上占三〇%至四〇%。」墨菲說道。

但是六個月後，二〇一八年春天，墨菲的語氣明顯變得更加悲觀，他說：「這是我見過競爭最激烈的領域，最初Casper每年的行銷費用約為兩千萬美元。當我們推出時，對方每年花費八千萬美元。我們以為一年八百萬美元就足以讓公司站穩腳跟，但事實上這只是杯水車薪。」

隨著銷售額低於預期，舒達—席夢思集團考慮釜底抽薪，經過熱烈討論後，陶博暫緩Tomorrow Sleep。「我們在挑戰自己：『這是一匹我們需要擺脫的死馬嗎？』不，我們決定，它更像是一次感冒。」陶博表示：「我們不得不重新設定預期成長，我把它看成馬拉松，而不是短跑。」

Tomorrow Sleep的銷售額終於在二〇一八年年底開始回升[32]，達到約三千萬美元的年成長，那年除了更昂貴的彈簧和泡棉混合床外，還推出價格較低的純泡棉床墊，卻仍遠遠落後Casper、Purple及Tuft & Needle。試圖縮小差距，需要Tomorrow Sleep大幅增加廣告支出，即使如此，也不能保證銷售會更快速成長，因為競爭不斷擴大。以Nectar和Zinus為首的中國進口床墊，每年總共銷售數億美元。亞馬遜推出自有捲包床墊品牌Rivet，沃爾瑪也推出名為

Allswell 的新品牌。

擴大產品線，尋求新利基

事實上，沒有哪個產業比床墊更容易被 DTC 新創企業顛覆。到了二〇一八年年底，新進者的銷售額合計近二十億美元[33]，其中 Casper（超過四億美元）、Purple（兩億八千六百萬美元）及 Tuft & Needle（兩億五千萬美元），將近全部總額的一半。

儘管線上銷售有顯著成長，但是由於競爭激烈，對一些企業來說，獲利一直難以實現。馬里諾宣稱，Tuft & Needle 從早期就開始獲利[34]，因為沒有創投資本支持這麼多的行銷預算，所以必須如此。滿載創投現金的 Casper，則是將快速提高銷售設立為首要目標，這意味著早年的虧損，雖然公司預計在二〇一九年實現小幅獲利[35]，但是考慮到在某個時點進行首次公開發行（IPO），以及需要展現更高的利潤，讓股票對投資者來說更具吸引力，Casper 做出一個策略性決定，決定不只當個床墊製造商。

首先，該公司先將產品線擴展到床墊之外，提供枕頭、床單和床架。Casper 更試圖定位成一家睡眠和健康公司——用公司高階主管的話來說，就是成為「睡眠界的 Nike[36]」，以便將自己和其他線上床墊新創企業區隔開來。Casper 開始銷售價格為一百二十九美元的 Glow Light[37]，這是一款內建陀螺儀的床頭燈，可以調節燈光：在晚上可以「逐漸變暗，讓你可以不受干擾地入睡」，並「讓房間充滿柔和的光線，使你在早上能輕鬆起床」。同時還和另一家公司合作，銷售注入大麻二酚（Cannabidiol, CBD）軟糖，大麻二酚是大麻裡含有的一種成分；Casper 表示，這項產品的售價為三十五美元，一小罐有十四顆，具有鎮靜作用，能幫助在睡覺時放鬆。

DTC 的床墊市場競爭日益激烈，促使陶博和安宏資本的私募股權老闆重新考慮如何競爭。舒達—席夢思集團是否該對 Tomorrow Sleep 投入更多資金以因應競爭，還是應該回到最初否決的想法：收購其中一家成功的新創企業？二〇一八年年初，安宏資本高階主管在拉斯維加斯的一場貿易展上聯繫馬里諾[38]。這是很有利的時機，隨著 Tuft & Needle 的競爭者增加廣告支出，馬里諾和派克正在尋找各種選項：籌募外部資本（他們長期以來一直拒絕這麼做），好測試和加強行銷，或是出售公司。但是當安宏資本高階主管詢問馬里諾對舒達—席夢思集團的看法時，他說：「我只是大談自己如何重整這些品牌，還有拯救它們。」

讓馬里諾驚訝的是，對方並未試圖貶抑他的想法，而是建議和陶博進行後續的談話，這是幾次會面中的第一次。兩人一拍即合，馬里諾回憶道：「他不是從這個產業出身，但是他談論的未來和我們想的一樣。」他告訴陶博，舒達—席夢思集團想要成功，不能只做一點改變，必須進行重大變革，包括簡化床墊產品，讓退貨更容易，並且改善床墊在零售地點的展示方式——更像 Tuft & Needle。如同 Casper，Tuft & Needle 透過測試實體零售店擴大影響力，這些零售店會在明亮、通風的空間裡銷售品牌，更類似在蘋果直營店，而不是傳統的床墊商店。Tuft & Needle的店面並不雜亂，具有遮擋，可以為想試躺的顧客提供隱私。而且該公司的銷售人員有薪水，不是靠佣金。

內部改革註定失敗的魔咒

馬里諾很快就和陶博達成出售Tuft & Needle的協議，馬里諾被任命策略長，派克則擔任成長長（Chief Growth Officer, CGO）。儘管雙方都不願意透露舒達－席夢思集團為Tuft & Needle支付多少錢，但知情人士透露，價格落在四億至五億美元間，大約是Tuft & Needle年銷售額的兩倍。由於馬里諾和派克從未從創投公司募集資金，擁有近九〇%的股份[39]，因此每人可分得兩億美元，其餘部分則由獲得股票的員工擁有。基於較高的銷售額，Casper的估值為十一億美元[40]，但是由於到了二〇一九年年中，已經從投資人募集約三億四千萬美元，創辦人保留的股份明顯低於馬里諾和派克。

Tuft & Needle確實對新老闆做出讓步，在合併不久後，變更全美各地張貼在數百個廣告看板上的措辭，其中許多廣告看板上有一句話：「床墊商店是很貪婪的，請了解真相。」那些被馬里諾和派克長期嘲笑的床墊商店，實際上是Tuft & Needle的靈感來源，占據新老闆舒達－席夢思集團大部分的床墊銷售額。新的廣告訊息——「我們也討厭你的床墊」和「解決國家睡眠債務危機」，就較不那麼前衛。

Tomorrow Sleep很快就被擱置一旁。在合併Tuft & Needle六個月後，曾倡導創立Tomorrow Sleep的陶博離開舒達─席夢思集團[41]，除了在一篇簡短的新聞報導裡，引用安宏資本合夥人的話提到「我們相信現在是變革的好時機」外，沒有其他的解釋。在陶博離職不久後，就做出終止Tomorrow Sleep的決定，這是一個信號，表明老闆認為他的策略出了問題。

墨菲承認，Tomorrow Sleep並未達到預期的效果，雖然它確實迫使舒達─席夢思集團變得更數位化且以顧客為中心，但最終收購Tuft & Needle卻更有意義。「我們太晚到了。」墨菲解釋道，這個問題因為排山倒海的競爭者而變得更複雜，如果Tomorrow Sleep真的成為哈佛商學院研究個案，也不會是他當初希望的那個原因。「大企業更適合收購或投資產業顛覆者。」墨菲如此總結，並在老闆決定收購Tuft & Needle不久後離職。「在接受這份工作前，我想不出有哪家公司能從內部成功顛覆自己，現在依舊如此。」

第十章
突破高價精密產品的線上障礙
——從最小可行性產品開始

克里斯汀．戈曼森（Christian Gormsen）的聽力完全沒問題，但他偶爾還是會戴著助聽器，喜歡從耳道裡拿出助聽器，然後展示給說話的對象看。他總是說：「看吧！你完全沒發現我戴著助聽器，對吧？」

助聽器是開啟話題的好方法，戈曼森說的對，因為它們的尺寸只有花生般大小，所以你不會注意到。由於技術日益進步，助聽器的尺寸幾乎小到看不見；它們的功能也很強大，內部搭載的微型喇叭、麥克風與電腦晶片，可以依照你的聽力受損程度，將聲音擴大到不同等級。

戈曼森指出，有許多需要使用助聽器的人不配戴助聽器，部分原因來自於「羞恥感」：如果你有聽力障礙，一定是老了；另一個原因則是助聽器太昂貴，雖然零件成本只有幾百美元，但是患者通常需要支付四千五百至七千美元才能購買一副。

戈曼森偶爾會戴上的助聽器，就是為了解決這個問題，這款助聽器是由他經營的矽谷新創企業 Eargo 製造，直接販售給消費者。移除中間的經銷商，Eargo 的一副助聽器價格，大約是其他老牌競爭對手類似產品價格的三分之一至二分之一。

有著優雅的設計與包裝，Eargo 可以說是助聽器界裡的 iPhone。《時代》雜誌和《大眾科學》（*Popular Science*），都將 Eargo 列入「最佳新產品」（Best New Product）名單中[1]。Engadget 說它「備受喜愛」；Interesting Engineering 則評為「最令人期待的商品」之一。億萬金融家查爾斯．施瓦布（Charles Schwab）是 Eargo 的早期客戶，由於非常喜歡 Eargo 的助聽器，也成為這家剛起步公司的最大投資人之一。

特殊的產品屬性與銷售方式，導致助聽器售價過高

在一片讚揚聲中，仍有一個迫在眉睫的大問題：Eargo 對助聽器所做的事，能像 Warby Parker 之於眼鏡、一元刮鬍刀俱樂部之於刮鬍刀、Tuft & Needle 與 Casper 之於床墊嗎？戈曼森坦承道：「我們正在測試傳統電子商務的極限，Eargo 是醫療產品，也是消費性產品，但是你能直接賣給消費者嗎？」

在許多方面，助聽器似乎（也需要）是進行市場破壞的理想選擇。就像那些被反叛品牌鎖定的其他產品，助聽器是每年市值數十億美元的生意，經常由幾個代表性寡頭壟斷市場。在美國，

五家助聽器公司就占據九〇%的銷售額。這些產業領頭羊不在價格上競爭，而是像吉列和舒達－席夢思集團一樣，推出各式各樣系列型號，乍看之下不同，實際上卻大同小異，讓消費者在選購助聽器時充滿困惑。

消費者權益倡導者和一些聽力學家對此感到挫折。「一支智慧型手機以不到一千美元的價格就能做到所有事，但是助聽器的平均價格竟然高於四千美元？」聽力師金．卡維特（Kim Cavitt）提出質疑，她目前在醫療保健產業擔任顧問，也直言不諱地批評助聽器售價過高。

針對卡維特提出的質疑，答案其實和助聽器製造成本無關，而是與它的傳統銷售方式有關。正如床墊和眼鏡，中間商會分走很大一塊（通常是數千美元，差不多是這個金額），而這裡的中間商就是聽力診所。消費者並不知道被收取的費用高得離譜，因為這些費用被包裝成單一價格，其中包含裝置和服務，例如聽力測試與驗配助聽器。

對重度聽力受損的患者來說，由於可以透過專家幫助衡量受損程度與選擇合適的助聽器，這些費用有其道理；但是對中度聽力受損的數千萬人而言，這些隱藏費用高得離譜，尤其是聽力圖測試，和視力檢查一樣，通常需要花費一百至兩百美元左右。對多數患者來說，接受聽力檢查後，再到網路上購買助聽器符合經濟效益，雖然這項檢查並非強制性，但是助聽器已經變得非常先進，使用者可以輕鬆調整程式，這代表對患者而言，看聽力學家幾乎毫無價值。如果助聽器能再便宜一點，數百萬名患者都會購買，醫療保健權益倡導團體如此表示。

上述所有原因都促使投資人投資六家新創企業，它們各有不同的策略，產品與價格也不盡相同，但有部分公司早已破產。儘管創業者擁有數億美元的創投資金，對於進入助聽器市場卻還是一籌莫展。如果說許多產品類別被ＤＴＣ新創企業破壞的速度高於投資人預期，助聽器則一直發展緩慢，即使新創企業採用相同的商業模式：提供更低售價和免費退貨的產品，還提供與知名品牌一樣的主要功能。

雖然新創企業的助聽器和知名品牌的助聽器有相同之處，但仍有許多造成障礙的相異點。最令人氣餒的是，許多潛在買家年過六旬，不太願意在網路上購物，尤其是精密昂貴的醫療裝置。對 Eargo 來說，要獲得大眾接受仍有挑戰性，截至二〇一九年年初，該公司已從各家創投公司募集一億三千五百萬美元，這筆金額是三年半以來助聽器總銷售額的數倍之多[2]。

「這比我預期成功所要付出的代價更昂貴也更困難。」創投公司 Maveron 合夥人吳大衛（David Wu）坦承道：「我們看到ＤＴＣ品牌帶來為數眾多的破壞，自然會覺得助聽器是一個目標，因為有太多被壓抑的需求，而且很多人恨透現有的裝置，但卻發現高齡人口與圍繞在助聽器的羞恥感，讓整件事變得很困難。」

為了證明顛覆醫療產業是可行的，助聽器投資人看向快速成長的遠距牙醫服務。不久前，如果想矯正牙齒，必須先看齒顎矯正專科醫師，支付五千美元或更多金額，戴上不美觀的牙套。以 SmileDirectClub 為首的幾家新創企業，用低於兩千美元的價格提供相同服務，已經顛覆這個產業。一切只是透過量身訂做的透明塑膠矯正器就能搞定，你可以使用家用的牙齒印模套組，或是在零售店掃描牙齒，即可做好一副矯正器。戴上矯正器六至八個月後，你的笑容就會更美麗，而且所有檢查都能透過有執照的牙科醫生或齒顎矯正專科醫師在線上完成。「我們非常關注自己和SmileDirectClub的相同之處。」戈曼森說道，因為SmileDirectClub使用最新科技，贏得那些無法負擔牙套，或不好意思戴上牙套的顧客。

二〇一九年，SmileDirectClub擁有超過七十萬名顧客，年營收飆升到約九億美元[3]，雖然尚未獲利，但是在九月首次公開發行時，公司市值達到四十億美元，儘管接下來幾週股價大幅下跌。齒顎矯正專科醫師備感威脅，因此相關事業團體紛紛向數州的監管機構投訴[4]。

助聽器的革新再進化

說服患者配戴助聽器的挫折感，正是Eargo的靈感來源。法國耳鼻喉科醫生佛洛朗．米歇爾（Florent Michel）發現，患者經常忽略請他們配戴助聽器的建議，出於不想戴上最常見的耳掛式助聽器，因為很容易被其他人看到。而後在為熱愛的飛蠅釣（Fly Fishing）綁毛鉤時，米歇爾突然心生想法：如果能製作相同尺寸和形狀的助聽器呢？這樣一來，助聽器就能放在耳朵裡。它使用類似於飛蠅釣羽毛的微小纖維，可以固定助聽器，也讓空氣和聲音能穿透並放大，同時會緊緊貼在耳內，幾乎看不見。當然，市面上已經有耳道式助聽器，但要不是笨重又引人注目，就是價格太高，讓大多數患者望之卻步，因此製作小巧、功能強大又價格合理的助聽器才是訣竅。

於是米歇爾向兒子提及這個想法，拉斐爾・米歇爾（Raphael Michel）在二〇〇〇年代初就已經移居舊金山，取得史丹佛大學高級工程學位與加州大學柏克萊分校（University of California, Berkeley）企管碩士學位後，陸續在幾家醫療保健新創企業工作。「Eargo 一開始是傍晚與週末的計畫，就像有趣的消遣活動。」拉斐爾回憶道。在二〇一二年年中，他們更認真地對待這個計畫。拉斐爾辭去工作，開始在帕羅奧圖的車庫裡工作，也召集一位曾擔任醫生，取得電子工程學位，並且是醫療保健創業家的友人。「這真的太酷了。」丹尼爾・沈（Daniel Shen）接獲拉斐爾聯繫時如此想道。「這可能會改變助聽器的配戴方式，還可以真的降低成本。」

他們的研究證實助聽器的市場潛力：估計有四千八百萬美國人有某種程度的聽力受損，但是只有八百萬人配戴助聽器。「包括羞恥感、舒適度、成本、取得方式、易用性所有的問題，都是迎面而來的大問題。我們想著：『哇！機會來了。』」沈這麼說道，而後和拉斐爾便開始與招募的小團隊一起開始研發原型。

他們不是助聽器市場唯一察覺到現況很適合嘗試破壞的創業者，大約與此同時，由發明高價助聽器科學家創辦的 iHear Medical，試圖透過銷售線上低價產品，讓助聽器市場大眾化；另一家新創企業Audicus則追求和一元刮鬍刀俱樂部相似的商業模式，以自有品牌販售德國設計的助聽器。這兩家公司也都以一千至一千四百美元販售耳掛式助聽器[5]。

然而，Eargo並不想製造最便宜的助聽器，或是提供最昂貴助聽器的所有功能，而是想要重新定義助聽器，把助聽器的印象從長輩的醫療裝置轉化為消費性產品，擴大助聽器市場。如同沈所言，目標就是「如何盡可能不讓人們聯想到長輩配戴在耳後的肉色人造耳朵？」

為了實現這項任務，助聽器一定要是隱形的耳內裝置，為了便於使用，需要像智慧型手機一樣可充電，而不是如同大多數助聽器，每隔幾天就需要更換小型電池，還必須具備合理的定價，代表需要直接販售給消費者。唯有這麼做，加上避開聽力診所，Eargo才能降低入耳式助聽器的價格。

在一些富裕的天使投資人資助下，拉斐爾和沈在拿到工作零件前，就開始拼湊可能的設計，臨時拼湊的迷你實體原型，在放入耳朵的那端主要由電線、塑膠部分及柔韌的細小纖維組成。「我們使用在工藝品店與家得寶（Home Depot）能找到的所有東西。」拉斐爾說道：「有些部分是用木頭做的，有些部分則是用金屬和塑膠製作，我們就是黏合和切割一些東西，看看原型會長什麼樣子。」

但是他們需要讓創投資本家觀看的原型，說服對方資助公司。事實證明，這極具挑戰性，因此他們有時也會思考能否真的做到。由於無法負擔自製的擴音器，因此數個月來，一直在尋找販售微型入耳式擴音器的供應商，卻都沒有結果。後來二〇一三年年初，在波士頓舉行的聽力學會議上，他們偶然發現一家完全能滿足需求的公司。「我們現在終於真正做到了。」在當晚的慶祝晚宴上，鬆一口氣的拉斐爾如此告訴同事。

跨越醫療保健與消費性產品的藩籬

經過一年的努力，他們製造出可實際運作的原型機，拉斐爾開始到處和創投公司輪番會面，結果證明這非常困難。「當你和投資人談到新的助聽器時，就好像『一路上有許多戰死的士兵』，助聽器的歷史就是人們曾嘗試卻都失敗了。」他解釋。

不過，拉斐爾還是引起一些Maveron合夥人的興趣。Maveron是星巴克（Starbucks）前執行長霍華．舒茲（Howard Schultz）在一九九〇年代末共同創辦的創投公司，專攻消費性產品新創企業，主要投資包含電子商務先驅eBay和線上服裝零售商Everlane等DTC品牌，該公司網站自豪地宣稱已經「破壞現狀長達二十年」，並奚落「中間商是二十世紀的產物」。

Maveron只投資過一家醫療設備新創企業，看見Eargo跨越醫療保健與消費性產品世界的願景，這個願景也是把破壞原則應用在新品類上的一種方式。「我們最大的問題是：『你認為能在消費者看不到實際產品的情況下，在網路上直接賣給他們數千美元的助聽器嗎？』」吳大衛回憶道。儘管這種不確定性仍然存在，但 Maveron 還是同意領投兩百六十萬美元的種子輪投資[6]。

拉斐爾還建立另一個重要的連結，戈曼森從管理顧問公司麥肯錫（McKinsey）的一位前同事得知 Eargo，對方現在在舊金山的一家投資公司工作。戈曼森在助聽器產業工作近十年，起初表示懷疑。「我會幫忙，但你是在浪費時間和金錢。」他最初這麼回應：「我看過近期以來二十個助聽器的創業想法，不過這些想法就連列印出來都是在浪費紙張。」

但是戈曼森和創辦人在米歇爾的法國家中見面，看到原型後，開始認為這款助聽器真的可行。「它真的很舒服，而且聲音放大的效果很好。」他回憶道。此外，他認為只要能克服配戴助聽器的羞恥感，提供價格合理的入耳式裝置給輕度至中度聽力受損的人，就有較大的機會可以成功。不過，戈曼森指出初期原型的一個重大缺點：充電電池在大約八至十個小時後會沒電；他建議電量應該持續一整天，否則使用者就必須在白天拿出來充電，這樣會讓購買者卻步。

雖然戈曼森前同事任職的創投公司最後沒有投資 Eargo，但拉斐爾還是延攬戈曼森擔任顧問，加入這家新創企業的董事會。拉斐爾不但沒有對戈曼森當初提出的質疑感覺氣餒，還很欣賞戈曼森的坦率。「當你想要改變一個產業時，必須和那些擁有大量知識的業界老手在一起。」拉斐爾說道：「我對助聽器產業一無所知，需要和我唱反調的人。」

測試與微調產品又花費好幾年的時間，解決電池壽命的問題非常困難，因為可以使用一整天的電池通常很大，無法放入耳道。工程團隊建議第一代 Eargo 不用充電電池，而是使用過了幾天就必須更換的電池，就像大多數的助聽器一樣，拉斐爾回憶道：「不行，因為那樣的助聽器無法滿足人們的需求。」拉斐爾告訴工程團隊：「一定要能充電。」最後，工程師想到一個主意，把兩顆電池放在一起，這個配置小到可以放進大多數人的耳裡，這代表助聽器在充電前可以運作十六至十八小時。

為了達到米歇爾的願景，每一助聽器的尖端都有十幾個短而薄的醫用級矽膠「Flexi Fibers」，可以讓聲音與空氣通過，也能固定助聽器。雖然 Eargo 無法像昂貴的耳掛式助聽器一樣進行客製化調整，但是有四種預設音量，涵蓋大多數輕度至中度聽力受損者很難聽到的典型高頻率聲音；如果要改變設定，只需固定好助聽器，並輕點兩下耳朵即可。

打破聽力受損的禁忌，創造引發共鳴的行銷活動

儘管有了創新產品，但拉斐爾和沈知道最大的障礙之一是，說服顧客在線上購買精密的醫療裝置。為了建立信任，Eargo 助聽器取得美國食品藥物管理局核准，證明 Eargo 的品質符合聯邦標準。還開始招募聽力學家和助聽器專家團隊為潛在顧客提供諮詢，如果顧客真的購買 Eargo 的裝置，他們也會提供建議。目標是盡可能地透過電話或網路，複製顧客通常到診所看聽力學家時取得的建議與服務，也是有意轉移那些聽力學家對線上購物風險的批評。

二〇一五年六月，Eargo 在 Maveron 領投的另一輪投資裡，獲得一千三百六十萬美元的新創投資金，並且開始銷售拉斐爾所說的「最小可行性產品」（Minimum Viable Product, MVP），這個矽谷術語是指具有足夠功能、可以滿足早期顧客的產品，即使 Eargo 當時正在開發第二代裝置。「我們不像蘋果那樣的大公司，可以花費五年的時間來獲得最完美的產品，像是 Apple Watch 或 iPad。」他解釋道。

Eargo 參考其他 DTC 新創企業的做法，提供六十天免費試戴[7]。此外，如果顧客想了解助聽器戴起來是否舒適，Eargo 會寄出一副樣品，這個樣品是沒有電子零件的複製品，希望盡可能降低退貨率。在整個產業裡，就算是由聽力學家挑選適合的助聽器，退貨率也在一〇%至三〇%之間，其中入耳式助聽器的退貨率較高，耳掛式助聽器的退貨率則較低[8]。

一開始，Eargo 得到的評價都很正面。備受關注的科技新聞網站 TechCrunch 將 Eargo 譽為「未來的助聽器[9]」。一位配戴 Eargo 助聽器幾週的《個人電腦雜誌》（*PC Magazine*）評論家寫道：「它們小巧、輕便、舒適，而且幾乎隱形。更重要的是，它們聽起來棒極了：非常自然、小巧又輕薄……在那兩週裡，沒有人發現我戴助聽器，我有好幾次指著助聽器，人們還是看不到[10]。」

諸如此類的宣傳，幫助許多 DTC 品牌（Warby Parker、Hubble、一元刮鬍刀俱樂部、Casper 等）快速起步。但是有別於其他新創企業，Eargo 身負重責大任，就是說服消費者購買他們實際上真的需要，卻又不太想買的助聽器。

意識到這項挑戰後，Eargo 測試網路、臉書及電視上的各種廣告訊息，並在電視購買大多數廣告商不想要的便宜「剩餘」時段，好比大多是年長觀眾觀看的經典節目重播時段。「我們認為電視是轉化顧客和擴大規模的最佳方式，結果居然是臉書。」拉斐爾說道：「這太令人震驚了，因為沒想到我們的目標顧客會在臉書上那麼活躍，因此最後數位行銷效果竟然非常好。」

為了暗示你不一定要老了才需要助聽器，也不該為配戴助聽器感覺羞恥，Eargo 的行銷活動通常以四、五十歲的人當作主角，而不是六、七十歲甚至更年長的人。Eargo 有一則廣告用幾個有趣的誤解當作主題：一位在花園裡工作的丈夫覺得很困惑，因為他以為妻子說：「親愛的，記得和修女一起宰了番茄。」（Honey, remember to slaughter the tomatoes with the nun.），而妻子真正說的是：「你工作完後，記得幫番茄澆水。」（Remember to water the tomatoes when you're done.）其他廣告則描繪人們完全沒聽到家庭成員所說的話。

這個行銷活動引起共鳴。「聽力受損是一種禁忌，所以如果你能用幽默來開啟對話，就是在打破禁忌與展開對談。」拉斐爾說道。回應 Eargo 的廣告與詢問新助聽器的人數，從二〇一五年夏天的每個月兩千人，迅速增加到當年年底的每個月十萬人左右[11]。儘管 Eargo 和許多線上銷售的昂貴產品一樣，最後只有一小部分的人會購買，但是公司在前六個月的銷售額總計約為一百萬美元，在助聽器這個傳統上難以銷售的品類裡，是一個令人振奮的開端。

改善實際長時間使用後的諸多缺陷

事實上，需求的前景看好，Eargo 毫不費力地募集另一輪資金來增加廣告預算，並繼續進行研發。二〇一五年十二月，也就是繼 Eargo 上一次募資的六個月後，美國最大的創投公司 New Enterprise Associates 領投 Maveron 等團隊，額外投資 Eargo 兩千五百萬美元[12]。

拉斐爾欣喜若狂，儘管開發 Eargo 裝置花費數年的時間，但仍成功實現父親的願景。「每個人都非常興奮。」他回憶道。

當時有幾筆零星退貨，不過越來越多的顧客開始寄回 Eargo 助聽器，一開始的正常退貨率很快變成「海嘯」，戈曼森回憶道，即使顧客仍認為 Eargo 正常運作時，改善他們的聽力，還幾乎隱形。「許多顧客喜愛 Eargo，當他們退回時，還想再拿回來。」戈曼森補充道。

拉斐爾急於解開造成裝置故障的許多原因。「故障處理很複雜，因為你必須一路回溯缺陷的源頭，並且想辦法解決。」他談道。耳道內炎熱、潮濕、油膩和鹽分，對助聽器等電子裝置來說是不適宜的環境。

即使 Eargo 已經通過精密測試，但是只有人們在現實環境下長時間配戴後，缺陷才會顯現。一個根本問題就和包覆助聽器電子零件的「封套」有關，封套由柔軟的矽膠製成，隨著時間的推移，這種矽膠會發生微小的膨脹，造成耳內的濕氣和鹽分滲入裝置，損壞電子零件。「一切都按照產業標準進行測試，但是測試的時間有多久？」戈曼森解釋道：「身為產業的新手，我們有優勢，也有劣勢。燒錢的速度很快，我們把所有的錢都花在滅火上。」

事態看起來很糟，Maveron 的吳大衛評論道：「這就像威廉．莎士比亞（William Shakespeare）的悲劇，第一幕，大家都很興奮；第二幕，一切都出錯了[13]。」

有鑑於戈曼森在該產業的經驗，吳大衛和其他投資者向他求助。「我們能挽救這個事態嗎？」他們詢問道。戈曼森的回應是肯定的。「我們已經證明這是人們想要的產品，也證明我們可以在線上銷售醫療產品，這些都是好事。」戈曼森回憶他如此告訴投資者：「我們需要止血、修復產品、裁員以節省成本。」

投資者同意繼續支持 Eargo，條件是戈曼森取代拉斐爾，接任新執行長，因為他們需要擁有更多生產知識的人重新設計和修復 Eargo。對於從一開始就培育公司的拉斐爾來說，這是令人痛苦的消息，但是他接受投資者的裁決，承接策略主管的新工作，並繼續留在董事會[14]。對於辭去執行長一職，拉斐爾表示：「這非常困難，難以置信的困難，因為 Eargo 是我的孩子……。雖然很艱難，但這是正確的商業決策。」

Eargo 在重新設計助聽器時，停止接受新訂單。戈曼森利用在該產業的人脈，招募對助聽器有深入知識，並且了解哪裡會出錯的資深人士。在保留基本設計的前提下修復缺陷，占了二〇一六年大多數的時間。「我們就像在玩打地鼠遊戲，一開始就先打大的。」戈曼森說道。重新設計的第二代Eargo名為「Max」，具有更耐用的外殼，這個外殼包覆電子零件，防止漏電與零件短路。Eargo還決定把原先在內部完成的製造流程，外包給一家在生產和組裝小型電子產品方面具有專業知識的泰國公司。

為了幫助Eargo復原，戈曼森透過個人投資基金招募新資助者，包括金融家施瓦布。施瓦布曾嘗試許多不同的助聽器，價格對他來說不是問題，卻始終不滿意[15]，而後有朋友推薦Eargo，他喜歡這個裝置可以幾乎隱藏在耳朵裡、有充電電池和傳輸好音質等概念。對戈曼森而言，更好的是施瓦布並未被公司的問題嚇倒，因為對方知道要如何破壞一個產業。施瓦布認為助聽器產業與一九七〇年代的華爾街很相似，當時他創辦以自己名字為名的折扣券商公司：當時華爾街是排外的俱樂部，在這個世界裡，價格始終保持高位，並把老牌玩家的利益置於顧客的利益之上，成功並不能被保證，也得來不易。

「四十多年後，現在看起來是轉眼間的成功，但是實際上我們花費很多年的時間來改善公司。」施瓦布談到公司的成功時這麼說。「我們遇到困難，必須在技術、人員和行銷上進行大量投資。成功從來不是一條直線，公司也有低迷的時候。」戈曼森回憶施瓦布如此告訴他：「我開始是透過折扣券商來改變現狀，你在Eargo也有同樣的使命。」

推動售後支援服務，擴大助聽器使用者市場

二〇一七年一月，Eargo 恢復銷售助聽器，並在廣告上投入巨資，認為有機會重拾失去的動力。「整個產業的行銷支出只占營收的二%左右，而我們花費了二〇%以上。」戈曼森指出，因為老牌公司依靠聽力診所行銷。他認為這是 Eargo 獲取成功的唯一途徑：「如果你想建立一個品牌，這也是我們的最終目的，就必須投入資金讓人們意識到你的存在。」

戈曼森還延攬在消費者廣告上有豐富經驗的新行銷主管。尤爾根・波凱（Jurgen Pauquet）是華納兄弟（Warner Bros.）前電子商務副總裁，他簽約成為廣告長（Chief Commercial Officer, CCO），並為 Eargo 的行銷撒下更大的網。波凱建議，Eargo 不要把目標放在聽力可能受損的人群（音樂家與退伍軍人等），而是要瞄準四十五歲以上，年收入至少八萬美元的一般受眾，產生更多的「潛在顧客」名單。波凱決定將公司廣告更聚焦在助聽器的情感面，而不是技術細節。「一開始，我們有較多的產品特寫，現在則有很多顧客在社交場合的情境照，與朋友和家人建立連結。」波凱解釋道。

助聽器不是衝動購買，而是在經過一番思考和研究後才會購買的產品，因此 Eargo 的數位廣告鎖定那些表現出潛在興趣的受眾，也就是曾點擊助聽器相關新聞或廣告的人。Eargo 還成立超過一百位銷售人員的團隊，透過電話和網路聯繫曾回應 Eargo 廣告、展現興趣的潛在顧客。為

了盡可能降低退貨率，戈曼森推動更多的售後支援服務。當有人購買助聽器時，Eargo 不會等待顧客來電詢問問題，而是透過電子郵件發送「到貨前」的影片連結；接著在到貨第三天時，提供另一個影片連結，內容包括如何使用助聽器；在第十天，則會有另一支如何清理助聽器的影片；以及第二十四天的長期保護教學影片。

Eargo 在售出第一款助聽器的兩年，以及暫停銷售來修復設計缺陷的一年後，終於開始獲得動力。第二代助聽器的銷售額在二〇一七年穩定成長，全年達到六百五十萬美元，然後在二〇一八年成長四倍，達到兩千四百萬美元[16]，其中約有三分之二的顧客是首次購買助聽器，比一般的首次使用者平均年輕四至五歲。戈曼森指出，這表示 Eargo 可以擴大助聽器使用者的市場，不必依賴從現有對手那裡奪取顧客。

和拉斐爾的早期願景如出一轍，也就是從最小可行性產品開始，然後不斷改進，Eargo 也增加助聽器選項吸引廣泛的客戶。二〇一九年，Eargo 推出第三代助聽器 Neo，增加高價位競爭對手已經擁有的功能，如藍牙連線，這樣 Eargo 的設定即可透過使用者的智慧型手機，或是透過在遠處的技術人員進行程式調整。Neo 還提升擴音音質與減少回音，這些功能造就更高的售價——每副介於兩千五百五十至兩千七百五十美元，不過也將前兩款型號降價二五%，第一款助聽器現在售價為一千六百五十美元[17]。

為了加速成長，二〇一八年年底，與許多曾經只在線上銷售的數位優先品牌一樣，Eargo 開始和零售店合作。這些商店並未出售 Eargo 的助聽器，但是有樣品提供潛在顧客試用。「你可以把玩，並且塞進耳朵體驗。」戈曼森解釋道。我們可以和顧客面對面，與最初不願意在線上購買昂貴醫療裝置的人建立這種舒適感和信任感。

這個轉變幫助公司贏得投資者信任，Eargo 在二〇一七年年底從幾家創投基金募集四千五百萬美元，在二〇一九年年初又募集五千兩百萬美元，這些資金主要來自現有投資者，包含總共投入一千萬美元以上，現在擁有約一〇％公司股份的施瓦布[18]。「像這樣的助聽器會獲勝的，我希望 Eargo 是那個贏家。」施瓦布談到繼續支持 Eargo 的決定。

Eargo 的市占率仍然很低，與刮鬍刀和床墊產業相比，刮鬍刀和床墊的新數位原生品牌在短短幾年內就獲取一五％至二〇％的市占率，但是助聽器新創企業則保持五％以下的市占率。為了證明 Eargo 獲得的巨額創投資金是合理的，必須說服更多需要助聽器的人購買，讓助聽器能被社會接受，也可以負擔得起。在經歷所有初期煎熬後，戈曼森預測公司會成功。「我們能從數百萬美元的公司變成十億美元的公司嗎？」他問道，然後回答：「當然，我完全相信。」

第十一章

一飛沖天或跌落深淵

——DTC品牌為何失敗？

二〇一六年五月，賈許．烏達斯金（Josh Udashkin）接到一直焦急等候的電話。幾個月前，他推出「智慧」行李箱新創企業Raden，設計優雅的硬殼行李箱零售價約為知名品牌的二分之一至三分之二。

Raden的主要賣點是行李箱的精密電子裝置：內建電池可為你的手機和其他裝置充電、內建磅秤讓你在辦理登機手續時避免負擔超重費用，以及藍牙定位器可追蹤行李箱，讓你知道行李何時被送到行李輸送帶。

烏達斯金並不是唯一一個發現機會，改變陳舊行李箱產業的創業者。Away（由Warby Parker的兩名前員工創辦）和Bluesmart等DTC新創企業，也在爭奪二十多歲和三十多歲旅行者的注意力，這些人買不起奢侈品牌，而是購買新秀麗（Samsonite）與美國旅行者（American Tourister）的時尚替代品。

為了維持早期的發展動能，Raden 需要一個絕佳的假期，因為這時候會有許多顧客購買新行李箱來度假或當作禮物。

接著，烏達斯金獲得渴望的消息：歐普拉．溫芙蕾（Oprah Winfrey）將公司行李箱選為「二〇一六年歐普拉最愛商品」，這是他在 Raden 賣出第一個行李箱之前，就開始努力想要贏得的代言，他和二十幾個員工組成的小團隊欣喜若狂。那年秋天，當這則消息成為官方新聞時，Raden 在 Instagram 上發文表示：「@oprah 和 @oprahmagazine 將我們選為二〇一六年的最愛商品之一[1]！」更棒的是，貼文中嵌入一段歐普拉本人的九秒影片，她身穿紅白相間的拐杖糖條紋衣，一邊和微笑的烏達斯金擊掌，一邊大聲喊道：「這是有史以來最聰明的行李箱啊！」在 Oprah.com 網站上，她寫道：「我大吃一驚：『這些行李箱有內建充電站、追蹤功能和重量傳感器（掰掰，超重費用！）。這些行李箱真的有大學文憑』——它們是有史以來最智慧的行李箱，而蘋果綠是專門為我打造的顏色[2]。」

這是新創企業的終極行銷妙招。

有了歐普拉的代言，Raden 的銷售量暴增。在售出數千個行李箱後，該公司很快就清空庫存，等待到貨通知的名單超過一萬筆。Raden 公開公司客戶，包括金州勇士隊（Golden State Warriors）籃球全明星卓雷蒙．格林（Draymond Green）、時裝設計師托里．伯奇（Tory Burch），以及演員潔西卡．艾芭（Jessica Alba）[3]。公司第一年銷售額約為六百萬美元，烏達斯金預測二〇一七年銷售額將達到一千兩百萬美元[4]。

千禧世代首選的行李箱品牌爭奪戰開始了，而Raden似乎已經準備搶占早期的領先地位。Away和Bluesmart從創投資本家募集的資金比Raden來得多，但這意味烏達斯金和同事的成功將更甜美且有利可圖，因為他們保有更大的公司股份。在歐普拉熱潮下，烏達斯金更容易實現目標，也就是讓Raden的銷售額快速成長，將公司出售給更大的競爭對手，獲得豐厚的報酬。

「這是一個巨大的轉捩點。」賈斯汀．賽登菲爾德（Justin Seidenfeld）回憶道，他是烏達斯金僱用的產品長與第一批員工之一。

DTC革命下的不同故事

DTC革命促成許多成功的故事，讓公司創辦人變得非常富有。家樂氏斥資六億美元收購Rxbar這個全天然的「能量棒」品牌[5]；線上手錶公司MVMT（發音為「movement」），透過產品募資平台Kickstarter的募資活動獲得資助，最後被摩凡陀（Movado）用一億美元的價格收購，根據銷售額的成長，摩凡陀還有可能向創辦人額外支付一億美元[6]；寶鹼以一億美元收購Native體香劑[7]；亞馬遜以約十億美元收購數位門鈴新創企業Ring[8]；線上時尚雜誌訂閱服務Stitch Fix在成立六年後，於二〇一七年首次公開發行，市值在二〇一九年年底超過二十億美元；

還有誠如我們所見，聯合利華以十億美元收購一元刮鬍刀俱樂部，以及伊潔維（舒適牌刮鬍刀的母公司）以十三億七千萬美元收購Harry's[9]。

但是由於進入障礙如此之低，許多DTC的品類變得格外飽和，競爭異常激烈。獲得創投資金是一回事，與少數相似的競爭對手在競爭過程中獲得足夠的顧客又是另一回事，世界上到底需要多少新的行李箱、內衣、維他命或寵物食品品牌？超過一家的新創企業可能在一個品類裡存活，但是通常只會出現一個大贏家，其餘都是落選者，還有一些失敗者。

在電動牙刷市場裡，有六、七家新進公司：Quip、Goby、Boka、Burst、Bruush、Shyn、Gleam，以及寶僑的模仿者Gleem。這些公司大多數都採取類似的商業模式：簡短的名稱、自動定時器，而且一些品牌有兩種版本（塑膠材質價格較低，金屬材質價格較高），訂閱內容包含每隔一至三個月購買一次的新牙刷和牙膏，以及普遍的四十五至六十天免費退貨，網站上甚至有著非常類似的廣告標語：

「內建定時器確保您的刷牙時間達到牙醫建議的兩分鐘，並有三十秒的提示告訴您何時換邊刷牙。（Goby）」

「每三十秒您將感受到短暫的停頓，這是提醒您把牙刷移到嘴巴的另一邊。當您刷牙長達牙醫認可的兩分鐘後，您的牙刷將自動關閉。（Burst）」

「這正是牙醫要求的兩分鐘健康潔淨時間……三十秒的換邊計時器。（Quip）」

最早進入電動牙刷市場的Quip，在二〇一五年開始銷售牙刷，如今已成為領導者，截至二〇一八年年中已售出一百萬支牙刷。共同創辦人賽門．埃內弗（Simon Enever）認為，這個銷售數字是任何新創競爭對手的十倍，預計Quip的年銷售量將在二〇一九年增加兩倍以上[10]。

身為先行者的Quip具有早期優勢，它的優雅設計也是如此（因為埃內弗是工業設計師）。雖然公司在早期並未獲得大量資助，但在臉書廣告上投入大量資金，獲得許多關注。彭博新聞社的一篇報導以「Quip是牙刷界的特斯拉嗎？」為標題，發揮很好的推波助瀾效益[11]。

隨著Quip越來越受歡迎，開始能吸引更多的投資，並將這些資金投入行銷。截至二〇一八年年底，Quip已經籌募六千兩百萬美元的融資，估值達「數億美元」，埃內弗說道。為了與眾不同，Quip使用其中一部分的資金買下一家牙科保險公司。相較之下，大約在同一時間開始進入市場的Goby，只募集四百一十萬美元的資金[12]。

某些市場贏家只募集很少的資金，或是在根本沒有創投資金的情況下仍然獲得成功，透過營業額資助自身，如Tuft & Needle和MVMT，但是有許多成功的新創企業已經募集大量資金來推動成長，如Casper已經募集近三億四千萬美元；Warby Parker也是如此，擁有兩億九千萬美元；一元刮鬍刀俱樂部募集一億六千三百萬美元；Harry's募集三億七千五百萬美元；以及化妝品公司 Glossier 募集一億八千六百萬美元[13]。

這有點像是先有雞或先有蛋的問題，但最成功的DTC創業公司會募集大量資金。「成功帶來資本，但是資本也帶來成功，」Glossier 前總裁戴維斯說道：「事實證明，新創企業並不總是低資本密集事業，我認為人們在一開始並不知道。」

然而，有一個潛在的缺點是：你募集的資金越多，售價就必須更高，才能為投資者帶來良好的報酬。在募集約一億兩千八百萬美元後，Bonobos 以三億一千萬美元的價格賣給沃爾瑪[14]。雖然這肯定比賠錢來得好，但是對創投公司而言報酬並不高，它們通常希望從市場贏家賺取初期投資的五至十倍，甚至更多。

當然，募集大量資金並不能保證成功。於二〇一〇年成立的 Birchbox，是早期DTC訂閱服務的新創企業之一，該公司並未生產自己的產品，而是以每月十美元的價格向顧客寄送一些美妝產品。Birchbox 迅速成為創投公司的寵兒，吸引格林的 Forerunner Ventures、Lerer Hippeau 等公司投資，直到二〇一六年，一共獲得近九千萬美元融資，市值約五億美元[15]。

但是隨著對新鮮事物的熱潮消退，Birchbox 的成長停滯不前，而採取裁員政策來削減成本。最後，最早贊助者之一的維京全球投資（Viking Global Investors）再次投資一千五百萬美元取得多數股權，從而挽救 Birchbox，這意味該公司的估計總市值已降至約三千萬美元，不到最初投資總金額的三分之一[16]。

欠缺重大變化的行李箱產業

Raden 的烏達斯金和許多其他新數位品牌的創辦人一樣，對自己決定推出的產品幾乎一無所知。他來自加拿大，擁有法律和 MBA 學位，當他在紐約的一家事務所擔任律師時，意識到從事法律工作非常痛苦，便到加拿大鞋業公司 Aldo Group 從事國際開發工作，在多次的旅行中，他發現大部分的行李箱都很無趣，近十年來都沒有太大的變化。

二〇一四年夏天，烏達斯金在剛滿三十歲不久後辭去工作，花費數個月的時間研究行李箱市場，並經常在飯店大廳工作，他在那裡可以取得 Wi-Fi 連線，因為還負擔不起辦公空間的費用。「我最初的想法是將行李箱視為消費性電子產品，就像走進蘋果直營店一樣。」烏達斯金說道：「市面上有一堆行李箱，但是顧客對於保固、品質、價格與設計感到困惑，很難想像有什麼品牌是二十八歲的男生或女生會想要帶著旅行的。」或是如同他後來在 Verge 網站上對記者說的：「我不想講得太自大，但事實上行李箱是一個爛透的品類[17]。」

事實上，行李箱的最後一次重大創新早在數十年前就已經出現了。一九七〇年，麻薩諸塞州的一家皮箱公司主管伯納德．沙道（Bernard Sadow）提出一個想法，在手提箱長而窄的一側加裝四個輪子，然後在一角繫上繩帶，得以水平拉動。沙道替「滾輪式行李箱」申請一項專利，該專利說明為「隨著近期巨幅成長的旅行次數，在行李箱的搬運上出現許多問題。在以前，行李箱由搬運人員搬運，他們在街道上方便的地點裝卸行李，然而在今日的大型航站，特別是機場航廈，行李搬運的難度增加了……本發明的目的是提供一種行李箱，讓旅行者可以用最少的精力和時間輕鬆搬運行李。」一九七二年，沙道獲得美國專利[18]。「這是我最好的想法之一[19]。」多年後他如此告訴《紐約時報》，卻並未提及還有什麼其他的想法可以與這個想法媲美。

一九八七年，西北航空（Northwest Airlines）機師羅伯特・普拉斯（Robert Plath）提出更好、更簡單的方式，他在行李箱底部安裝兩個輪子，並添加一個可伸縮的拉桿，這樣行李箱就可以直立拉動。普拉斯將自己的心血結晶稱為Rollaboard，並作為註冊名稱。他最初在車庫經營這份副業，並向機師和空服員出售行李箱，在退休後創立名為Travelpro的公司[20]。最後，大多數行李箱從兩輪變成四輪，但這是花費十幾年重新思考行李箱的設計後才達成的改良。

接著智慧型手機、平板和筆記型電腦出現了，通常在你上飛機前，似乎就出奇地沒電了。很長一段時間以來，大多數的飛機都沒有電源插座或充電孔，這意味著當你降落，並且真的需要用手機打電話或查看電子郵件時，電池就無用了。

就在那時候，烏達斯金和其他一些創業者幾乎在同時提出大致相同的想法：為什麼不在行李箱裡內建充電器，甚至把其他電子產品一起丟進去？當然，你可以另外購買隨身充電器，但是如果充電器就在行李箱裡，你就永遠不會忘記，因為行李箱會跟著旅行。最可能想要這個功能的顧客是科技迷的千禧世代，他們剛好也是最可能購買自己第一個漂亮行李箱的顧客。

更棒的是，這是全新的轉捩點（如滾輪式行李箱），主流的行李箱公司遲遲沒有意識到這一點。當行李箱產業需要全新想法時，新進者就來了，大衛．塞本斯（David Sebens）如此表示。塞本斯在成為包含 Raden 在內的多家公司顧問前，曾在多個主流行李箱品牌工作。「行李箱產業非常呆板，百貨公司的行李箱專櫃在三樓最後面的角落裡，它們需要一些新變化。」

智慧行李箱帶來的便利性與利益

烏達斯金知道他需要幫助來開發原型，因此向那些曾與行李箱製造商 Tumi 和新秀麗合作的人尋求建議，並招募一位 Beats 的工業設計師，Beats 現在是蘋果旗下的耳機公司。「Beats 是烏達斯金的主要靈感之一。」在開發階段曾於 Raden 短暫工作的喬治．庫魯瑞斯（George Koulouris）回憶道：「烏達斯金表示 Beats 占據相當大的耳機市場，但是在這個領域裡沒有大品牌，他想用行李箱做類似的事。」

Raden 團隊開始著手進行包括電池充電器的設計，而且設計成可以移除，但是只有在打開行李箱，並將裡面的物品放在旁邊或不擋住的情況下。這個設計還搭載一個秤重內容物的感應器和一個藍牙定位器，讓行李箱與智慧型手機配對。

二〇一五年，烏達斯金使用初始版本的原型樣品，獲得兩百一十萬美元的初期創投資金[21]，接著他的團隊加快腳步將該產品商業化，以免落後其他創投支持的智慧行李箱新創企業。

當然，行李箱市場的品牌已經人滿為患，從價格超過一千美元的Louis Vuitton和Rimowa等奢侈品牌，到售價一百美元以下的無名中國進口產品，應有盡有。烏達斯金和同事得出結論，Raden的最佳選擇是以中等價位出售優質產品，認為如果將電子裝置內建其中，就會產生巨大價值，讓Raden獲取利潤。

考量到耐用性和時髦的外觀，Raden的外殼由高級聚碳酸酯（Polycarbonate, PC）製成，可以承受敲擊又耐刮。在輪子的設計上，Raden團隊選擇日本製的日乃本萬向輪，這種輪子最大的特色是容易旋轉和滑行，而且當行李箱被機場行李搬運人員丟來丟去時也不會破裂。賽登菲爾德如此表示，因為他是外包專家，因此被聘僱為產品主管。

Raden團隊決定將手提尺寸的行李箱定價兩百九十五美元，將較大尺寸的託運行李箱定價三百九十五美元——如果一次買兩個，則為五百九十美元（折扣一百美元），經過他們計算後，價格比市場上相同品質的行李箱低了三分之一至二分之一。在這個價格下，幾乎沒有出錯的餘地，賽登菲爾德說道。Raden向臺灣製造商支付每個行李箱約一百美元[22]、運輸和倉儲增加四十至五十美元，以及行銷成本預算為每筆訂單一百美元；除了這些費用外，還有薪資和其他營運費用。

Raden曾希望在二〇一五年年底開始銷售行李箱，但是事實證明這樣野心太大。Raden選擇的製造商已為知名品牌生產行李箱，卻未曾接觸電子產品，因此需要時間學習有效製作包含所有小型電子裝置的 Raden 行李箱。

Raden 和競爭對手 Bluesmart 與 Away，都在二〇一五年年底和二〇一六年年初幾個月內相繼上市，Raden 的行李箱價格居中。在產品上市前，烏達斯金和其他資深經理更專注與 Bluesmart 競爭，而不是 Away，庫魯瑞斯如此表示。Bluesmart 也有類似的電子裝置，而 Away 只有一個電池為裝置充電。「我清楚記得有關 Away 的對話，Raden 團隊因為 Away 僅僅內建一個電池（沒有其他電子裝置）就忽略對方，還說：『它們不知道自己在做什麼。』」庫魯瑞斯說道。

最初，Raden 的計畫是在線上銷售，不過烏達斯金最終決定採用多通路銷售策略，在曼哈頓時尚的蘇活區王子街開設一家快閃店，並在布魯明岱爾百貨（Bloomingdale's）和梅西百貨（Macy's）等少數零售商銷售行李箱。

即使沒有在廣告上花費很多錢，Raden 也有一個強而有力的開端，這要歸功於媒體的報導。《紐約時報》的一篇精彩報導，刊登一張烏達斯金的照片，他戴著太陽眼鏡，穿著熱帶印花襯衫和牛仔褲，在快閃店裡堆成一道牆的 Raden 白色行李箱旁，擺出時髦的姿勢[23]。「我們在前六十天內賣出一萬個行李箱，因為我們的設計很新穎。」烏達斯金說道。

各出奇招的三大行李箱新創公司

由於前景看好，Raden在二〇一六年三月募集第二輪創投資金，雖然金額是相對較小的三百五十萬美元[24]，但這符合烏達斯金的誓言，也就是避免募集太多的創投資金，以免投資人最終可能會影響他的決策。「他們希望獲得投入資金的十倍報酬，在此之前，不會就這樣放過你。」他解釋道：「身為創辦人，你的所有權可能遭到稀釋。我讀過很多關於創辦人的故事，他們創辦一家企業，但是最後只獲得一小部分收益。」

事實上，烏達斯金已經向團隊明確表示，他想要提高銷售量，然後在理想情況下，迅速將Raden賣給更大的行李箱製造商。「其中一個被提及的好結果，就是『新秀麗收購Raden[25]。』」庫魯瑞斯說道。當你從創投資本家那裡拿到越多的錢，就需要以更高的價格賣給買家，才能讓這些投資者滿意，但是這會讓買家難以產生購買興趣。

烏達斯金的策略看起來很聰明，因為Raden在二〇一六年下半年，得到歐普拉最愛商品名單上令人垂涎的位置後，銷售量立刻暴增。「這太不可思議了。在兩、三天內，我們就清空所有的庫存，這是一個很大的問題。」布萊恩．奧斯頓（Bryan Alston）回憶道，他是被Raden聘僱處理數位行銷的顧問。然而，庫存不足也有不利的一面，在行李箱業界裡，從向製造商下訂單，到產品交付可供銷售，可能需要數個月。「有很多人想要一個行李箱，但是行李箱卻在幾個月內賣光了。在那幾個月裡，你可以向Away、Bluesmart或另一個競爭對手購買。」奧斯頓說道：「事實上，Raden在旅遊旺季的高峰期，也就是每個人都在旅行時，所有庫存都銷售一空，導致把生意拱手讓人。」

Away尤其獲益，公司創辦團隊在Warby Parker工作時就結識，當時魯比歐擔任社群媒體負責人，柯瑞負責監督供應鏈，並在供應鏈中學習到採購優質材料的相關知識。Away還使用優質零件（在市場上公認最高品質的高級聚碳酸酯、日乃本的輪子和YKK拉鍊），還提供終身保固。而且Away的價格甚至比Raden還低，一開始，手提行李箱價格為兩百四十五美元，較大行李箱的價格則是兩百九十五美元，一次購買兩個只要四百七十五美元，巧妙傳達一句簡單好記的口號：「用Coach的價格提供一流的行李箱。」該公司也經常提供二十美元的折扣，從而擴大價格優勢。

為了將Raden打造成高級品牌，烏達斯金反對打折。行銷顧問奧斯頓表示，曾提出Raden正在失去大量銷售的事實，因為未能提供誘因。「折扣是我們遇到最令人沮喪的爭論之一。」奧斯頓說道：「總之，就是沒有折扣，結束。」

Raden和Away在行銷方式上還有一個差異：Raden將行李箱當作科技產品行銷，相較之下，Away則自我定位為生活風格品牌。作為該策略的一部分，Away推出旅遊雜誌月刊，顧客可以從中獲得喜愛的旅遊目的地建議。「與我們同時推出的一些品牌，非常專注在輪子和行李箱的部分。」Away品牌行銷資深副總裁賽琳娜・卡瓦莉亞（Selena Kalvaria）說道：「我們喜歡這些東西，但是這不會讓你的品牌產生想在餐桌聊天時的情感聯繫。」

二〇一七年夏天，Away開始提供除了行李箱外的一系列低價配件，最終包含小包、背包、刮鬍組及化妝品套組，再到衣物防塵袋和皮革行李牌，價格介於三十至一百九十五美元之間不等。「這也讓我們從消費者的衣櫃裡建立整體占有率，接著延伸到消費者的心智占有率（Share of Mind）。」卡瓦莉亞解釋道：「我們如何嘗試繼續擴大產品圈，讓我們繼續成為旅行的代名詞？行李箱只是一個開端，其他一切都由此延伸。」

Raden則採取不同的策略。「當時，我們認為提供配件是缺乏焦點的做法，而不是策略。」Raden科技長蒂博・樂康特（Thibault Le Conte）說道。然而事實證明，Away的策略更精明，奧斯頓如此表示。他指出，Raden的大多數顧客都是一次購物者，買了一個行李箱後就不會再回來，因為很少人會需要另一個行李箱，而Raden也沒有販售其他商品。這意味公司每筆訂單的行銷成本很高；經常花費超過一百美元的廣告預算來吸引每位顧客，有時甚至高達兩百美元，奧斯頓如此說道。透過銷售配件，Away可以從每位顧客得到更多的收入，並且在銷售上有效降低行銷成本的每一塊錢。「Away找到產生額外購物的方式，和像我們這樣只有一種昂貴產品相比，能從人們身上獲得更多的終身價值。」奧斯頓說道：「如果你必須每個月或每天替換顧客就太昂貴了。」

Away專注打造生活風格品牌，不只是販售富含技術的產品，這正是Forerunner Ventures的格林同意領投第一輪創投資金的關鍵原因。「他們正在挖掘千禧世代的時代精神和流浪的生活方式。」格林解釋道：「顧客正在購買『我是一名探險家』的身分。」

如此一來，格林對Away的投資就像之前對一元刮鬍刀俱樂部下的賭注，對她來說，刮鬍刀不如杜賓重塑男士美容的願景來得重要。這個策略對Away很有用。二〇一七年五月，隨著銷售額增加，Away又募集兩千萬美元創投資金，累計總金額達到三千一百萬美元，是Raden募資的五倍以上[26]。

航空公司的飛安公告，迫使各家行李箱調整因應

在當年秋天前，Raden、Bluesmart和Away都在爭奪銷售寶座，並期待銷售旺季的美好假期。烏達斯金和團隊下定決心不再重蹈覆轍，當時商品賣到缺貨，生意也拱手讓給競爭對手，因此Raden向供應商追加訂單，確保手上有足夠的庫存。

接著在二〇一七年十二月一日，傳來不幸的噩耗。達美航空（Delta Airlines）宣布從一月中旬開始，將「不再接受所謂的『智慧包』，或是帶有不可拆卸鋰電池的智慧行李箱，作為託運或手提行李，因為強力電池有可能在飛行途中過熱，並造成火災危險[27]。」美國航空（American

Airlines）也發布類似的公告。

這對 Bluesmart 無異於致命一擊，在迅速起跑後就跌落谷底。該公司曾自我定位為奢侈品牌，行李箱售價分別是四百九十九美元和五百九十九美元，與高級行李箱製造商 Tumi 和 Rimowa 的低階產品價格類似。「公司領導者一直認為，可以仰賴該產品是市場上最好的智慧行李箱，顧客會看到差異並緊抓不放。」Bluesmart 業務開發主管克里斯・富爾頓（Chris Fulton）說道。不過，該公司銷售額已經落後販售更便宜行李箱的 Away 和 Raden。許多顧客不是無法區分，就是認為 Bluesmart 的行李箱不值得更高的價格，富爾頓表示。

Bluesmart 更大的問題是，電池充電器無法移除，這代表你現在旅行搭機時，不能使用這個行李箱。

行李箱產業顧問塞本斯表示，Bluesmart 應該早就預見這個問題。他指出，早在二〇一五年，在中國機場攜帶電池充電器旅行的人已被告知要取出放在行李箱的電池。「當上海浦東這樣的重要機場開始做這件事時，你應該要更注意。」他補充道：「忽視這個警示的人已經付出代價。」

航空公司的規定也對 Raden 造成挑戰，有別於 Bluesmart，Raden 行李箱裡的電池雖然可以取出，但只能在打開行李箱時，當行李箱裝滿時，這是一件令人頭痛的事。在社群媒體上，人們開始抱怨在通過機場安檢時被攔下，不得不打開行李箱取出電池。在少數案例中，旅客發布有關因為打開行李箱取出電池，然後重新打包行李，造成延誤而錯過航班的訊息。

「帶著 Raden 行李箱旅行時，我很焦慮。」奧斯頓說道：「我總是被攔住，海關必須檢查我的行李箱，看看裡面有什麼，因為他們認為電池是炸彈。我們（在 Raden）收到很多評論也在訴說相同的情況，他們表示：『我喜歡這個行李箱，它很棒，但是讓手機充電的便利性沒有勝過被安檢人員攔下的不便。』」讓 Raden 的問題更複雜化的是，公司的廣告訊息一直強調技術特色。「當我們測試許多不同的訊息時，發現最重要的訊息是技術。」奧斯頓指出。

在三家智慧行李箱新創企業中，Away 最適合解決這個問題。由於 Away 已定位成生活風格品牌，因此並未被認為是富含技術的行李箱。更重要的是，公司在幾個月前就重新設計行李箱。正如 Raden，Away 的初始設計只允許使用行李箱附帶的小螺絲起子，從行李箱外殼內部取出電池，但是早期顧客告訴 Away 應該更容易取出電池，Away 聽從了。二〇一七年八月，Away 改變設計，讓電池只需要按壓就會彈出，無須顧客打開行李箱。

對於購買初版產品的顧客，Away 分派一個工程師團隊，開發快速修復零件來改裝這些行李箱，這樣就可以在不打開行李箱的情況下彈出電池。Away 免費提供這些維修服務，雖然公司付出巨大的代價（不過不會說出確切金額，因為可以負擔），但是歸功於在二〇一七年年中募集的額外創投資金，有兩千萬美元足以應急。這對 Raden 而言，並不是做或不做的選項，由於銷售量下滑，公司現金不足。樂康特回憶道：「維修會吞噬大部分的費用，我們不能那麼做。」

Raden 發現自身陷入惡性循環。「我們的退貨多出一倍，而且銷售量下滑一半，我們並未募集到足夠資金來調整產品。」烏達斯金坦承道。

如同 Away，烏達斯金的團隊花費數個月重新設計，這樣電池就可以在使用者不打開行李箱的情況下彈出。但是由於烏達斯金將創投資金維持在最低水準，Raden 需要出售足夠的現有庫存才能獲取現金，好向亞洲製造商訂購改款行李箱，但在航空公司發布警告訊息後，這些庫存卻很難賣出。

Raden 的行銷花費一直比 Away 少，如今沒有資金增加廣告預算來銷售庫存，便試圖透過削減高達五〇％的薪資和裁員，以節省日益減少的現金[28]。烏達斯金本身在二〇一七年大部分時間裡都沒有支薪，儘管他力挽狂瀾地試圖籌集更多資金，但在銷售量下滑之際並非易事。

「我們有改良的原型，但問題是確保生產。」樂康特感嘆道：「當你有成千上萬的舊款行李箱尚未售出時，你不會訂購一萬個新款行李箱。」在這段期間，舊款行李箱的倉儲費還在上漲，耗盡 Raden 日益減少的儲備資金。二〇一八年二月，為了募集資金，Raden 討論以每個行李箱八十美元左右的價格，出售全部既有庫存，這個價格甚至低於製造並運送到美國的成本，樂康特表示，不過內部並未通過這個提案。除了減薪外，Raden 的員工從原來十多人減少到十人以下，士氣一落千丈。樂康特指出：「一年前，你在歐普拉的節目上，一年後，你就差得那麼遠，你會覺得這是在作夢嗎？哇！」

藉由變化不斷的產品創意，成為最大贏家

二〇一八年三月，《連線》（*Wired*）雜誌將 Raden 列為精明旅行者首選的「高科技行李箱[29]」。然而，當時該公司正努力維持生意，Bluesmart 也是如此。五月一日，Bluesmart 在官網上發布「悲歡交集的消息」：「在探尋所有可能的轉型與行動選項後，公司最終被迫停止營運。」Bluesmart 的智慧財產權和技術出售給 Travelpro，這家公司正是由三十年前發明 Rollaboard 行李箱的航空公司退休機師普拉斯所創立，而對 Bluesmart 投資超過兩千萬美元的投資者則是空手而歸。

僅僅兩個多星期後，Raden 也宣布倒閉。「這是一件不幸的事，相信我，我希望這件事從未發生[30]。」烏達斯金告訴 BuzzFeed News：「鑑於法規的不確定性與這些行李箱過往的不利條件，智慧行李箱並非可行的生意。」

這不完全正確。Raden 和 Bluesmart 無法成功，不過 Away 正在蓬勃發展。在競爭對手歇業後不久，Away 透露除了已經僱用的一百五十名員工外，將在未來五年內創造兩百五十個左右的工作機會，以換取四百萬美元的政府稅收減免。到了二〇一九年五月，Away 總共募集一億五千六百萬美元的創投股權融資，估值為十四億美元。該公司預計當年度銷售額將加倍，達到約三億美元，因為進一步擴大產品類別，包括 Away 服飾和健康產品[31]。

「Away 的員工明白，產品創意和品牌之間存在真正的區別。」當行李箱產業顧問塞本斯被

問到為什麼這家公司成功，但是競爭對手卻失敗時，說道：「品牌得以生存，產品創意變化不斷，這兩位女性創辦人真的非常非常聰明。」

並不是說烏達斯金已經放棄行李箱生意，他在LVMH旗下的豪華行李箱品牌Rimowa擔任經理。

至於Raden，丹佛（Denver）的一家私人股權投資公司Stage Fund，正在嘗試看看該品牌能否重振旗鼓。Stage Fund專門收購陷入困境的公司，以十萬美元左右的價格買下Raden的資產（包括約四千個尚未售出的行李箱），所有資金都流向Raden的債權人[32]。包括Lerer Hippeau和Casper創辦人（當初以個人名義投資這家新創企業）在內的Raden贊助者，將投入Raden的五百六十萬美元一筆勾銷[33]。

而後Stage Fund轉身將這些行李箱賣給一家債務清算公司，售價低於Raden製造的成本，Raden曾以兩百九十五美元出售的二十二吋手提行李箱，現在可以在網路上用七十九．九九美元的價格找到。

然而，這個品牌仍可能有未來。Stage Fund創辦人暨執行長丹尼爾．弗里登輪（Daniel Frydenlund）（他的父親曾在新秀麗和美國旅行者工作）表示，公司正在尋求與行李箱製造商合作，重新推出Raden，不過有一個區別：「這是一款很酷、外觀精美的行李箱，但是我們重新設計，因此電池可以輕鬆彈出，那是一個致命的弱點。」

第十二章

從線上回到線下

——數位原生品牌如何打造零售體驗

在二〇一八年聖誕節前幾週，位於曼哈頓中城第五大道 Lord & Taylor 旗艦店的商店櫥窗都已經裝飾完畢。但是這次假期並未展示長期以來讓紐約人和觀光客驚嘆的精緻動畫，當他們經過時都會目不轉睛地盯著櫥窗看。

取而代之的是，展示櫥窗上貼滿花花綠綠的紅黃標誌，一個櫥窗上的標誌寫著「全店商品特價中！」另一個櫥窗則標示「結束營業，一件不留！」在這個曾是世界上最宏偉又保有義大利文藝復興風格建築的商場之一，每根巨大的柱子上都貼滿標誌。珠寶展示櫃上寫著「五折優惠」和「三折優惠」，銷售標誌的商品數量遠遠超過購買者人數，也讓少數在商場走廊上閒晃的人，覺得這棟建築是過時和破舊的博物館，甚至是記錄輝煌時代的悲哀紀念碑。

昆西（Quincy）是化妝品專櫃銷售人員，她回憶小時候對這家百貨公司的參觀經驗：「我記得祖母曾來過這裡，畢竟當時到 Lord & Taylor 買東西是一件很了不起的事。」接著她若有所思地說：「在我女兒出生時，我的姑姑也在 Lord & Taylor 挑選禮物，當時她一定花了不少錢，我記得櫥窗內的商品展示是如此具有代表性，所以後來能到這裡工作時，我覺得非常開心。」

但是，昆西不會在那裡工作太久。第五大道上的 Lord & Taylor 旗艦店在一九一四年二月開業時，吸引超過七萬五千名遊客[1]，在店內七樓的音樂廳裡聆聽管風琴演奏小夜曲，最後以八億五千萬美元賣給專為科技公司和創業者提供彈性辦公空間的新創企業 WeWork[2]。Lord & Taylor 計劃在一月關閉這家旗艦店，導致昆西等員工擔心自己的未來。她悶悶不樂地說：「現在我最關心的，就是找到另一份工作。」

昆西可能會考慮向南三公里，到可能被稱為 DTC 購物共和國的地方工作。在以曼哈頓蘇活區為中心，不到八百坪的範圍內，至少有十五個 DTC 品牌——那些宣稱實體零售是上個世紀的品牌，現在都已開設實體零售店。

DTC 品牌紛紛走向實體零售店

從拉斐特街三六六號的 Away 行李箱商店出發，在附近蜿蜒前行，直到你抵達 Glossier 化妝品商店，往南僅僅十個街區。一路走來——無須離開郵遞區號一〇〇一二或一〇〇一三，你將經過 Showfields 這家展示間新創企業，該公司的特點是展示曾經只經營線上的數位品牌，如

Made In 廚具和 Farmer's Dog 寵物食品等。再幾分鐘的路程後就到了 Casper，更遠的幾個街區有 Warby Parker 和 Burrow 家具，兩家商店幾乎彼此相鄰，從那裡也可以快速走到另一家床墊新創企業 Leesa、One Kings Lane 家居飾品和 Everlane 服飾。Everlane 創辦人麥克．普雷斯曼（Michael Preysman）在二〇一二年告訴《紐約時報》：「我們在成為實體零售店前將關閉公司[3]。」

接下來，是 Lively 貼身衣物，還有就在轉角的 Allbirds 鞋款，然後是 ModCloth 女裝、Indochino 和 Bonobos 男裝，以及 Outdoor Voices 健身服。當你到達位於拉斐特街一二三號的 Glossier 旗艦店時（正面垂落一面巨大的 Glossier 旗幟），幾乎可以確定整家店擠滿人群，在約八十五坪的店鋪裡，通常有比 Lord & Taylor 整個數百坪樓層還多的購物者，此時 Lord & Taylor 正在經歷最後一個冷清的假期。

正如 Lord & Taylor 曾幫助開啟百貨零售業的偉大時代[4]，讓購物成為一種體驗，有四家餐廳、現場音樂及「紅玫瑰個人購物服務」（Red Rose Personal Shopping Service），Glossier 和其他數位原生品牌在電子商務時代也尋求同樣的做法。對幾乎所有數位原生品牌而言，絕大多數的顧客仍在網路上購物，但是隨著電子商務的快速成長，約有九〇%的零售商都還是以舊有方法銷售[5]：讓購物者走進商店，挑選現成的物品。當然，成為線上品牌很好，但是有許多新創企業發現，如果想變得更大、成長得更快速，最終必須到人們所在的地方。

在你走進 Glossier 商店前，可能會看到一個不尋常的場景：一群十幾歲和二十多歲的

Glossier 鐵粉站在外面的人行道上自拍，接著迅速在 Instagram 上發布相片，然後沿著 Glossier 寬廣的粉色樓梯來到商店二樓，在那裡一遍又一遍地被 Flume 的〈無法超越〉（Never Be Like You），或 Clear 的 Pusher 等熱門歌曲的躍動節奏所吸引。購物者擠在展示架前試用樣品，然後前往公共洗手槽，洗掉 Boy Brow 染眉膏、Lidstar 眼影、Cloud Paint 腮紅或 Wowder 蜜粉。

不過對許多訪客，甚至是 Glossier 的管理階層來說，買不買東西似乎無關緊要。就像外面的情況一樣，裡面的每個人似乎都在點擊智慧型手機裡的相片：穿著粉紅色套裝的銷售人員（女孩和男孩）的相片；她們拖著男友逛街的相片（Instagram 上流行的帳號 @glossierboyfriends）；甚至是她們的寵物慵懶地待在店內，看起來無聊或困惑的照片（@dogsofglossier）。由 Glossier 顧客建立的 Instagram 帳號受到數十萬人痴迷地關注——Glossier 官方帳號就有近兩百萬粉絲，而創辦人魏斯的帳號則有大約五十萬粉絲。

營造美感空間成為熱門打卡景點，創造話題

大多數零售店都會利用店內每個可用區域來彰顯自己的商品，但是 Glossier 不然。為了迎合大家不間斷地自拍，還建造一個專門用於拍照並發布到社群媒體上的房間。在紐約，遊客會在「體驗 Boy Brow 室」（Experiential Boy Brow Room）裡對鏡自拍[6]，那裡收藏 Glossier 最

受歡迎的產品之一，共有六個兩公尺高的複製品。在該公司位於洛杉磯梅爾羅斯廣場（Melrose Place）的第二家店，創造「Glossier Canyon」，再現亞利桑那州羚羊峽谷（Antelope Canyon）風化的棕紅色起伏壁面，並且播放沙漠音效的錄音，在這個充滿藝術感的房間內，會讓人有一種賓至如歸的感覺。

進入這家四十二坪的商店通常要排隊，進到商店後，還要再排一次隊才能進入峽谷房間，同時銷售人員也會監控時間，確保沒有人在裡面停留太久。「它很有美感。」（用千禧世代在社群媒體上的簡稱表示，就是『他×的真美』。）評論家羅德里戈．西（Rodrigo C.）在Yelp網站上寫道：「峽谷房間是如此寧靜，空氣中的氣味是天堂般的存在。目前我只關注這個氛圍，依照這樣的標準，我會給滿分。」

資深零售專家對Glossier商店引發的熱潮感到吃驚。Glossier前副總裁古德曼回憶曾邀請一位建造布魯克菲爾德廣場（Brookfield Place）這個重要購物地點的曼哈頓房地產開發商，參觀位於Glossier公司舊總部六樓一個狹窄的紐約市早期展示間。當客人到達時，古德曼思考一下後說道：「我在想他可能會覺得，到底為什麼要帶我搭乘這台破舊的電梯？」她說：「然後我們走進擁擠的商店，他一動也不動地站著——整整三、四分鐘，而後轉身對我說：『根據他看到的客流量，這是價值十億美元的生意。』讓他深受吸引。」

戴維斯擔任Glossier成立前四年的總裁，當他談到這些商店如何成為大家必去的打卡景點時，笑著解釋：「我們的做法更像是在打造電影場景或劇院設計場景，而不是在傳統意義上建造一家商店。」Glossier 最初並不打算開設零售店，但是當忠實粉絲開始到 Glossier 位於拉斐特街的公司辦公室朝聖時，該公司留出空間歡迎他們，並讓他們購買化妝品。事實證明，這家臨時商店很受歡迎，以至於當 Glossier 搬到更高檔的地方時，仍決定保留舊址作為永久性商店。

「這和出售任何東西無關。」戴維斯表示：「從銷售的角度來看，它取得巨大的成功，主要是因為人們在那個空間時，心裡會想說：『好吧！我會買點東西。』我們每天在商店銷售數千件甚至數萬件商品，但那不是重點，真正的重點在於連結，公司和你之間的連結，以及你們作為人之間的連結。」

但是為什麼 Glossier 和其他數位原生品牌要開設零售店？DTC 品牌革命不是意味著新創企業不再需要零售店嗎？事實上，如果移除零售中間商，難道經濟效益不會更好嗎？「DTC 並不是真的和配銷有關，而是與連結有關。」戴維斯說道，並重複一個他經常使用的詞彙。

數位通路廣告成本接連提高，實體店面租金卻相對降低

CAC 是「顧客獲取成本」，和任何 DTC 新創企業裡的人交談，很快就會出現這個術語。在最初幾年，從二〇一〇年至二〇一六年，大多數新創品牌獲取顧客的最便宜方式，就是透過

臉書、Instagram 及其他社群媒體平台，這些平台可以精準鎖定最有可能成為它們公司的顧客。但是隨著時間推移，卻發生了兩件事。

首先，在鎖定並說服最有可能購買公司新產品的顧客後，**新創企業無一例外地發現，必須鎖定其他的潛在客群，這些人需要更有力的說服，也就是吸引每個新顧客的成本會隨著時間而逐漸提高。**視產品類別而定，一旦DTC新創企業的銷售額達到轉折點（通常介於兩千萬至一億美元之間），後續每增加一百萬美元銷售額，需要的廣告費用就會比先前的一百萬美元來得多。

其次，一旦一元刮鬍刀俱樂部等早期DTC品牌證明在臉書上投放廣告是吸引顧客的低廉方法，幾乎所有公司都加入行列。鑑於臉書限制廣告的數量供應，通常只允許用戶每五則「動態消息」（News Feed）才會有一則廣告，以免人們不感興趣，甚至反感，所以在版位有限的情況下，臉書的廣告價格隨著更多公司的廣告投放而提高。

因此在二〇一七年左右，隨著更多新創品牌在臉書上打廣告，也有更多現有品牌開始投放廣告，每個人都不得不花費更多金錢來維持成長，特別是因為許多公司都在追逐相同的客群。據估計，社群媒體的廣告成本提高二五％至五〇％，這些成本在某種程度上被抵銷了，因為臉書調整演算法，讓它在鎖定潛在顧客方面更精準，還有部分原因則是公司在社群媒體上，使用更有效的影片廣告來吸引顧客的注意力。因此，儘管臉書和 Instagram 仍是許多新創品牌的首選廣告通路，但社群媒體通路卻很少能獲得八〇％以上的行銷預算，目前的比率一般是四〇％至六〇%，有些品牌甚至更低。

隨著臉書的廣告成本提高，許多城市的實體零售成本卻都在降低。再次強調，這是供需問題，在零售商蓬勃發展並開設更多商店的數十年裡，房地產開發商、商場業主及房東不斷調高租金，但是隨著電子商務的快速成長和傳統商店的銷售流失，零售商關閉數千家商店，焦慮的房東別無選擇，只能降低租金，或是看著房地產閒置，沒有賺進一毛錢。

戴維斯指出：「當你在蘇活區，沿著運河街漫步時，會看到大量的閒置建築物，再沿著布利克街所有奢侈品商店的地方往下走，會發現布利克街空無一人。」到了二〇一七年，格林威治村（Greenwich Village）街道的租金已經從每平方英尺五百至六百美元的高峰下降了一半[7]。「他們急於尋找能帶來人氣且購物首選商店，而DTC做到這一點，因為它們是獨一無二、與眾不同又多變的。」

蘇活區是許多千禧世代的購物首選地點，租金價格也有所降低。「按照平方英尺計算，百老匯（Broadway）零售空間的租金在過去約為每個月一千兩百美元，最近一筆交易（在二〇一九年）則是兩百五十美元。」那裡的房地產經紀人凱倫．貝蘭托尼（Karen Bellantoni）說道。雖然附近一些街道的租金高了一些，但是曾堅持五至十年租約的房東，開始願意租短三至六個月，讓一家新創品牌測試零售店能否在經濟上發揮相對較低的成本，而這種現象不僅限於紐約。梅西百貨、Abercrombie and Fitch、J.Crew、Foot Locker、Henri Bendel、維多利亞的祕密、

Gap、Payless、Guess、Michael Kors等其他品牌，都已經關閉全美各地門市，留下空蕩蕩的貨架。

數位原生品牌重塑零售體驗的企圖

如同Glossier，許多數位原生品牌正試圖重塑，而不是複製傳統的零售體驗。

Bonobos共同創辦人杜恩回憶道：「二〇一一年，我們在總部大廳設置試衣間，因為人們想要看到衣服款式。在他們試穿後，沒有購買任何東西就走了出去，然而再到網路訂購。這時候我們意識到，可以在沒有衣服的情況下開設服飾店。」或是沒有衣服可以購買。「這是一個愉快的意外發現。」

隔年，Bonobos在位於曼哈頓五樓的二十坪辦公室內，開設一家「Guideshop」。杜恩表示，光顧這家商店的顧客，平均訂購是首次在線上訂購顧客的兩倍，而且回購率更高。到了二〇一九年，Bonobos擁有約六十家商店，同時為了壓低成本，所有店面都很小（一般是數十坪以下），而且衣服的庫存量也很少，只供應夠多的款式，讓顧客可以試穿和觸摸到衣服的材質。「試穿任何你喜歡的商品，並從冰箱裡拿出冰涼的飲料……[8]」Guideshop網站正在招手。「Guideshop將會帶著你訂購，並將商品直接運送到家中或辦公室，當你離開商店時，雙手不用提著東西。」

提供極簡展示方法，是許多這些新創品牌商店的一個特色。走進位於西雅圖第一大道一棟通風閣樓式建築裡的 Tuft & Needle 床墊商店，這裡距離派克市場（Pike Place Market）幾個街區，此時你可能會想知道床墊在哪裡？傳統床墊商店裡會擠滿數十張，甚至上百張床墊，但是在 Tuft & Needle 商店裡卻只有四張床墊，僅占約五%至一〇%的地面空間，而且在設計上大部分的床墊都隱藏在視線之外，被從地板延伸到挑高天花板的網狀白色編織物所包圍（該材質是 Tuft & Needle 床墊底部所使用透氣織物的一種變形）。你可能會說借用一句話形容，就是「他×的真美」。雲狀的網狀結構模擬臥室的隱私，因此你可以躺在床墊上，不被其他購物者與銷售人員看到。

有別於大多數的床墊商店，需要擔心銷售人員從你走進商店的那一刻就一直緊迫盯人，窮追猛打，在 Tuft & Needle 商店不會如此，因為店員領取月薪而不是佣金，這也是大多數 DTC 品牌商店的另一個特色。你對床墊有疑問嗎？當然，銷售人員會樂於回答，但是許多顧客更喜歡使用擺放在展示間周圍的平板電腦。

該公司的建築設計主管克里斯．埃文斯（Chris Evans）表示，由於空間保持簡單和整潔，Tuft & Needle 商店的裝潢成本只要每平方英尺七十美元左右，而大多數零售商則要花費數百美元以上。半數商店裡都使用略微不同的天然材料（在某些情況下，會是木格或混凝土），但是都會依循在整潔空間裡創造隱私屏障的原則。「現有床墊商店有一種有形的特質，像是床墊的海洋，帶有巨大照明裝置的天花板，讓傳統的床墊商店感覺像是倉庫。」埃文斯解釋：「我在一開始真的很緊張，擔心我們的一些設計會讓人反感，而且可能有點過頭，也許我們太過分了，但是人們喜歡日光和藝術外觀，還有那些不同的材料使用。」

藉由降低商店成本，Tuft & Needle 發現可以像其他行銷方法一樣經濟地實現銷售。「一家商店可能每個月要花費九千美元租金，但是廣告看板每個月的費用可能高達四千美元。」Tuft & Needle 前營運長埃文．馬里杜（Evan Maridou）解釋。而且該公司發現門市具有乘數效應（Multiplier Effect）：除了參觀商店的人會訂購外，開店地區的網路訂單也隨之增加。

「擁有一家商店是否會讓一些人對線上購物更具信心？沒錯。」他說：「網路銷售額更高，是因為人們看到我們有一家商店。就像有些人會想：『我不知道你是不是不誠實的網路公司，如果我試圖退貨，不知道你還在不在。但是如果開設商店，我可以直接進去退貨。』因此讓消費者更相信你的公司是真的。」為了進一步驗證這個假設，Tuft & Needle 向網站的一些瀏覽者顯示商店位置，並對另一群人隱藏商店位置的連結。果然不出所料，他指出：「當人們看到我們有店面時，線上的轉化率更高。」

這證實華頓商學院教授貝爾，與達特茅斯學院（Dartmouth College）、哈佛大學（Harvard University）同事一起進行的研究，利用 Warby Parker 最初幾年的詳細銷售數據，他們對公司開始小心翼翼地擴展到實體零售時的銷售情況進行廣泛研究。

數位原生品牌期待實體店面吸引更多顧客

初期除了在布門塔的公寓裡設立臨時展示間以外，Warby Parker 還設法讓當地的一些服飾零售商展示公司的鏡框，以便人們試戴，但卻沒有現貨提供購買。「首先，也許並不意外的是，臨時展示間交易區內的總銷售額成長約九%[9]……接下來，我們發現源自零售商展示間交易區的網站銷售額（依郵遞區號衡量）也顯著成長約三．五%。」貝爾和同事得出結論，發現即使是臨時零售店也能促進銷售。二〇一二年，為了提高知名度和宣傳，Warby Parker 推出一輛學校巴士作為動態的展示店，在全美各地巡迴。研究人員確定：「我們發現在學校巴士停靠的地方[10]，總銷售額與透過網站的銷售額都有所增加，這意味著快閃店提高銷售額和知名度。」

Warby Parker 於二〇一三年四月在蘇活區開設第一家門市，到了二〇一八年年底已擁有近百家門市；零售店和線上銷售各占總營收的一半左右[11]。布門塔說道：「我們從未教條式地認為必須只進行數位銷售，如果美國九五%的眼鏡都是在零售店銷售，而你想成為全美最大的眼鏡品牌，沒有零售店就會很困難。」同樣地，Away 行李箱於二〇一七年在紐約市開設第一家門市，在接下來幾年內，於其他城市增加六家門市；在早期開店的城市中，網路銷售額成長四〇%[12]，「明顯」高於公司沒有開設實體零售店的城市。

即使是 ThirdLove，共同創辦人查克也曾表示，她寧願洗完所有的碗，也不願意到零售店購買內衣。她於二〇一九年夏天在蘇活區開設一家約五十六坪的快閃精品「概念」店，開始測試實體零售店。為了讓女性的購物體驗更愉快（或者至少沒有那麼不舒服），ThirdLove 正試圖重塑店內體驗，就像 Tuft & Needle 和 Casper 對床墊所做的。創意長柯恩指出：「為了讓妳無須穿著內衣呼喚，就可以即時獲得需要的幫助[13]，每個試衣間內都設有『支援』按鈕，可呼叫體態造型師（Fit Stylist）到妳的試衣間。」為了增加私密性，某些試衣間還配備「穿透式托盤」（pass-through tray），這樣顧客即可在不用面對銷售人員的情況下，試穿不同款式與尺寸的內衣。為了控制庫存成本，該商店只販售有限的熱門內衣款式，其他款式則可以試穿，但是需要到網路上購買。

電動牙刷新創企業 Quip 並未自行開設門市，而且只賣兩種產品，就是電動牙刷和牙膏，這似乎並不合理。但是該公司正試圖繼續以舊有方法發展，在零售貨架上提供產品。在塔吉特裡，Quip 電動牙刷通常陳列在最搶眼的貨架空間，其他一些 DTC 品牌也是如此，例如 Harry's 刮鬍刀、Native 體香劑，以及 Casper 枕頭、床單和低價床墊。這些新品牌本身的合併銷售額，不會對像塔吉特這類年營收約七百五十億美元的零售商產生太大影響，卻有助於吸引原本可能留在家裡，並在網路上訂購商品的購物者。事實上，儘管許多實體零售店正在苦惱客流量下滑的問題，塔吉特卻在二〇一八年表示，進入門市的購物者數量是有史以來最快速成長的一年[14]。

對不習慣和商店分享每筆銷售收入的數位原生品牌來說，經濟效益可能會很棘手。當 Quip 和 Harry's 各自在網路上銷售電動牙刷與刮鬍刀時，會保有所有的收入；當塔吉特出售某樣產品時，通常會將零售價的二〇%至五〇%收入囊中。對一個品牌而言，透過零售商銷售的較低毛利率，可以在一定程度上被其他較低的成本所抵銷：儘管將產品直接運送到購買者家裡比以往更便宜，但是將一整批同樣的貨物運送到零售商，換算下來每件運貨成本會低上許多。零售店裡展示做得好，則會吸引路過購物者的目光，否則品牌將不得不花費更多錢到臉書或 Instagram 投放廣告。Quip 共同創辦人埃內弗說道：「塔吉特每週有三千萬的人潮，這太瘋狂了！當他們走過口腔護理相關的貨架，只會看到歐樂 B（Oral B）和 Sonicare。所以這裡有一個成為新品牌的機會，並進入時代的潮流，那就是我們想要的。」

作為合作內容的一部分，Quip 堅持讓塔吉特只賣電動牙刷，並沒有販售替換刷頭。若要訂閱定期更換刷頭的服務，埃內佛指出：「你就會被帶到 getquip.com 的網站。」這使得 Quip 能與顧客保持直接聯繫。

吸引數位原生品牌進入商店貨架，只是塔吉特抵禦電子商務帶來破壞的策略之一。二〇一七年，塔吉特斥資五億五千萬美元，收購當日送達快遞公司 Shipt，並以未公開金額收購 Grand Junction 這家「運輸科技」相關的新創企業，該公司的軟體宗旨是實現更快、更高效率的送貨到府服務。同年，塔吉特投資 Casper 七千五百萬美元，之前也曾詢問能否直接買下該公司[15]；還複製

Stitch Fix與Rockets of Awesome等線上服飾訂閱新創企業的行銷策略。塔吉特的顧客現在可以申請每個月將一盒自有品牌貓咪與傑克（Cat & Jack）童裝送到家裡，該童裝過去只在門市販售。

隨著DTC品牌陸續興起，塔吉特等傳統零售商必須適應不斷變化的環境，複製對方的模式或是與對方合作等。零售顧問暨塔吉特未來商店專案（Target's Store of the Future project）前副總裁克里斯・沃爾頓（Chris Walton）表示：「傳統零售商正試圖透過一系列的賭注，提出一些真正的變革。」

另類展示商場，提供實際接觸線上新創品牌的途徑

購物者幾乎肯定不會注意到，從走進德州普萊諾（Plano）的Neighborhood Goods商店那一刻起，天空中的一隻眼睛就在追蹤他們，或者更準確地說，高掛在入口處天花板上的多向攝影機，以及安裝在商店周圍的其他十多台攝影機和追蹤裝置，都在監視他們。該攝影機使用人臉辨識軟體來判斷每位訪客的年齡，但是不會單獨識別。攝影機計算出每個人在商店內逛了多久，甚至花費多少時間瀏覽展示櫃位的每個品牌。MeUndies內衣、Allswell床墊、Hims掉髮治療和維他命、Hubble隱形眼鏡、Primary童裝，以及其他十幾家數位新創企業的產品，同時也可以知道哪些品牌完全遭到忽略。

Neighborhood Goods希望成為DTC品牌的未來零售展示間。借鑑Glossier的經驗，該公司的目的不是出售展示的商品，而是讓顧客觸摸並感受耳聞的新創品牌，但在親眼看到前可能會拒絕購買。為了吸引品牌，Neighborhood Goods蒐集並分享新創品牌在網路上獲得的資料，作為公司的競爭優勢。

第一家Neighborhood Goods於二〇一八年十一月在普萊諾開業，共同創辦人馬克．馬辛特（Mark Masinter）預想它會成為全國連鎖店——有點介於快閃店和傳統商店之間，這家店將重塑百貨公司的概念。在很多方面，Neighborhood Goods都採行舊想法，並再次轉化為新想法。無論多麼努力，大多數老牌百貨公司都感覺過時了，一樣的舊商品，一樣的舊陳列。可是如果你不斷更換數十個時髦的新品牌，還每隔幾個月就變換一次，讓購物者發現不同的組合，每次進來都會有一點驚喜感呢？透過只展示夠酷的產品，你可以吸引其他想在這些商品旁邊一起陳列的產品，從而建立一個精選系列。有了正確的組合，商店可以像是受歡迎的夜總會，搖身變成酷小子想去的地方，因為其他的酷小子也會到那裡。

在商場中央設置休閒餐廳和酒吧，並且舉辦一些活動（芭蕾（Barre）健身課；插花研討會；現場互動遊戲、演講及現場音樂表演的街區派對），就可以成為一個有趣的目的地，就像一個世紀前的Lord &Taylor，當時人們去用餐、聽音樂會，同時也去購物。馬辛特說道：「我從不相信實體零售會失去意義，但是它必須變得不同。」

馬辛特在零售房地產領域外鮮為人知，他於一九九九年開始崛起，當時他在科羅拉多州韋爾（Vail）的滑雪纜車上，接聽一通認為是惡作劇的電話。電話那頭的人問道：「是馬辛特嗎？我代表賈伯斯致電。」當時三十多歲的達拉斯房地產開發商馬辛特回應一句髒話，並且掛斷電話。數個小時後，他接到Restoration Hardware創辦人史蒂芬・戈登（Stephen Gordon）的來電，Restoration Hardware是一家快速成長的零售商，馬辛特曾投資，並針對零售策略提供建議。戈登問道：「嘿，賈伯斯碰巧打電話給你，還是史蒂夫辦公室的人打的？」馬辛特用同樣的髒話回應，並補充道：「拜託別鬧了，這一點都不好笑。」

當馬辛特得知確實是賈伯斯試圖聯繫他，並且蘋果執行長想要安排一次會面時，大聲問道：「他為什麼要和我見面？我對電腦一無所知，我有一台Mac，但是很少使用。」可是戈登堅持道：「這是一個有趣的想法，你應該和他談談。」

賈伯斯的想法是當時尚未向大眾公開的東西：蘋果直營店。當然，賈伯斯本人會構思和指導設計，但是需要一位房地產專家協助確定這些新零售店的最佳位置。馬辛特和幾位同事進行介紹，並推薦購物中心等客流量大的區域，他們認為長達一小時的會談進行得非常順利，但是賈伯斯卻不這麼認為。馬辛特回憶道：「他堅信蘋果直營店永遠不該出現在商場裡，並且在討論結束時，還告訴我這是他見過最糟糕的提案。」不過賈伯斯補充道：「我會給你第二次機會，雖然我不鼓勵你這麼做，但是如果你願意，我們會再給你一次機會。」

現在回想起來，馬辛特猜想這其實是典型的賈伯斯做法：「我認為他真的在衡量我們，但我們還是堅持自己的立場。」馬辛特參加後續會議，提出略微調整的提案，但是該提案仍將商場當作蘋果新門市的最佳位置。賈伯斯沒有親身參與，而是派遣下屬參加，但是他已經下達明確指令。馬辛特回憶道：「在合適地方尋找令人驚嘆的房地產，但是必須不折不扣地，讓我們有機會在品牌上建立一些非常特別的事物，而且不要妄想帶回任何無法通過測試的東西。」

從離線與線上銷售獲益

馬辛特參與推出極為成功的蘋果直營店，很快在零售業領域裡廣為人知，並在協助品牌推出實體商店策略方面，樹立他身為專家的聲譽。在 Forerunner Ventures 的格林把馬辛特介紹給 Warby Parker 和 Bonobos 的創辦人，並進行投資後，馬辛特就成為兩家新創企業的顧問，最後也成為 Tuft & Needle 等公司的顧問。

為數位品牌提供諮詢，強化馬辛特的信念，就是他們將從「離線」與線上銷售中獲益。不過他也非常明白，許多新創品牌對實體零售所知甚少，而且大多無力自行開店。二〇一六年年底，馬辛特正在思考這個問題，當時他在每個週末會從達拉斯市中心的家裡，固定騎八十公里的單車到白石湖（White Rock Lake），在繞行幾圈後，「我頓悟了。」他回憶道：「當我騎完單車時，認為百貨商店需要一個新定義，首先這些新品牌可以實際展現自己，並做一些有趣的事。」

許多數位品牌都曾嘗試快閃店，讓消費者觸摸並感受它們的產品，但是快閃店的開設成本通常很高，尤其是考量到通常只營業一週至數個月的情況下。馬辛特的想法是新品牌可以租用，並和其他新品牌共享空間，為期二至十二個月，在一個整齊、簡約、具有時尚設計感的商店裡，由訓練有素的銷售人員攜帶 iPad，協助顧客解決問題——很像蘋果直營店。馬辛特解釋道：「我從賈伯斯那裡學到很多關於設計與設計執行的知識，把它應用到我正在做的每件事，不要以為當我想到 Neighborhood Goods 的商品時，沒有回想起從賈伯斯那裡學到的所有教訓。」

騎單車回家後，馬辛特跳進泳池裡降溫，並致電 Bonobos 共同創辦人杜恩，對方回應道：「哇，這是相當好的主意！但是你和格林談過了嗎？」因此，馬辛特的下一通電話就打給格林。格林鼓勵馬辛特充實這個概念，並且回來找她。在隨後的談話裡，格林告訴馬辛特：「你還有很多工作要做，但是我想成為你的主要投資者。」認為格林的參與有如打了一劑強心針，馬辛特開始尋找其他人來強化自己的想法並經營業務。

馬辛特並未聘請經驗豐富的零售業高階主管，而是將目光投向二十九歲的創業者馬特・亞歷山大（Matt Alexander），他曾在達拉斯創辦一家線上服飾公司，但在沒有引起太大的關注後就賣出了。不過，吸引馬辛特目光的卻是另一個不同的計畫：亞歷山大曾共同創辦一個名為 Unbrand 的非營利專案，該專案在二〇一四年將達拉斯市中心的黃金地段閒置商業空間，改造成當地手工產品的假日快閃店，成功引起一陣轟動，最終被達拉斯市中心的商業協會接手。儘管沒有那麼複雜且規模較小，但是和馬辛特為 Neighborhood Goods 預想的發展一致。他寫了一封信給亞歷山大：「受到你創辦的 Unbranded 啟發[16]，我相信這個概念有更多瘋狂空間可以發揮……並希望有機會和你一起合作。」

兩人在二〇一七年三月午餐會談幾週後，亞歷山大向馬辛特發送現在稱為「宣言」的文件，一份六頁的備忘錄概述他的願景。馬辛特非常喜歡，在沒有告知亞歷山大的情況下，就將這份文件轉發給格林。

集合不同且不相關品牌的新穎商場

亞歷山大的備忘錄強調使用技術來蒐集訪客資訊，從經營服飾新創企業的經驗中，他知道網路品牌有多渴望獲得顧客的資料。除了透過攝影機蒐集購物者的基本資訊外，還有提供他們下載的 Neighborhood Goods 應用程式，可藉此了解店內近期輪換的品牌、找出各個活動（像是什麼時候可能有樂團演出，或舉行品酒會），以及訂購。一些現有的零售商已經開始測試類似技術，因為改造商店可能會比從頭開始更昂貴。

亞歷山大解釋道：「這並非可以辨識個人的系統，但是在一定的誤差範圍內，我們可以告訴你進入商店的人大概的年齡和性別，還有他們移動的方向，或是正在尋找哪些品牌。我們知道五十多歲的男性進來後傾向往右轉，而二十多歲的女性則傾向往左轉，所以品牌會有一張關於顧客如何與所在區域互動的熱點圖。你會知道其他三個品牌的客流量是否為自己品牌的三倍，這樣一來，就可以開始重新推銷。」

不過除了技術之外，對數位原生品牌來說，Neighborhood Goods 提供一種測試實體零售的低廉方法，此時新創品牌用數位廣告吸引顧客的成本已經變得更高。該商場在特定時間內經營的每個品牌，都有自己的精品型展示，面積約有十四坪。就好比在一棟豪華大樓裡，和其他志同道合的承租戶合租一間附家具的公寓，而不是買下一間需要花費更多錢來裝潢和修繕的房屋。亞歷山大解釋道：「如果自行開店，你在長期租金、員工和技術上要花費一大筆錢，因此必須負擔所有的成本，但是我們允許以相對低風險的方式，進行真正快速和反覆的實驗。」

由於格林很感興趣，讓馬辛特和亞歷山大在早期幾輪募資中幾乎沒有遇到什麼困難，很快就募集到五百七十萬美元，在這些投資者裡，也有來自一元刮鬍刀俱樂部的杜賓。在數位原生品牌的舒適圈裡，格林幾年前就把杜賓介紹給馬辛特（他成為一元刮鬍刀俱樂部的早期投資人），馬辛特又把杜賓介紹給亞歷山大。在馬辛特提出這個想法大約一年半後，第一家 Neighborhood Goods 商店在 Legacy West 開業了，這是一個位於普萊諾的房地產複合體，包括馬辛特在內的集團開發的辦公大樓和住宅中間有一個新戶外購物商場。（該商場內的其他商店有 Warby Parker 和 Bonobos。）

Neighborhood Goods商店占地約三百九十三坪，大約是諾斯壯（Nordstrom）等典型百貨公司規模的十分之一。它像是經過整修的改裝閣樓空間，有混凝土地板和七公尺高的天花板，也有懸掛的軌道照明與暴露在外的管線。有些第一次購物者會帶著疑惑的表情走來走去，Neighborhood Goods創辦人意識到，訪客可能需要接受一些教育。馬辛特說道：「如果我們是內曼馬庫斯（Neiman Marcus）、梅西百貨和布魯明岱爾百貨的複製品、縮小版，有誰會在意？但我們是新創品牌的探索機制。」

在近二十個初始的承租戶裡，隱形眼鏡新創企業Hubble是其中之一，在此之前，該公司一直只在網路經營。霍維茲表示：「起初我們並未考慮零售空間，但是現實生活中，消費者有九〇%的東西都不是在網路上購買，而我們正在為報名體驗處方眼鏡的行銷方式進行測試。」開業幾個月後，Hubble的體驗報名率極高，但是客流量不如公司希望的那麼多，因此首要任務是協助購物者理解這個概念。霍維茲指出：「將不同又不相關的品牌集合在一個屋簷下，是非常新穎的概念，對消費者來說，這個商場到底是什麼，還是有點讓人困惑。」

集結新創品牌，創造未來百貨公司的激烈競爭

即使是一元刮鬍刀俱樂部，也是早期DTC品牌中最後的堅持者之一，杜賓表示拒絕在塔

吉特銷售公司刮鬍刀的機會，而 Harry's 則決定在位於普萊諾的 Neighborhood Goods 加入第二波零售店潮流進行測試。杜賓解釋道：「我喜歡 Neighborhood Goods 的原因在於，它讓我們有機會將品牌帶入生活。和傳統零售商相比，它雖然可以提供很大的空間，但是也有很多限制，像是貨架雜亂無章，銷售人員不了解你的產品。『紅牛（Red Bull）放在哪裡？』『五號走道。』『洗髮精在哪裡？』『二號走道。』它們和許多年輕品牌有著相同的DNA，從某種意義上來說，它們想為你的顧客提供體驗，而不只是試圖兜售產品。」

Neighborhood Goods 能否成功改造百貨公司，並成為下一個諾斯壯、梅西百貨或塔吉特，仍是一個懸而未決的問題，但是它正在努力前進。在第一家店開業後不到一年[17]，投資者又挹注兩千萬美元，資助迅速推出新店，首先是在曼哈頓切爾西市場（Chelsea Market）的第二家店，以及在德州奧斯汀（Austin）的第三家店。Neighborhood Goods 也面臨許多競爭者，包括 Showfields（自稱是「世界上最有趣的商店」）、Fourpost、B8ta（發音為 beta）及 BrandBox 等其他公司，都在追求相同策略，也就是透過提供集結新創品牌來創造未來百貨公司。意識到競爭可能變得更激烈，亞歷山大表示，Neighborhood Goods 的財務支持者告訴他：「我們認為你是這個領域的麥當勞，我們希望給你足夠的資金，抵禦潛在的漢堡王。」

不過對所有競爭對手而言，為他們的商店找到承租地點並不困難。亞歷山大指出：「對我們來說，其中頗具詩意的事就是，未來我們會持續關注舊有百貨公司，那就是我們想搬進去的地方。」

第十三章

打造數位品牌工廠

——快速回應市場的供應鏈

亞尼夫．薩里格（Yaniv Sarig）堅決設計 hOmeLabs 可攜式製冰機，是因為認為現有的可攜式製冰機價格過高，而且顧客正被主導者剝削，和 Warby Parker 創辦人對眼鏡業務的感受一樣。

薩里格不像杜賓那樣，為一元刮鬍刀俱樂部拍攝一支絕妙的影片來推出產品；也不像魏斯為 Glossier 所做的，先透過受歡迎的部落格建立大量粉絲；hOmeLabs 製冰機的廣告也不像 ThirdLove 內衣與 Hubble 隱形眼鏡，不斷出現在臉書或 Instagram 上。

薩里格決定銷售製冰機，是因為 Aimee 告訴他這是一個好主意。他解釋道：「我們所做的一切都是 Aimee 和她推薦的事。」Aimee 不是一個人，儘管薩里格經常用「她」來稱呼，或是稱讚「她」在推出新產品方面的驚人能力。AIMEE 是一個電腦程式，是「人工智慧莫霍克電子商務引擎」（Artificial Intelligence Mohawk E-commerce Engine）的簡稱，目的在於識別在亞馬遜這個許多新創企業有意迴避的平台上，哪些產品有潛力暢銷。

與遵循大部分數位原生品牌的既定玩法，以及追求創辦人的熱情或相信他們的直覺相比，由薩里格共同創辦並經營莫霍克集團背後的創業家，反而致力於專注且執著地透過關注電腦蒐集的數據來建立品牌。二〇一九年春天，莫霍克集團有五款產品在「電器」類別躋身亞馬遜暢銷榜前五十名，分別是飲料冰箱、迷你冰箱和桌上型洗碗機，還有兩款製冰機。

莫霍克集團比大多數DTC新創企業都來得大，二〇一八年銷售額為七千三百三十萬美元，二〇一九年的目標則是（連續五年）增加一倍[1]。然而，大多數人從未聽過它的品牌：hOmeLabs小型家用電器，包括除濕機、飲料冰箱、小型桌上型洗碗機和製冰機；Xtava美容產品，如捲髮器、吹風機、髮膠與造型髮乳；以及Vremi小型電器和廚具，如單杯咖啡機、鍋碗瓢盆與刀具組，以及蔬果脫水器。

薩里格的目標無非是建立一家品牌工廠、一條由技術驅動的生產線、分析購物者在網路上搜尋的資料，以及他們不喜歡現有品牌的原因，然後大量生產專門為了滿足這些願望而生的產品。「我們試圖建立的不只是一家消費性產品公司，更是一個能創造和重複創造消費性產品品牌的集團。」他解釋道：「我每天都向Casper和Warby Parker的人脫帽致敬，因為他們建立了不起的公司。但是無論最後結果好壞，我們都想試著建立一個可重複的模式，不像是破壞一個特定品類，幾乎如同一條輸送帶，非常快速又更快、更有效地掌握趨勢，並把它們變成一個品牌。」

以資料科學為產品製造依據而開創的商機

莫霍克集團在曼哈頓下城占據曾是 Casper 公司總部的同一個簡陋辦公空間，將自己描述成科技和電子商務控股公司，它並非唯一一家將資料科學當作基石，創造針對亞馬遜顧客的新品牌新創公司，也不是第一家。二〇一一年，一位 Google 工程師辭職，返回中國家鄉，創辦湖南海翼電子商務股份有限公司。該公司生產 Anker 品牌的電腦配件和其他電子產品（電線、行動電源、插頭、充電器、耳機、藍牙喇叭），主要在亞馬遜網路商城銷售。該公司的銷售額在二〇一七年達到近六億美元[2]。此外，其他不生產自有商品的科技公司也創造與莫霍克集團類似的軟體，目的在於幫助消費性產品製造商破解在亞馬遜網路商城成功銷售的密碼。

不過，莫霍克集團可能是這些新創企業中最具野心的。相較於 Anker 幾乎只專注在電子產品，莫霍克集團的目標是搶占亞馬遜網路商城上的每個品牌。薩里格表示，如果條件合適，莫霍克集團將會生產任何認為可以銷售的產品。該公司已經在中國深圳建立由大約二十多位外包、工程及物流專家組成的團隊，因此一旦軟體引擎發現一個機會，就可以在短短三至四個月內創造一種產品。「如果明天的資料顯示，烏克麗麗是一個好產品，我們就會製造烏克麗麗。」薩里格說道：「所有的資料都是基於消費者告訴我們，他們想要什麼，對吧？」

薩里格是在以色列出生的軟體工程師，年約四十出頭，他知道自己的計畫可能會被認為古怪。「這就像是從飛機上跳下來，並在下墜的過程中打造降落傘。」他調侃道。儘管銷售迅速成長，該公司卻在二〇一八年虧損近三千兩百萬美元。雖然大多數DTC新創企業在最初幾年都會虧損，但是莫霍克集團也坦承認完全無法保證成功。在二〇一九年向美國證券交易委員會（SEC）提交的首次公開發行文件裡，該公司直言不諱地表示：「對於自身持續經營企業的能力抱持重大懷疑，將需要大量的額外資金來資助我們的成長策略[3]。」莫霍克集團的股票在六月開始交易時，投資者並不熱情，股價在第一週就比發行價格下跌約三〇%，當時該公司的估值約為一億七千五百萬美元。

面對這些質疑，薩里格只是聳聳肩。雖然他承認投資莫霍克集團是「高風險，高報酬的遊戲」，但也點出公司在亞馬遜網路商城上的驚人整體銷售額[4]——二〇一八年為兩千七百七十億美元，其中大部分是由創業家貢獻來支持他的信念，證明這並非不可能實現。

莫霍克集團透過一系列新品牌迅速產生銷售的能力，帶出一些明顯的問題：在數位時代裡創造一個新品牌，有多少是科學，又有多少是藝術？一個品牌在多大程度上是依賴和消費者建立情感聯繫，又在多大程度上是依靠數據來解讀，然後滿足消費者未曾宣諸於口的需求就夠了？銷售大量的產品（就像莫霍克集團在hOmeLabs、Vremi、Xtava，以及這家公司未來將產生的無數品牌所做的），和創造持久品牌是否相同？歸根究柢，如果你能創造出一系列無窮無盡的暢銷產品，一個品牌是否具備可識別性會很重要嗎？

在莫霍克集團的早期贊助者中，沒有人對消費性產品有任何經驗，甚至不是特別有興趣。該企業被視為用來產生收入的副業，資助名為「泰坦航太」（Titan Aerospace）的遠大計畫。這家公司打造可以在二十公里高的地方連續飛行數年的大型太陽能發電無人機，這些無人機被設計成在地球大氣層邊緣以下巡航，將在那裡建立衛星網絡，用廉價的網際網路服務覆蓋全球偏遠地區。薩里格說道：「這是一個非常天馬行空的計畫。」他沒有為泰坦航太工作，卻是創辦人的朋友。

發想重塑消費性產品公司的創意

當莫霍克集團的想法仍處於概念階段時，泰坦航太的管理階層得出結論，無人機事業商業化需要龐大投資，超出他們的能力範圍，也超出莫霍克集團在短期內可能產生的收益，因此在二〇一四年四月以約一億五千萬美元的價格賣給Google[5]。泰坦航太的兩位主要投資者：艾許・德魯格（Asher Delug）和馬克西姆斯・亞尼（Maximus Yaney），決定將一些利潤投入莫霍克集團，並專注於該公司自身的發展。

德魯格曾創辦幾家行動廣告公司，並體認到科技如何自動化地透過廉價的行銷訊息來鎖定顧客，藉此顛覆這個產業。莫霍克集團背後的想法很類似：如果科技也能讓用新產品鎖定顧客變得更便宜呢？「我覺得這肯定會在電子商務領域發生，就像是我又出現在同一部電影裡。」德魯格說道：「我一出場就立刻被這個商業模式迷住了。」莫霍克集團隨後募集額外的創投基金，到了二〇一八年，總投資金額達七千兩百六十萬美元[6]。主要投資者之一是GV（Google母公司字母公司（Alphabet Inc.）的創投部門），該公司後來擁有莫霍克集團七．六％的股份。

儘管大多數DTC品牌最初都避開亞馬遜，因為想要控制顧客關係，但是莫霍克集團卻欣然接受。為什麼要花行銷費用來尋找顧客，並試圖將他們引導到自己的網站？為什麼不到已知有數以萬計顧客早就每天搜尋產品，且花費數千億美元的地方？

莫霍克集團思考的核心是，亞馬遜和如Walmart.com與eBay等其他線上網站的飛速發展。那些最大的傳統零售店內貨架空間有限，也許可以容納數千種商品，但是這意味著由零售商決定經營哪些產品，以及將這些商品放在哪個走道與貨架上。相較之下，亞馬遜市集有著數百萬種商品，任何人都可以將產品放在無限的數位貨架空間。「在開始四處嘗試時，我們意識到，『哇！我們正在觀察的是現代經濟史上最大的財富轉型之一。』」薩里格說道：「你已經有了所有像是亞馬遜這類公司在重塑零售業，卻沒有人重塑消費性產品（Consumer Packaged Goods, CPG）公司。」CPG公司這個零售業術語，是指擁有許多不同品牌的快速消費性產品公司，如寶鹼和聯合利華。「這個產業將適合這種新零售模式。」

有鑑於亞馬遜網路商城上有著眾多產品，挑戰在於如何破解應該提供哪些產品的密碼，更重要的是，當購物者在網站上輸入搜尋關鍵字時，如何在首頁獲得最好的數位貨架空間。在一般情況下，七〇%的購物者在搜尋想要購買的東西時，從未離開第一頁[7]。莫霍克集團創辦人意識到，這兩個問題都是數學問題，可以透過蒐集和計算足夠的數據來解決。事實證明，亞馬遜向任何想在公司網站上賣東西的人提供各種基本資料，包括亞馬遜市集上每個產品的銷售排名，以及前一百萬個最頻繁搜尋的關鍵字。

亞馬遜會提供這些資料，是因為鼓勵其他公司在它的網站上銷售更多東西，針對每筆銷售收取費用（通常是一五%）[8]。亞馬遜還從那些在網站上為商品打廣告的公司賺錢，並為那些不想透過第三方物流公司的賣家處理倉儲與運送事宜。

「銷售排名和熱門關鍵字的可用性，幾乎可以透露你想知道關於產品需求的九〇%。」Marketplace Pulse 創辦人裘扎斯．卡茲烏克納斯（Juozas Kaziukenas）解釋道，該公司是為在亞馬遜網路商城上銷售的公司提供建議的眾多顧問公司之一。「當然，後續就要看你如何弄清楚：能不能做得更便宜？能不能做得更好？能不能做出與眾不同的東西？」

潛在趨勢的演變盡在相關搜尋數據裡

這就是ＡＩＭＥＥ的作用，薩里格花費數個月的時間編寫這個軟體。為了省錢，莫霍克集團辦公室裡幾乎所有的家具（辦公桌、會議桌，甚至一些供人消磨時間用的椅子）都是用木棧板製成的，但是在AIME方面卻不惜重金，莫霍克集團僱用五十名電腦工程師，占員工總數的三分之一，處理AIME的事。在一個角落裡塞了四個高科技的睡眠艙，讓不分晝夜工作的人使用。這些工程師不斷關注如何提高AIME的能力，不僅要發現新的產品機會，還要根據任何特定時刻的庫存與銷售情況，自動提高和降低價格。薩里格表示：「將AIME的第一版和現在相比，就像把第一架飛機與最新型的空中巴士噴射客機相提並論。」

薩里格在筆記型電腦上啟動AIME作為示範，螢幕上顯示在亞馬遜網路商城銷售牙齒美白產品的大量資料和圖表，有著數以千計的產品。如果你在亞馬遜網店上搜尋「牙齒美白」，會得到超過七千筆結果，儘管其中有許多是同一個產品的不同尺寸或其他版本[9]。莫霍克集團尚未販賣牙齒美白產品，不過AIME正不斷蒐集亞馬遜網路商城上每個產品類別的資料，以尋找莫霍克集團可能考慮生產的熱銷或搜尋量大的商品。亞馬遜網路商城上約有七〇%的搜尋不是針對品牌名稱，如「佳潔士美白牙齒貼片」（Crest Whitestrips），或「佳潔士牙齒美白劑」（Crest teeth whitener）[10]，而是描述性用語。這個事實對於為新產品創造機會至關重要，因為能讓新創品牌獲得關注。

「我們基本上調查數以百萬計的消費者路徑，也就是把消費者會做的搜尋動作大規模自動化後，檢視他們會在貨架螢幕上看到的東西——然後把它與昨天，還有前天和更前一天進行比較，看看貨架會如何演變。」薩里格解釋。

他指著螢幕上的一張圖表，其中一個軸線描繪總銷售額，以及每個現有品牌的銷售額。他說：「我們估計目前牙齒美白產品的運轉率（Run Rate），在亞馬遜網路商城的年營收約為一億六千萬美元，而你在圖表上看到的這些小點，都是針對營收做出貢獻的產品。」預估銷售額是對各種資料點的推斷，基於AIMEE從搜尋次數、關鍵字廣告費用、貢獻銷售的歷史搜尋百分比（「轉換率」），以及平均銷售價格中，隨著時間而逐漸「了解」的相關性。

寶鹼生產的佳潔士牙齒美白貼片，是該類別中最暢銷的產品。不過，一些不太知名的品牌也可以是較為暢銷的產品，如AuraGlow，根據AIMEE的計算，AuraGlow年銷售額約為七百萬美元；另一個品牌Active Wow活性椰炭粉，年銷售額約為兩百萬美元；還有數十種其他的牙齒美白產品，估計每種產品年銷售額為十萬美元或更少。

圖表上的另一軸，描繪特定品牌在相關關鍵字中出現的次數，以及它因此在多少個數位貨架或螢幕上出現，就像是一個品牌在零售店的許多不同走道上取得貨架空間。一個品牌出現的次數越多，實現銷售的機會就越多，這是事情變得特別有趣的地方，如果你正在尋找可以填補的產品間隙。為了確定哪些品牌做得最好，AIMEE會追蹤所有相關搜尋，並估計每個品牌產生的銷售量。「牙齒美白」自然是搜尋量最大的詞彙，「牙齒美白組」次之，「木炭牙齒美白」位居第三，但是還有數十種包括「牙齒美白」的關鍵字組合。

ＡＩＭＥＥ估計與關鍵字「木炭牙齒美白」有關的產品銷售，在亞馬遜網路商城上每年高達兩千兩百萬美元。這對莫霍克集團來說是一個潛在的機會嗎？深入研究歷史資料後，薩里格表示可能不是。根據ＡＩＭＥＥ的計算，「木炭牙齒美白」的搜尋次數正在下降，表明這個詞彙的銷售可能已達到高峰。薩里格指出：「它開始失去動力了，不過有趣的是，如果你去看『牙齒美白筆』這個詞彙，就會發現正在上升。這是一個新趨勢，一個每年一千萬美元的生意正在提高。如果你的供應鏈能真正快速反應，就可以從中分得一杯羹。」這是他將要求銷售和製造人員研究的事。

從現有商品負評中找到突破點

ＡＩＭＥＥ透過自動瀏覽買家評論，衡量另一個有價值的不知名因素，也就是顧客對現有產品的評價。對亞馬遜來說，精確評論是持續性挑戰，因為一些賣家，特別是中國公司，試圖透過產生假五星評論來扭曲結果。不過ＡＩＭＥＥ更關注的是負評，如果購物者抱怨品質問題，或是不喜歡產品的特色，甚至表示對不同顏色或尺寸感興趣，就預示一個新品牌的潛在機會。「我們使用自然語言處理（Natural Language Processing, NLP）解析成千上萬則評論，以確認顧客的任何痛點。」薩里格解釋道。

如果沒有AIMEE，莫霍克集團就不會想到考慮生產小型家用電器系列。莫霍克集團的軟體工程師在AIMEE中，增加一項「最佳產品模型」的功能，以發現值得關注的高價商品，從而浮現出這個品類。當薩里格和同事開始研究這些資料時，很快就注意到AIMEE點出現有產品的負評率很高，例如這樣的評論：

「就在購買後的幾個月，它會隨機停止運作。」

「有時燈亮著說冰滿了，但是根本沒有冰。」

「我的建議是逃離這個產品，用跑的……不要停下來。你有大約一百三十五美元想扔進垃圾桶嗎？如果你有，就去買這個垃圾吧！」

「短短一年半就壞了，不會再吸水製冰。」

這些都是亞馬遜網路商城上對富及第（Frigidaire）桌上型製冰機的評論。在這個型號的所有評論裡，二五%的評論是最低的一星，另外九%的評論只給兩星，而四九%的評論者評為五星[11]；根據一千五百多則評論，總體評分只有三．三星。

雖然富及第的一些型號和其他品牌的情況好上一些，但是沒有一個品牌的評分超乎想像的好。深入研究資料後，莫霍克集團團隊找到認為顧客不滿的根源。這一步非常關鍵，而且是藉由人力，而不是AIMEE完成的。這一步很關鍵的原因在於，只有當莫霍克集團能設計出以合適價格解決該問題的產品，從而吸引購物者時，公司才會實踐想法。薩里格說道：「基本上，有一個基礎功能問題，就是抽水馬達在數個月後有可能損壞。」

其他一些因素也讓這個市場具有吸引力。根據AIMEE的估計，售價一百至一百五十美元的可攜式製冰機，在亞馬遜網路商城上每年約有三千五百萬美元的生意。（如果聽起來很多，是因為冰箱的內建製冰機很容易發生故障，需要花費數百美元維修，所以有些人會購買較便宜的桌上型製冰機，因為費用更低。）而且和許多小家電一樣，創新相對較少，所以如果你能破解市場，就不必在研發上投資。「這不只是一個品類有多大，而是你認為能成為市場領導者的時間有多久。」薩里格指出：「比方說，一年一個產品可以賣出五百萬至一千萬美元，在十年內，每年都是五百至一千萬美元，這樣就不用多加思考。」

在中國找到一家製造商生產hOmeLabs製冰機，解決導致競爭品牌產品故障的問題後，莫霍克集團於二〇一七年六月在亞馬遜網路商城上推出該產品。

下一個挑戰是：讓新產品受到關注。在亞馬遜網路商城上搜尋「可攜式製冰機」或「桌上型製冰機」，會出現一千多個結果：不同的品牌和型號、不同的尺寸、不同的顏色、不同的功能，還有配件與相關的製冰產品。由於很少有購物者瀏覽一頁以上的搜尋結果，如果一個新品牌不能進入薩里格所說的最佳數位貨架空間，成功機會就會大為降低。因此，了解亞馬遜如何確定哪些產品獲得最高排名，從而出現在首頁上，是至關重要的事。

破解演算法，掌握商品搜尋的運作方式

亞馬遜的演算法是一個黑盒子，衡量標準是通常會將顧客最有可能購買的品牌放在最明顯的位置，因為當購物者購買正在尋找的商品時，亞馬遜就會獲利。如果購物者看到喜歡的商品有合適功能和價格，且在總體上有正面評價，就更有可能購買。針對每一次搜尋，每個產品都會得到一個分數。薩里格解釋道：「分數越高，你在搜尋結果中顯示的位置就會越好。亞馬遜做的事情的美妙之處在於，交由顧客來決定。」

如果你是顧客的最佳選擇，將在貨架上獲得最佳位置。然而，如果你銷售的是新產品，沒有銷售量，也沒有評論，當購物者搜尋「桌上型製冰機」時，如何才能獲得高排名，將產品推到首頁？為了建立銷售和鼓勵評論，莫霍克集團在Google、臉書及亞馬遜網路商城上積極打了幾個月的廣告，亞馬遜網路商城在每個頁面的頂部列出「贊助」（廣告）產品，高於所有其他排名的項目。薩里格坦承，這在早期可能是一筆重大開支，他說：「我們一開始是虧損的，但是我們打賭，如果在研究、製造和品質管理層面都做得很好，就有機會超越現有品牌，從對方那裡奪取市占率，並且獲得更高的排名。」

這正是實際上發生的事，hOmeLabs 在不到一年內就成為亞馬遜網路商城上最暢銷的可攜式製冰機，而且根據 AIMEE 估計，莫霍克集團已經搶占亞馬遜網路商城上全部製冰機銷售額的四分之一。二〇一九年四月，在亞馬遜網路商城上搜尋「桌上型製冰機」時，你會發現 hOmeLabs 排在贊助產品下方的頁面，且令人羨慕地貼上「暢銷商品」的橘色標籤，這是亞馬遜對該搜尋關鍵字最高銷售量商品的獎勵。hOmeLabs 有一千五百四十八則客戶評論[12]，其中六九%是五星，另外一一%給四星，只有一二%給一星，這和評價較差的富及第產品形成強烈對比；同理，搜尋「可攜式製冰機」或是簡單搜尋「製冰機」，也會出現一樣的結果。時間來到二〇一九年下半年，hOmeLabs 產品被另一款以 Vremi 品牌銷售的莫霍克集團桌上型製冰機擠下第一名寶座[13]，但是 hOmeLabs 的排名仍高居第四。

莫霍克集團利用同樣的遊戲規則，在 hOmeLabs 飲料冰箱與保冷箱再獲成功，這是一款可容納一百二十罐飲料，有著玻璃門的迷你冰箱。當有人搜尋「飲料冰箱」或相關關鍵字，以及搜尋「除濕機」時，hOmeLabs 成為排名第一的「暢銷商品」。至於「窗型冷氣機」，hOmeLabs 偶爾得以排上不錯的第四名。同系列的「日出鬧鐘」在同類產品裡排名前十，並獲得「亞馬遜推薦」標籤，這是亞馬遜對「評價高、價格好、可立即出貨產品」的認可。

「整個家電品類市場基本上都是值得奪取的，因為所有在家電零售領域處於領先地位的公司，涉及線上銷售時都不太成熟。」薩里格說道：「消費者現在剛剛習慣在網路上購買越來越多的大型商品，所以這是一個新生品類。」

在上市的第二年，各類電器的銷售額接近四千九百萬美元，約占莫霍克集團二〇一八年營收的三分之二。公司的其他品牌在亞馬遜網路商城上也有名列前茅的產品，Xtava五合一專業捲髮器和捲髮棒組，售價三十九．九九美元，有近三千則評論（其中六九％為五星），在搜尋「捲髮器」時會出現在第一頁；Vremi五彩刀具組、單杯咖啡機，以及不沾鍋具十五件組，也出現在這些品類的搜尋結果第一頁。

以合理價格製造更好產品，才是奪得市場關鍵

不過，並非莫霍克集團的所有產品都表現良好。薩里格表示，問題不在於AIMEE，而是在於這些產品的二流品質。「資料就在那裡，我們推出正確的產品，而且價格適中。」他說：「我們曾有機會獲得良好市占率，但是消費者並不滿意，評價也隨著時間變差。」公司在二〇一五年推出的Vremi橄欖油噴霧器，在退場前曾有良好的開端，卻在亞馬遜網路商城上的總評價下降到三星——任何低於四星的評價都會損害銷售，其中有二六％的評論者只給一星。「使用一週後，油漏得到處都是[14]，完全是浪費錢。」一位不滿的顧客寫道。

但是薩里格表示，早期的失誤驗證莫霍克集團的方法——如果產品是正確的。這時候公司決

定在中國深圳建立外包團隊，更仔細地審查製造商的品管。「好消息是，我們在小型產品上學到，而不是在大型冰箱上。」薩里格補充道。即使到了現在，在莫霍克集團考慮的每十五個想法裡也只實踐了幾個。在某些情況下，當ＡＩＭＥＥ發現值得探索的市場時，不是因為發現新生的趨勢，就是發現現有品牌得到中等評價或負評，莫霍克集團在中國的團隊發現，無法以合理價格製造更好的產品，讓公司能從現有品牌中取得銷售。

薩里格承認，一些產品類別比其他類別更適合採用資料驅動的方法。截至目前為止，莫霍克集團已經避開服飾，即使它是亞馬遜網路商城上一個巨大的產品類別。「時裝更難，因為它的主觀因素多於功能性。」他指出：「而奢侈品對我們來說是最沒有意義的，當你購買奢侈品時，買的是品牌形象，而不是產品功能。」技術的優先順序也較低，部分原因是Anker已經主宰亞馬遜網路商城上的配件市場，部分原因則是產品週期非常快，公司需要花費大量的研發費用才能不斷更新功能。

但是，這就留下整個潛在產品領域。莫霍克集團設想旗下有數十個品牌，每個品牌都是獨立的，以備其中一些品牌被證明極具價值，而決定出售給其他公司。莫霍克集團計劃加快努力，允許其他消費性產品公司付費使用ＡＩＭＥＥ來創造新品牌，或甚至只是為了提高現有品牌的銷售。儘管這在二〇一八年只占約五十萬美元銷售額，但是如果莫霍克集團繼續成長，並證明ＡＩＭＥＥ是多麼有效，這個數字可能會再提高。

莫霍克集團宏願的一個潛在阻礙是，亞馬遜已經調整關於用戶評論的規則，雖然曾允許收到贈品的人發表評論——莫霍克集團在推出新產品時就是這麼做的，但是後來卻限制這種做法。莫霍克集團表示，如同其他公司，一些評論被清除了，「因為亞馬遜認為它們有問題或評論不實[15]。」現在公司必須依靠實際顧客發布評論，在顧客購買後會和對方聯繫，鼓勵他們這麼做，因此新產品可能需要更長時間累積足夠的正面評論，才能進入搜尋關鍵字的第一頁。

只要競爭環境是公平的，薩里格認為莫霍克集團將繼續在亞馬遜網路商城上擁有良好表現。「時間會證明它是否真的有效。」亞馬遜顧問卡茲烏克納斯表示：「理論上這很合理，而在實務中能否被複製依舊是一大挑戰。重複和成功地推出產品仍充滿挑戰。即使你能找到這麼多的資料，但是能用資本擴大規模，並且依然保持成功嗎？」他指出，莫霍克集團正在「瘋狂燒錢」來推銷新產品，以促進銷售。「我不相信他們能很快達成獲利。」其他人甚至抱持更懷疑的態度，金融網站 Seeking Alpha 指出莫霍克集團的虧損，並寫道：「雖然擁有以科技驅動開發的消費性產品，這個想法聽起來不錯[16]，但是市場太多元化了，而且受到更多資源豐富的競爭對手支配。」

跨產品類別的多元化生產，威脅其他線上賣家

的確，不是只有莫霍克集團有野心利用從亞馬遜網路商城蒐集資料，決定生產的商品，並藉

此在各種品類中源源不絕地推出新線上品牌。另一家公司已經推出近兩百個品牌[17]，遠遠多於莫霍克集團，這些品牌諸如Rivet、Ravenna Home、Stone & Beam（家具）、Belei（護膚品）、OWN PWR（營養補充品）、Revly（維他命）、Mama Bear（尿布和嬰兒濕紙巾）、Presto!（紙巾和清潔用品）、Pinzon（床單和毛巾）、Solimo（刮鬍刀和個人護理及家用產品）、Wag（寵物食品）、Happy Belly（咖啡和堅果），以及數十個品牌的各類男女服飾。

引進這些品牌的公司名稱是什麼？就是亞馬遜。

正如亞馬遜所做的其他事，該公司不會針對這個話題進行詳細討論。但是在網路上，亞馬遜的數十個產品設計師、行銷經理、自有品牌品類經理、產品負責人的職缺公告中，可以找到關於該公司野心的線索。「自有品牌是亞馬遜內部一項高度可見、快速成長的業務[18]。」一個公告陳述道：「我們有一項獨特的業務，堅持品質並建立顧客喜愛的全球品牌。我們渴望成為顧客日常生活中的一部分，以亞馬遜強大的顧客至上聲譽為後盾，用令人信服的價格向他們提供獨特的產品。」另一個公告則寫道：「你想從頭開始創造新品牌嗎？你想發明和做大事嗎？……你必須擁有強大的分析能力，並能透過管理大量的數據，藉此衡量得出的結論。」

亞馬遜在二〇〇九年推出第一個品牌：AmazonBasics，從電池、電腦電源線、充電器及耳機等大宗電子產品開始，但是後來擴展到行李箱、炊具、庭院燈、螺絲起子組，應有盡有。電池顯示亞馬遜以自家名義銷售商品的力量，勁量兔（Energizer Bunny）——它不斷地「走下去」[19]，可能是有史以來最具代表性的廣告象徵之一，但在亞馬遜推出自有品牌電池後的幾年內，已經占據六七％至九〇％的線上銷售額，而且經常擁有多達六至八個品牌占據該網站的「家用電池」暢銷榜[20]。

亞馬遜在二〇〇七年開始銷售一些沒有自己名字的隱形自有品牌，比如Pinzon，但是它在二〇一六年開始認真加強這項業務。這些品牌很少在前幾年就獲得極大的銷售動力，導致一些亞馬遜觀察家表示，該公司缺乏正確的敏感度，來創造與最受歡迎品牌相關的情感聯繫，包括快速成長的DTC品牌，如Warby Parker、一元刮鬍刀俱樂部及Casper。

亞馬遜已經建立六十多個自有女性服飾品牌，名稱包括Camp Moonlight、Daisy Drive、Ella Moon、Lark & Ro和Painted Heart。但是二〇一九年亞馬遜網路商城上最熱門的服飾之一，也就是許多買家所說的「亞馬遜大衣」（Amazon coat），並非由該公司的任何新品牌製造，而是Orolay羽絨服，由中國的一家小公司嘉興子馳貿易有限公司生產。它的設計很實用，甚至很單調，售價為一百二十至一百五十美元，只要加拿大鵝（Canada Goose）等高級品牌售價的一小部分，加拿大鵝的羽絨服在諾斯壯和內曼馬庫斯等百貨公司的零售價，通常高達一千美元。

Orolay外套成為暢銷品，就像時尚產品經常發生的，要歸功於偶然性。二〇一八年三月二十七日，《紐約》（*New York*）雜誌刊登一篇報導[21]，標題是「一件一百四十美元的亞馬遜外套占領上東區的不可能故事」。其他出版品轉載這篇報導後，越來越多女性開始購買這件大衣，並且在Instagram上發布自拍照，誇耀她們在亞馬遜網路商城上買到這件價格實惠的羽絨服。因而促使更多購物者進入亞馬遜網路商城，不是搜尋Orolay，因為沒有人知道這個品牌，而是直接搜尋「亞馬遜大衣」。由於銷售正在提高，Orolay外套被標記為「亞馬遜推薦」的商品，出現在首頁上。

嘉興子馳貿易有限公司負責人邱佳偉告訴路透社（Reuters）[22]，二〇一九年一月月銷售額已達五百萬美元，相當於該公司二〇一七年年銷售額。他預計全年總銷售額將達到三千萬至四千萬美元。「他們不向商店銷售，不透過自己的網站銷售，不使用社群媒體，完全不做這些事。」行銷顧問卡茲烏克納斯說道：「他們純粹利用亞馬遜本身擁有的巨大影響力，這件大衣正受到和DTC品牌相同的關注度，但這些都是在亞馬遜網路商城上發生。當然，這是每個人做這件事的終極夢想，有趣的是它比亞馬遜建立的任何服飾品牌都來得成功。」

持續創新自有品牌，爭奪市場大餅

就連亞馬遜創辦人貝佐斯在二〇一八年致股東的信中，也坦承：「『第三方賣家』（指在亞馬遜網路商城上銷售產品的創業者和其他人）正在踢爆我們第一方的屁股[23]，很糟糕。」不過，現在否定亞馬遜的品牌創造機器還為時過早。二〇一四年，亞馬遜的Fire Phone慘遭失敗後，懷疑論者就是如此認為，但是同年年底，亞馬遜開始銷售由 Alexa 語音辨識個人助理驅動的 Echo 智慧音箱，而迅速成為有史以來成長最快的新電子品牌之一。

二〇一八年，亞馬遜自有產品的總銷售額估計為七十五億美元[24]，其中超過十億美元來自 AmazonBasics 和新的亞馬遜私有品牌[25]，而公司才剛剛起步。金融公司 SunTrust Robinson Humphrey 預測，到了二〇二二年，亞馬遜的自有品牌銷售額將成長到兩百五十億美元，其中私有品牌對成長貢獻重大。「如果亞馬遜進軍我的品類，我會很緊張。」曾在亞馬遜工作六年的顧問詹姆斯．湯姆森（James Thomson）說道，他當時負責協助其他公司在亞馬遜網路商城上銷售品牌。「亞馬遜本身就是對成千上萬自有品牌賣家最大的長期威脅，因為知道要怎麼更好地玩亞馬遜的首發遊戲。」

即使沒有一個亞馬遜的新品牌變得像傳統品牌那麼知名，該公司也不太在乎，只要消費者買單就夠了。在這一點上，它和莫霍克集團有著相同的理念。「亞馬遜試圖從根本上扭轉你購買東西的方式。」卡茲烏克納斯解釋道：「亞馬遜在表達：『與其相信品牌，不如直接搜尋想要的東西，我們會告訴你什麼是最好的。』因此，他們在說：『忘記品牌建立，讓我們使用評論和評等就好。』對品牌來說，這是一個糟糕的局面，因為從根本上說，淡化了你用來建立自己的一切。」

更糟糕的是，一些賣家抱怨亞馬遜有一個不公平的優勢。雖然它和所有潛在賣家分享一些資料，但是該公司可以獲得更詳細的資料（例如：在亞馬遜網路商城上銷售所有產品的實際銷售數字），能夠利用這些資料來鎖定他人銷售的產品。讓一些賣家懊惱的是，亞馬遜有時會在他們的頁面上宣傳自己的品牌。「這有點不妙。」一位優質橄欖油製造商在亞馬遜賣家的線上論壇寫道：「看看我在搜尋結果頁面上的商品頁面[26]，亞馬遜在**我的**產品頁面上加上自己的標籤，讓你轉向亞馬遜出品的橄欖油。」

對此，薩里格聲稱自己並不擔心。他指出，零售商長期以來一直在製作私有品牌，模仿他們經營的成功品牌並加以競爭，還表示每年在亞馬遜網路商城上銷售的產品有數千億美元。「亞馬遜會贏得這塊大餅的一部分嗎？肯定如此。又將獲得多大的比例？不足以大到讓我擔心它不會為其他人留餘地。」此外，他補充道：「從本質上來講，亞馬遜正在做的事和我們很像，這對我來說是一個很好的指標，知道自己正走在正確的軌道上。」

第十四章

品牌已死

——打造下一個十億美元品牌

這是一個涼爽的週五早晨，hOmeLabs 鬧鐘準時在六點十五分叫醒妳。妳從鋪著 Brooklinen 床單的 Tuft & Needle 床鋪爬起來，穿上 Birdies 拖鞋，走向浴室。妳使用一元刮鬍刀俱樂部的刮鬍刀刮除腿毛，用 Prose 洗髮精洗頭，在腋下塗抹 Native 體香劑，然後戴上 Warby Parker 眼鏡或 Hubble 隱形眼鏡，穿上 MeUndies 內褲和 ThirdLove 內衣、Everlane 牛仔褲、Allbirds 運動鞋，並戴上 MVMT 手錶。妳正要出城過週末，所以在 Away 手提行李箱裡裝進幾件 Outdoor Voices 運動緊身褲、一些 Lola 衛生棉條，還有亞馬遜的自有品牌 Coastal Blue 泳衣。

妳走進廚房，用 Vremi 單杯咖啡機沖泡一杯 Brandless 有機公平交易深度烘焙咖啡，同時用 Great Jones 平底鍋輕鬆煎了幾顆蛋，把一些 Ritual 維他命塞進嘴裡，倒了一些 Farmer's Dog 寵物飼料給飼養的臘腸犬，牠的脖子上戴著 Fi 的全球定位系統智慧項圈（Fi GPS Smart Dog Collar，縮寫為「Fido」，是常見的寵物犬名字）。接著妳使用 Quip 電動牙刷刷牙，並以

Glossier 化妝品上妝。妳把寶寶放進 Mockingbird 嬰兒推車，還把一包 Mama Bear 尿布塞進袋子裡，然後在走出家門時，使用智慧型手機設定 Kangaroo Home Security 防盜警鈴。

妳從網路購買上述這些品牌和更多其他的產品，而且會在下單後的一至兩天送達（如果住在大城市裡，甚至有機會當天送到）。上述提及的這些產品，有幾個已經步入十億美元品牌的行列，有些則會在未來幾年內成為「獨角獸」公司，部分仍舊會是小公司，有一些會被淘汰。

DTC 品牌的革命從少數新創企業開始，然後成長為數十個、數百個，現在則是數千個品牌。這些品牌充斥在亞馬遜市集上無盡的數位走道與貨架裡，但是這場革命究竟可以造就多少真正能持續生存的品牌，則有待時間考驗。一元刮鬍刀俱樂部和 Bonobos 可以像吉列或 Levis Strauss 牛仔褲存在超過一個世紀，甚至更久嗎？Casper 可以像席伊麗或舒達床墊經營這麼長的時間嗎？Glossier 可以變成二十一世紀的雅詩蘭黛（Estée Lauder）嗎？

還是說造就品牌民主化的同一股力量，造成新品牌難以掌握主導地位？在接下來幾年，甚至是幾十年內，我們不會知道答案，但是我們無疑正處於品牌史上的另一個轉折點，這些轉折包含創造品牌的方式、有多少品牌正被創造出來、是什麼因素最終驅使我們購買並忠於新品牌，或是不買也不喜歡新品牌。

不斷發生的變化，難以斷言的將來

「我沒有水晶球。」雷德說道：「但是每十年、每一段期間，都會有歷久不衰的品牌被創造出來，所以我想今天也絕對會誕生這樣的品牌。」雷德坐在最前排的座位，近距離地觀察新品牌革命，他是唯一一位創造出不只一個，而是**兩個**DTC品牌獨角獸的創業家，就在年近三十五歲之際。在二〇一三年，雷德共同創辦Harry's刮鬍刀新創企業（該公司於二〇一九年被伊潔維以十三億七千萬美元收購），才幾年後又共同創辦Warby Parker（二〇一九年最新一輪創投募資估值為十七億五千萬美元）。

Harry's和Warby Parker銷售不同的產品（刮鬍刀相對於眼鏡），在不同的價格點（幾美元相對於九十五美元），而且顧客有著不同的購買週期（每週、每月相對於每一年或每兩年），但卻擁有一樣的策略：兩者都看到藉由高品質但價格低上許多的產品，挑戰根深柢固的市場領導者（吉列與羅薩奧蒂卡）的機會。然而在雷德看來，促使它們成為十億美元品牌的是，兩家公司對於不斷與顧客產生連結的執著。

「我們讓顧客強烈感受到他們正和我們一同參與這趟旅程；他們是這家公司的一部分，我們不是某個龐大僵化的品牌，而是一群在這裡和他們對話的人，」雷德說道：「作為DTC品牌，讓你有機會真正了解顧客。」無論你的職務是什麼，每個加入Harry's的員工都必須花一整天在客服中心工作，擔任顧客體驗團隊的一員。雷德和共同創辦人安迪·卡茨—梅菲爾德（Andy Katz-Mayfield），每個月都會花費數個小時聽取顧客的抱怨與建議。

當中有一個奇怪的問題，在Harry's的第一年裡，約有一百位顧客曾詢問。「人們一直打電話到客服中心說：『嘿！可不可以給我一個能套在刀片上的小塑膠蓋？』」雷德回憶道：「我們心想，為什麼要這種東西呢？」一開始，當Harry's為顧客的第一次刮鬍刀訂單出貨時，會附上刀片保護蓋，用來避免刀片變鈍。許多人把它扔掉或弄丟了，後來才發現在旅行時可能很好用，不只可以保護刀片，也可以避免伸手到盥洗包中，可能會劃傷手指。「因為我經常旅行，刮鬍刀總是放進旅行包裡，所以想要有另一個刀片保護蓋。我不需要另一個刀柄／刀片組，可以單獨購買刀片保護蓋嗎？」一位顧客在電子郵件中如此寫道。

因此在二〇一五年，Harry's開始以一美元販售旅行用刀片保護蓋。這看似小事，而且事實上也只能帶來一點點營收，但是雷德指出這件事傳達給顧客一個信號，就是Harry's在乎他們的意見。「我們覺得，好吧！這是一個為你把事情做得更好的機會。我們確認了顧客的需求。」而且這有助於培養長期忠誠度，那是建立成功且歷久彌新品牌的關鍵之一。

雷德也承認，想要創造以吉列、舒達或維多利亞的祕密為模式的大眾品牌，在現在比以往來得困難。推出新產品變得容易，導致市場更加分眾，使得新品牌想要達到偉大的二十世紀品牌主導地位變得更難。

在二〇一〇年，很難想像一家刮鬍刀新創企業可以從吉列手上取得大量的市場。驚人的是，這不只發生在一家公司，而是兩家，包含一元刮鬍刀俱樂部和 Harry's，兩者在二〇一八年總共取得近一四％的美國刮鬍刀市場銷售額[1]，但是同樣很難想像兩家公司的任何一家可以達到二五％的市占率，還遠低於吉列曾經掌握的七〇％，同樣也很難想像吉列可以再次回復到這樣的水準[2]。如果一直有更多的新刮鬍刀公司跳入這個市場（如亞馬遜的 Solimo 品牌），對吉列、一元刮鬍刀俱樂部及 Harry's 在內的每家公司來說，如何抵禦新進玩家就是長期的挑戰。

消失的單一品牌忠實顧客

在舊世界中，一個受歡迎的大眾市場品牌一旦成功建立，即可享有長時間的優勢；但在品牌的新世界裡，將不再如此。品牌忠誠度正以前所未見的速度下降中。一份針對一百大消費性品牌的報告發現，九〇％的品牌在近幾年的市占率有所下滑[3]。管理顧問公司埃森哲（Accenture）在二〇一五年研究發現，超過一半的消費者購買商品時，考慮的品牌明顯多於十年前[4]。由英國市場研究公司 YouGov 與《時代》雜誌針對奢侈品牌進行的調查則發現，越來越少購物者可以明確指出自己喜愛的品牌，背後的理由是：他們可以在網路上找到太多的選擇。

「單一品牌的忠誠消費者近乎絕跡，因為人們運用數位資源把大量的品牌帶進同一個市場[5]。」

品牌與行銷專家吉姆・泰勒（Jim Taylor）說道，他是這項調查的資深顧問。「這並不代表品牌不重要，而是消費者更有能力做出更豐富又更明智的選擇，主要是透過科技的協助，讓消費者可以透過智慧型手機與線上評論來進行購物的比較。」

當然，品牌忠誠度下降有助於新DTC品牌興起。在二〇一三年至二〇一七年間，約有一百七十億美元的銷售額從大品牌轉移到小品牌[6]，而且這還是在很多新成立的新創企業開始得到生意動能前的數據。這個趨勢在未來幾年內可能更明顯，主因是在亞馬遜網路商城上持續快速成長的銷售。在二〇一八年，中小企業在亞馬遜網路商城上總共賣出一千六百億美元的商品[7]，與一九九九年的一億美元相比，有一千六百倍的成長。雖然其中有些公司是轉售別人製造的產品，但是許多公司（如莫霍克集團與亞馬遜）則是創立自己的新品牌。

Warby Parker的布門塔並未忽視這樣的發展，他說道：「開始一個新生意的代價從來沒有這麼便宜，儘管我認為擴大生意的規模也從未如此困難。」雖然Warby Parker是最傑出的新眼鏡品牌，但市占率仍舊低於五％。而且從二〇一〇年售出第一副眼鏡開始，其他的新創企業已經推出十幾個線上眼鏡新品牌。

許多新進品牌都有和Warby Parker相同商業模式的抄襲者，但有些則是小眾玩家，例如Lensabl可以根據驗光師或醫師開立的配鏡度數，為你既有的鏡框配鏡，所以不需要買新的——「我們的鏡片，你的規格」（Our Lenses, Your Specs）；或像是Pixel，該公司的眼鏡配有染色鏡片，所以能過濾讓眼睛不適的電腦螢幕「藍光」；Topology則是使用iPhone的三D掃描技術，為你的臉客訂製合適的鏡框。

在這些新創企業裡，有多少會成功呢？對某些人來說，眼鏡或其他產品領域中不斷湧入的新進者，強化DTC狂熱所具有的泡沫成分，有點像是一九九〇年代的網路泡沫化，創投公司提供大筆資金給追逐同一群顧客的眾多競爭品牌。雖然不是所有公司都能存活，但是可能有不少公司能持續經營，有些可以成為大品牌，就像Warby Parker；有些則成為微品牌（Microbrand）。

這就是Forerunner Ventures的格林在首次投資DTC品牌的十年後，正在為電商新創企業進行更大規模募資的原因；也是Bonobos與Warby Parker的早期顧問貝爾，決定在二〇一八年放棄華頓商學院終身教授身分，以便嘗試在他的公司Idea Farm Ventures創辦數位原生品牌的原因；更是戴維斯會辭去Glossier總裁的職務，成立名為Arfa Inc.（該公司的投資者包含Forerunner Ventures）的DTC個人護理產品公司，致力於創造一個「品牌之家」的原因。

在他們看來，這場革命才正要開始。對品牌來說，無論是新、舊品牌，好消息是消費性產品的市場不只每年幾百億或數千億美元，光是美國市場就有好幾兆美元的規模。這樣的市場留給新創企業很大的空間，其中最成功的公司將晉身十億美元品牌俱樂部。畢竟，這可能是一個一美元的刮鬍刀片和一分三十三秒的影片就能實現的事。

注釋

註：除非特地說明，所有引文皆來自作者採訪。

第一章

1. 與一元刮鬍刀俱樂部創辦人杜賓的電子郵件通信，二〇一九年五月十三日。
2. "The Brave Ones: How One Man Changed the Face of Shaving," CNBC, May 25, 2017, https://www.cnbc.com/2017/06/21/michael-dubin-shaving-america.html.
3. Science Inc. 共同創辦人與一元刮鬍刀俱樂部顧問范姆，寄給 TulaCo 科技公司共同創辦人拉肯比的電子郵件，二〇一二年三月六日。
4. 美國專利號碼 775,134，一九〇一年十二月三日提出申請，一九〇四年十一月十五日專利核准。
5. "K. C. Gillette Dead; Made Safety Razor," *New York Times* obituary, July 11, 1932.

6. 作者與杜賓的訪談，二〇一七年三月十四日。
7. 同上註。
8. 同上註。
9. John Patrick Pullen, “How a Dollar Shave Club’s Ad Went Viral,” *Entrepreneur*, September 2012, https://www.entrepreneur.com/article/224282.
10. 作者與范姆的訪談，二〇一八年四月十八日，細節則是透過電子郵件與 Science Inc. 財務長戴爾確認，二〇一九年六月十八日。
11. 作者與范姆的訪談，二〇一八年四月十八日。
12. 來自以下的推特貼文：Benoit Lafontaine（@joel1di1），二〇一二年三月六日；Gordon Fraser（@blndswmr），二〇一二年三月六日；John Caron（@jcaron2），二〇一二年三月七日；以及 Chris Barth（@BarthDoesThings），二〇一二年三月六日。
13. 作者與吉列前高階主管的訪談，對方不願意具名，以免冒犯以前的同事。
14. 作者與多樂可美國總裁希爾的訪談，二〇一八年五月十五日；“Capturing the World One Razor at a Time: Dorco,” Korea.net, January 19, 2015, http://www.korea.net/NewsFocus/Business/view?articleId=124994.
15. 作者與希爾的訪談，二〇一八年五月十五日。
16. “The Gillette Company Advertising Fact Sheet,” Business Wire, January 26, 2004, https://www.businesswire.com/news/home/20040126006099/en/INSERTINGREPLACING-FEATUREThe-Gillette-Company-Debuts-New.
17. Ciara Linnane, “Procter & Gamble’s Gillette Razor Business Dinged by Online Shave Clubs,” *MarketWatch*, April 27, 2017, 資料引述自市場研究公司 Euromonitor International, https://www.marketwatch.

com/story/procter-gambles-gillette-razor-business-dinged-by-online-shave-clubs-2017-04-26.
18. 作者與不具名的吉列前高階主管的訪談。
19. 作者與范姆的訪談，二〇一八年四月十八日；Crunchbase.com, https://www.crunchbase.com/organization/dollar-shave-club#section-funding-rounds.
20. 與杜賓的電子郵件通信，二〇一九年五月十三日。
21. 帕克曼說：「在以十億美元出售一元刮鬍刀俱樂部後，我接到他們的電話，他們說：『孩子，我們錯了。』」作者採訪一元刮鬍刀俱樂部的投資人暨董事帕克曼，二〇一七年四月五日。
22. 吉列拒絕討論關於收購一元刮鬍刀俱樂部。
23. 作者與希爾的訪談，二〇一八年五月十五日。
24. “DollarShaveClub.com—Our Blades Are F**king Great,” YouTube.com video, 1:33, posted by Dollar Shave Club, March 6, 2012, https://www.youtube.com/watch?v=ZUG9qYTJMsI.
25. “Dollar Shave Club Makes Surprise Super Bowl Entry,” *AdAge*, February 7, 2016, https://adage.com/article/about-us/dollar-shave-club-makes-surprise-super-bowl-entry/302582.
26. 由市場調查公司歐睿國際（Euromonitor International）提供給作者的資料。
27. Gillette Shave Club TV commercial, “Save Money,” 0:30, 2015, https://www.ispot.tv/ad/73Xe/gillette-shave-club-save-money.
28. Procter & Gamble Company earnings call, October 23, 2015, https://www.bamsec.com/companies/80424/the-procter-gamble-company/transcripts.
29. “Which Shave Club Has the Best Razor?” *Consumer Reports*, April 25, 2016, https://www.consumerreports.org/razors/which-shave-club-has-the-best-razor/.

30. Gillette, "Gillette Files Patent Infringement Lawsuit Against Dollar Shave Club," press release, December 17, 2015, https://news.pg.com/news-releases/news-details/2015/Gillette-Files-Patent-Infringement-Lawsuit-against-Dollar-Shave-Club/default.aspx.
31. 杜賓在拉斯維加斯 Shoptalk 零售會議上的演說，引用自 Phil Wahba, "Dollar Shave Club Says Butt Wipes Will Help Lead It to Profit This Year," *Fortune*, May 16, 2016, http://fortune.com/2016/05/16/dollar-shave-club-2/.
32. 作者與帕克曼的訪談，二〇一七年四月五日。
33. Edgewell Personal Care, "Edgewell Personal Care to Combine with Harry's, Inc. to Create a Next-Generation Consumer Products Platform," press release, May 9, 2019, https://www.prnewswire.com/news-releases/edgewell-personal-care-to-combine-with-harrys-inc-to-create-a-next-generation-consumer-products-platform-300847130.html.
34. 根據 Harry's 的說法，其他消息來源指出總融資金額為四億六千萬美元是不準確的。
35. 數據來自知曉一元刮鬍刀俱樂部財務結構的人士；杜賓拒絕評論。
36. 作者與范姆的訪談，二〇一八年四月十八日。
37. 作者與希爾的訪談，二〇一八年五月十五日。
38. 作者與杜賓的訪談，二〇一八年五月十四日。
39. Sharon Terlep, "Gillette, Bleeding Market Share, Cuts Prices of Razors," *Wall Street Journal*, April 4, 2017, https://www.wsj.com/articles/gillette-bleeding-market-share-cuts-prices-of-razors-1491303601.

第二章

1. “The 100 Most Influential People in the World 2017,” *Time*, April 20, 2017.
2. *Vanity Fair*, “The International Best-Dressed List,” https://www.vanityfair.com/international-best-dressed-list-2017/photos.
3. Leena Rao, “Meet the Woman Funding the Valley’s Hottest Shopping Startups,” *Fortune*, June 25, 2017, http://fortune.com/2017/06/25/kirsten-green-forerunner-ventures-women-vc-fund/.
4. Emily Note, “Career/KirstenGreen,” AtelierDoré, https://www.atelierdore.com/photos/career-kirsten-green/.
5. Shopify.com 網站，“Basic Shopify” price, https://www.shopify.com/pricing.
6. Warby Parker 共同創辦人吉爾博和布門塔都講述這個故事的起源，包含作者與布門塔的訪談，二〇一八年十一月二日。
7. Michelsonmedical.org, “Wharton BPC Semifinalists 2009,” video, 3:24, https://michelsonmedical.org/initiatives/nir-diagnostics-2009/.
8. Luxottica.com, http://www.luxottica.com/en/retail-brands and http://www.luxottica.com/en/eyewear-brands.
9. “Professor David Bell on Digital Marketing: Wharton Lifelong Learning Tour,” video presentation, November 8, 2012, https://www.youtube.com/watch?v=m9zowHS79xM.
10. 二〇〇九年華頓商學院創業挑戰賽前八強決賽文章，“Rowing, Robots and Roommates: And the Best Business Plan Is ...” Knowledge@Wharton, May 13, 2009, https://knowledge.wharton.upenn.edu/article/rowing-robots-and-roommates-and-the-best-business-plan-is/.

11. David Gelles, "Jeff Raider on Founding Warby Parker and Harry's," *New York Times*, November 2, 2018, https://www.nytimes.com/2018/11/02/business/jeff-raider-warby-parker-harrys-corner-office.html.
12. 作者與 Lerer Hippeau 創投管理合夥人萊爾的訪談，二〇一八年十月二十六日。
13. "To Boost Online Sales, Focus on Close-Knit Communities," podcast, Mack Institute for Innovation Management, https://mackinstitute.wharton.upenn.edu/2017/community-ties-drive-online-sales/.
14. 作者與 Forerunner Ventures 創辦人格林的訪談，二〇一八年八月十四日，和 Alpha Club 主管愛蜜莉・賈德森・格森赫姆（Emily Judson Gonsenheim）確認該活動的細節。
15. 作者與范姆的訪談，二〇一八年四月十八日。
16. 作者與 SCP 投資創辦人暨投資長科倫的訪談，二〇一八年六月十五日。
17. 作者與格林的訪談，二〇一八年十二月七日。她拒絕說明得更詳細。
18. Forerunner Ventures 網站上列出投資的公司名單，https://forerunnerventures.com/portfolio/。
19. 作者與格林的訪談，二〇一七年十一月二十一日，以及與 Glossier 前總裁戴維斯的訪談，二〇一九年三月十五日。
20. Katie Roof and Yuliya Chernova, "Glossier Tops Billion-Dollar Valuation with Latest Funding," *Wall Street Journal*, March 19, 2019, https://www.wsj.com/articles/glossier-tops-billion-dollar-valuation-with-latest-funding-11552993200.
21. 帕克曼的電子郵件裡提到：Nest「是 Venrock Associates 的第一家消費產品公司——只要你不把蘋果計算在內。」二〇一九年五月十六日。
22. "Google to Acquire Nest," Google 母公司 Alphabet 公司的新聞稿，二〇一四年一月十三日。
23. 根據 LinkedIn 檔案，在創辦 Pearl Automation 之前，該公司共同創辦人布里森・加德勒（Bryson

Gardner）、布萊恩・桑德斯（Brian Sander）及喬瑟夫・費雪（Joseph Fisher）都曾在蘋果工作。

第三章

1. 所有銷售額、顧客數量、市占率的數據在 Hubble 共同創辦人霍維茲的電子郵件通信中得到確認，二〇一九年五月二十二日。
2. 作者與精華光學國際業務部經理王廷舜的訪談，二〇一八年十月三日。
3. Sam Grobart, “I Used Alibaba to Make 280 Pairs of Brightly Colored Pants,” *Bloomberg News*, September 17, 2014, https://www.bloomberg.com/news/articles/2014-09-16/what-is-alibaba-one-man-s-path-to-custom-made-bright-colored-pants.
4. 出自 GfK 市場調查公司報告，二〇一七年五月十五日，https://www.gfk.com/en-us/insights/press-release/daily-contact-lenses-surpass-monthlies-in-us-sales-account-for-38-of-market/。
5. Bausch & Lomb, “Bausch & Lomb Appoints Brian Levy Corporate Vice President and Chief Medical Officer,” press release, March 5, 2004, https://www.businesswire.com/news/home/20040305005216/en/Bausch-Lomb-Appoints-Brian-Levy-Corporate-Vice.
6. Hubble 的預估市占率在 Hubble 共同創辦人霍維茲的電子郵件通信中得到確認，二〇一九年七月二十四日。
7. Hubble 共同創辦人科根寄給臺灣隱形眼鏡潛在供應商的電子郵件，二〇一五年十二月。
8. Jennie Diec, Tilia Daniel, and Thomas Varghese, “Comparison of Silicone Hydrogel and Hydrogel Daily Disposable Contact Lenses,” *Eye & Contact Lens: Science and Clinical Practice 267* (September 2018), https://journals.lww.com/claojournal/Citation/2018/09001/Comparison_of_Silicone_Hydrogel_and_

Hydrogel_Daily.30.aspx.
9. 作者與 Hubble 共同創辦人霍維茲的訪談，二〇一八年五月十日。
10. Hubble television commercial, “Why We Started Hubble,” video, 0:15, October 25, 2017, https://www.ispot.tv/ad/wlR4/hubble-daily-contacts-why-we-started-hubble.
11. 《滙豐全球研究》（HSBC Global Research）對精華光學的報告，二〇一七年十一月九日。
12. Alison Griswold, “Contact Lens Startup Hubble Sold Lenses with a Fake Prescription from a Made-up Doctor,” *Quartz*, December 14, 2017, https://qz.com/1154306/hubble-sold-contact-lenses-with-a-fake-prescription-from-a-made-up-doctor/.
13. Sapna Maheshwari, “Contact Lens Startup, Big on Social Media, May Be Bad for Eyes,” *New York Times*, July 21, 2019, https://www.nytimes.com/2019/07/21/business/media/hubble-contact-lens.html.
14. “Contact Lens Rule: A Proposed Rule by the Federal Trade Commission on 05/28/2019,” https://www.federalregister.gov/documents/2019/05/28/2019-09627/contact-lens-rule.
15. 作者與霍維茲的訪談，二〇一八年八月二日。

第四章

1. “Victoria’s Secret Gets Ready for a Makeover,” *Economist*, December 8, 2018, 引用自市場調查公司歐睿國際，https://www.economist.com/business/2018/12/08/victorias-secret-gets-ready-for-a-makeover.
2. ThirdLove 共同創辦人史派克特的 LinkedIn 檔案，https://www.linkedin.com/in/dspec/。
3. “ThirdLove CEO on Disrupting the Bra Space” 與 ThirdLove 創辦人查克的視訊訪談，二〇一八年十月十日，CNBC， https://www.cnbc.com/2018/10/09/thirdloves-secret-to-designing-the-perfect-fitting-bra.

html.

4. 作者與史派克特的訪談，二〇一九年四月一日。
5. 美國專利號碼 9,489,743，二〇一六年十一月八日核准；以及專利號碼 10,055,851，二〇一八年八月二十一日核准。
6. ‘New’ ThirdLove Half Cup Bra Sizes Are Nothing New,” *Tomima’s Blog*, August 29, 2018, https://www.herroom.com/blog/new-thirdlove-half-cup-bra-sizes-are-nothing-new/.
7. 維多利亞的秘密「Shop Bras by Size」網站有列出尺寸清單，https://www.victoriassecret.com/bras/shop-by-size.
8. Ty Alexander, “The App That Uses Boob Selfies to Find Your Perfect Bra Size,” HelloBeautiful.com, March 10, 2014, https://hellobeautiful.com/2709691/third-love-iphone-bra-fitting-app/.
9. 作者與史派克特的訪談，二〇一八年十二月七日。
10. 作者與 ThirdLove 創辦人史派克特和查克的訪談，二〇一九年四月一日。

第五章

1. 作者與 Ampush 共同創辦人普濟的訪談，*Mixergy*，二〇一一年五月十九日。
2. 作者與普濟的父親桑迪．普濟（Sandy Pujji）的訪談，二〇一八年七月十三日。
3. 作者與普濟的訪談，二〇一九年六月七日。
4. 作者與一元刮鬍刀俱樂部前副總裁金的訪談，二〇一八年十月二日；以及與 Ampush 行銷總監卡麥隆．豪斯（Cameron House）的訪談，二〇一八年三月二十三日。
5. 與 Ampush 成長部資深主管庫沙爾．卡達基亞（Kushal Kadakia）的電子郵件通信，二〇一八年十月十日。

6. 與杜賓的訪談，參見 Adam Lashinsky, "The Cutting Edge of Care," *Fortune*, March 9, 2015, http://fortune.com/2015/03/09/dollar-shave-club/.
7. "Inc. 5000 2015: The Full List," https://www.inc.com/inc5000/list/2015.
8. 作者與普濟的訪談，二〇一八年九月十一日。
9. Facebook.com，「關於類似廣告受眾」（About Lookalike Audiences），https://www.facebook.com/business/help/164749007013531?helpref=faq_content.
10. ThirdLove「每週影片廣告測試」（Weekly Paid Video Testing）報告呈現的數據，於二〇一八年十二月七日的行銷人員會議上審查。
11. 照片拍攝於二〇一八年九月十七日那週，在肖特韋爾工作室（Studio Shotwell），一間位於舊金山肖特韋爾街五七七號的租賃工作室。
12. Facebook.com, https://www.facebook.com/iq/insights-to-go/6m-there-are-more-than-6-million-active-advertisers-on-facebook.
13. ThirdLove 成長行銷主管謝里森在 ThirdLove 工作兩年半後離職，並於二〇一九年加入臉書。
14. 作者與史派克特的訪談，二〇一八年九月七日。
15. "Victoria's Secret Gets Ready for a Makeover," *Economist*.
16. 根據 ThirdLove 共同創辦人史派克特估計，ThirdLove 在二〇一八年銷售額超過一億三千萬美元，以及ＮＰＤ集團（NPD Group）資料研究公司在二〇一九年二月二十七日的報告，美國內衣銷售總額約為七十二億美元，計算得出。https://www.npd.com/wps/portal/npd/us/news/press-releases/2019/millennials-and-boomers-behind-three-areas-of-growth-in-bras-reports-npd/。

17. “We’re Nobody’s Third Love—We’re Their First Love,” *Vogue*, November 8, 2018, https://www.vogue.com/article/victorias-secret-ed-razek-monica-mitro-interview?verso=true.
18. ThirdLove 在《紐約時報》的廣告，二〇一八年十一月十八日。
19. Paige Gawley, “Valentina Sampaio Is Victoria’s Secret’s First Transgender Model,” August 5, 2019, ETonline.com, https://www.etonline.com/valentina-sampaio-is-victorias-secrets-first-transgender-model-129838.

第六章

1. Steve Lohr, “A $1 Million Research Bargain for Netflix, and Maybe a Model for Others,” *New York Times*, September 21, 2009, https://www.nytimes.com/2009/09/22/technology/internet/22netflix.html.
2 “Algorithms Tour: How Data Science Is Woven into the Fabric of Stitch Fix,” https://algorithms-tour.stitchfix.com/.
3. Eric Colson, “Machine and Expert-Human Resources: A Synthesis of Art and Science for Recommendations,” *MultiThreaded*, July 21, 2014, https://multithreaded.stitchfix.com/blog/2014/07/21/machine-and-expert-human-resources/.
4. “Algorithms Tour,” Stitchfix.com.
5. 作者與 eSalon 暨 PriceGrabber 共同創辦人穆拉德的訪談，二〇一八年九月十二日。
6. Productparamour.com, “eSalon Hair Color at Home, Salon Quality Results,” May 16, 2017, http://productparamour.com/2017/05/16/esalon-hair-color-at-home-salon-quality-results/#comments.
7. Trustpilot.com review, April 30, 2019, https://www.trustpilot.com/review/esalon.com.

8. L'Oreal, "L'Oreal Transforms the At-Home Hair Color Experience with Launch of Color&Co, a New Direct-to-Consumer Brand Specializing in Personalized Hair Color, Powered by Professional Colorists," press release, May 8, 2019, https://www.lorealusa.com/media/press-releases/2019/may/color-and-co and https://www.colorandco.com/personalized-color.
9. Henkel, "Henkel to Enter into Joint Venture with Personalized Hair Coloration Provider eSalon.com," press release, July 26, 2019, https://www.businesswire.com/news/home/20190726005282/en/Henkel-Enter-Joint-Venture-Personalized-Hair-Coloration. 漢高對 eSalon 的投資條款未披露。

第七章

1. 作者與 Warby Parker 執行長暨創辦人之一的布門塔訪談，二〇一八年十一月二日。
2. 雖然 Warby Parker 帶有單眼鏡片的眼鏡為九十五美元起，但對於處方漸進鏡片或使用最薄且校正效果最佳的「超高度數」鏡片，收費卻超過四百美元。
3. Damon Darlin, "Do-It-Yourself Eyeglass Shopping on the Internet," *New York Times*, May 5, 2007, https://www.nytimes.com/2007/05/05/technology/05money.html; Farhad Manjoo, "How to Get an Unbelievable, Amazing, Fantastic, Thrilling Deal on New Glasses," Slate.com, August 27, 2008, https://slate.com/technology/2008/08/how-to-get-an-unbelievable-thrilling-deal-on-new-glasses.html.
4. "Zenni vs. the Other Guys: How We Stack Up," zennioptical.com, https://www.zennioptical.com/c/about-us#price-comparison.
5. Zenni Optical, "Zenni Optical Marks 15th Anniversary by Selling 20 Millionth Pair of Glasses," press release, April 19, 2018; 作者與 Warby Parker 高階主管的訪談，二〇一九年三月二十二日。

6. Michael J. de la Merced, "Warby Parker, the Eyewear Seller, Raises $75 Million," *New York Times*, March 14, 2019, https://www.nytimes.com/2018/03/14/business/dealbook/warby-parker-fundraising.html.
7. 與 Warby Parker 資深溝通經理瑞德的電子郵件通信，二〇一九年六月二十三日。
8. Alfred Lee and Serena Saitto, "Can Warby Parker Sustain Investors' High Expectations?" TheInformation.com, March 26, 2018, 估計 Warby Parker 在二〇一七年的銷售額為三億兩千萬至三億四千萬美元，二〇一八年的收入成長目標約為四〇%，https://www.theinformation.com/articles/can-warby-parker-sustain-investors-high-expectations.
9. Kenny Kline, "4 Industries Currently Getting Warby Parkered," *Huffington Post*, August 10, 2015, https://www.huffpost.com/entry/4-industries-currently-ge_b_7957872?guccounter=1&guce_referrer=aHR0cHM6Ly93d3cuZ29vZ2xlLmNvbS8&guce_referrer_sig=AQAAADD5Kla6NjD_w9vo96uzvRjCca66I0kiILlmeBrTrAVHPNAVkU_jb7YCh5QWROl7rqTL3Iwqyv1xV_N5oERqSTcN2ocFKV1KpfskQLma_D2A7Sd64bQxr5NykwGYb_RqdwjKD6IrvCuwMSGasLz8-FwGfTIEvRiKP7SVhuOmOJp.
10. "How a Beauty Blog Turned Instagram Comments into a Product Line," Wired.com, November 26, 2014, https://www.wired.com/2014/11/beauty-startup-turned-instagram-comments-product-line/.
11. Instagram 上的 #glossierbrown 標籤。
12. 來自 WarbyParker 的推特發文。
13. Away, "Away Is Valued at $1.4 Billion After a Series D Investment of $100 Million," press release, May 14, 2019, https://www.prnewswire.com/news-releases/away-is-valued-at-1-4-billion-after-a-series-d-investment-of-100-million-300850285.html.
14. 與 Warby Parker 資深溝通經理瑞德的電子郵件通信，二〇一九年四月十六日。

15. 同上註。

16. https://www.warbyparker.com/quiz.

第八章

1. Quiet Logistics 的訂單追蹤報告，二〇一八年七月二日，由 Quiet Logistics 銷售和資深行銷副總裁尼克・桑德斯（Nick Saunders）提供給作者。
2. 二〇一九年六月七日，聯邦快遞在「關於聯邦快遞公司與亞馬遜公司關係之聲明」（Statement Regarding FedEx Corporation's Relationship with Amazon.com, Inc.）中表示，電子商務「預計到二〇二六年，美國每天的包裹數量將從五千萬件成長到一億件」。每天五千萬件包裹相當於每年一百八十二億五千萬件。http://investors.fedex.com/news-and-events/investor-news/news-release-details/2019/Statement-Regarding-FedEx-Corporations-Relationship-with-Amazoncom-Inc-/default.aspx.
3. Third-Party Logistics, "Third-Party Logistics Market Results and Trends for 2018," press release, June 7, 2018, https://www.3plogistics.com/bulls-lead-third-party-logistics-market-results-and-trends-for-2018-including-estimates-for-190-countries/.
4. AllPoints Systems, "Drugstore.com Prescribes AllPoints Systems for Advanced e-Fulfillment Management System," press release, June 13, 2000, https://www.logisticsonline.com/doc/drugstorecom-prescribes-allpoints-systems-for-0001.
5. 二〇一九年五月二十三日，與 AllPoints 董事長暨執行長、Quiet Logistics 及 Locus Robotics 共同創辦人韋爾蒂，透過電子郵件通信確認銷售價格。
6. Robert Malone, "Staples Fastens onto Kiva," December 19, 2005, *Forbes*, https://www.forbes.

com/2005/12/19/staples-kiva-robots-cx_rm_1219robots.html#4fc29c502584.

7. "The Big Send-Off," *Internet Retailer*, May 29, 2009, https://www.digitalcommerce360.com/2009/05/29/the-big-send-off/.
8. Amazon, "Amazon.com to Acquire Kiva Systems Inc.," press release, March 19, 2012, https://press.aboutamazon.com/news-releases/news-release-details/amazoncom-acquire-kiva-systems-inc/.
9. Amazon, "Amazon's Best of Prime 2017 Reveals the Year's Biggest Trends—More than 5 Billion Items Shipped with Prime in 2017," press release, January 2, 2018.
10. MWPVL International, "Amazon Global Fulfillment Center Network," May 2019, http://www.mwpvl.com/html/amazon_com.html. 亞馬遜將這個數字訂為兩百七十，但並不包括一些設施，如亞馬遜的全食超市（Whole Foods）子公司經營的配銷中心。
11. Lauren Feiner, "Amazon Shows Off Its New Warehouse Robots That Can Automatically Sort Packages," CNBC, June 5, 2019, https://www.cnbc.com/2019/06/05/amazon-shows-off-its-new-warehouse-robots.html; Nick Wingfield, "As Amazon Pushes Forward with Robots, Workers Find New Roles," *New York Times*, September 10, 2017, https://www.nytimes.com/2017/09/10/technology/amazon-robots-workers.html.
12. Jeffrey Dastin, "Amazon Rolls Out Machines That Pack Orders and Replace Jobs," Reuters, May 13, 2019, https://www.reuters.com/article/us-amazon-com-automation-exclusive/exclusive-amazon-rolls-out-machines-that-pack-orders-and-replace-jobs-idUSKCN1SJ0X1.
13. 其他公司也提供儲物櫃，包括 Parcel Post、Luxer One 及 Package Concierge 等新創公司。
14. 財務長奧爾薩夫斯基，亞馬遜盈餘通話，二〇一九年四月二十五日。

15. FedEx, "Statement Regarding FedEx Corporation's Relationship with Amazon.com, Inc.," June 7, 2019, http://investors.fedex.com/news-and-events/investor-news/news-release-details/2019/Statement-Regarding-FedEx-Corporations-Relationship-with-Amazoncom-Inc-/default.aspx; Thomas Black, "FedEx Ends Ground-Delivery Deal With Amazon," Bloomberg News, August 7, 2019, https://www.bloomberg.com/news/articles/2019-08-07/fedex-deepens-pullback-from-amazon-as-ground-delivery-deal-ends?srnd=premium.
16. 亞馬遜訴瓦爾德斯案，華盛頓州金郡高級法院，二〇一六年三月二十一日，https://www.scribd.com/doc/305577959/Amazon-vs-Valdez-Target-case。儘管和解條款沒有被披露，但是該訴訟隨後和解，根據 Kavita Kumar, "Target Hires Another Former Amazon Employee to Work on Supply Chain," *Star Tribune*, August 9, 2016, http://www.startribune.com/target-hires-another-former-amazon-employee-to-work-on-supply-chain/389626331/.
17. Locus Robotics 的專利清單，可在美國專利商標局（US Patent and Trademark Office）的專利全文及影像資料庫（Patent Full-Text and Image Database）中找到，http://patft.uspto.gov/netahtml/PTO/search-bool.html。
18. 與 Quiet Logistics 共同創辦人暨執行長韋爾蒂的電子郵件通信，二〇一九年六月十六日；Quiet Logistics, "Quiet Logistics Eyes Global Expansion, Opening New Robot-Enabled Fulfillment Center in Los Angeles," press release, July 17, 2019, https://www.prnewswire.com/news-releases/quiet-logistics-eyes-global-expansion-opening-new-robot-enabled-fulfillment-center-in-los-angeles-300886350.html.
19. Shopify, "Shopify to Acquire 6 River Systems," press release, September 9, 2019, https://www.businesswire.com/news/home/20190909005924/en/Shopify-Acquire-6-River-Systems.

20. 與 Locus Robotics 執行長福爾克的電子郵件通信，二〇一九年五月三十日。

21. Related Companies, "Related Companies Announces Strategic Partnership with Greenfield Partners to Acquire Leading Omni-Channel E-commerce Fulfillment Provider Quiet Logistics," press release, March 13, 2019, https://www.related.com/press-releases/2019-03-13/related-companies-announces-strategic-partnership-greenfield-partners. 二〇一九年五月二十三日，與 Quiet Logistics 共同創辦人韋爾蒂的電子郵件通信中，確認銷售價格。

22. Flexe, "Announcing Flexe's $43M Series B Funding," blogpost, May 7, 2019, https://www.flexe.com/blog/announcing-flexes-43m-series-b-funding; 作者與 Flexe 共同創辦人暨執行長西布雷希特的訪談，二〇一八年七月二十六日。

第九章

1. Sit 'n Sleep's restocking fee is 20 percent, "not to exceed $500," https://www.sitnsleep.com/faqs.
2. 馬里諾出現在 "The Start-up That Launched the Horse Race of Online Mattress Companies," *Mixergy*, August 15, 2018, https://mixergy.com/interviews/tuft-and-needle-with-jt-marino/.
3. Marisa Kendall "Coupa Café: Hot Spot for Silicon Valley Superstars," *San Jose Mercury News*, April 6, 2016, https://www.mercurynews.com/2016/04/06/coupa-cafe-hot-spot-for-silicon-valley-superstars/.
4. 丹普床墊資訊取自 Tempursealy.com，https://www.tempursealy.com/brands/#!/，以及 Fundinguniverse.com，http://www.fundinguniverse.com/company-histories/tempur-pedic-inc-history/。
5. 「睡眠細胞」，給 Lerer Hippeau 創投公司的床墊產業報告，二〇一三年五月二日，引用自國際睡眠產品協會（International Sleep Products Association）二〇一一年的數據。

6. Tempur-Pedic International Inc., "Tempur-Pedic Completes Acquisition of Sealy," press release, March 18, 2013, https://news.tempursealy.com/press-release/corporate/tempur-pedic-completes-acquisition-sealy.
7. 安宏資本，https://www.adventinternational.com/investments/。
8. Jef Feeley, Matthew 出現在 Townsend, and Laurel Brubaker Calkins, "How a Frenzied Expansion Brought Down America's No. 1 Mattress Seller," Bloomberg News, November 28, 2018, https://www.bloomberg.com/news/articles/2018-11-28/how-a-breakneck-buildout-brought-down-america-s-mattress-leader.
9. 馬里諾出現在 "The Start-up That Launched the Horse Race of Online Mattress Companies"。
10. Hacker News 線上對話，二〇一三年十二月十三日，https://news.ycombinator.com/item?id=6900625。
11. "We Need a Warby Parker for Mattresses," Priceonomics, September 14, 2012, https://priceonomics.com/mattresses/.
12. 「睡眠細胞」，給 Lerer Hippeau 創投公司的床墊產業報告，二〇一三年五月二日。
13. Lerer Hippeau, "Lerer Ventures Leads Seed Round for Casper," press release, February 25, 2014, https://www.pehub.com/2014/02/lerer-ventures-leads-seed-round-for-casper/.
14. 截至二〇一九年年中，Casper 提供五款不同的床墊：其中最高價的 Wave 床墊為全泡棉或泡棉和彈簧的混合款；原始的 Casper 為全泡棉或混合款；最低價的 Essential 為全泡棉款；https://casper.com/mattresses/。Tuft & Needle 則有一到三款：最高價的 Mint 床墊和原始款，都只有泡棉，最低價款 Nod 床墊，只在亞馬遜網站上販售；https://www.tuftandneedle.com/ 與 https://www.amazon.com/Nod-Tuft-Needle-Amazon-Exclusive-CertiPUR-US/dp/B07J31T4NC。
15. "Casper Sleep Inc.: Marketing the 'One Perfect Mattress for Everyone,'" Harvard Business School case study, November 15, 2017, https://www.hbs.edu/faculty/Pages/item.aspx?num=51747.

16. Tuft & Needle, "Company Info," https://press.tn.com/company-info/timeline/.
17. Miguel Helft, "Meet the Warby Parker of Mattresses," *Fortune*, January 22, 2014, http://fortune.com/2014/01/22/meet-the-warby-parker-of-mattresses/.
18. 作者與舒達—席夢思集團前執行長陶博的訪談，二〇一八年六月二十九日。
19. 舒達—席夢思集傳研發負責人鐘洛在工廠參觀時，解釋機器測試，二〇一八年六月二十九日。
20. 美國專利號碼 9,645,063，二〇一七年五月九日核准，http://patft.uspto.gov/netacgi/nph-Parser? Sect1=PTO2&Sect2=HITOFF&p=1&u=%2Fnetahtml%2FPTO%2Fsearch-bool.html&r=7&f=G&l=50&co1=AND&d=PTXT&s1=chunglo&OS=chunglo&RS=chunglo。
21. Serta Simmons, "Tomorrow Sleep, Powered by Serta Simmons Bedding, Launches with Innovative Direct-to-Consumer Sleep System," press release, June 27, 2017, https://www.prnewswire.com/news-releases/tomorrow-sleep-powered-by-serta-simmons-bedding-launches-with-innovative-direct-to-consumer-sleep-system-300479973.html.
22. David Zax, "The War to Sell You a Mattress Is an Internet Nightmare," *Fast Company*, October 16, 2017, https://www.fastcompany.com/3065928/sleepopolis-casper-bloggers-lawsuits-underside-of-the-mattress-wars.
23. 同上註。
24. Sleepopolis, "Disclosures," https://sleepopolis.com/disclosures/.
25. Crunchbase.com, https://www.crunchbase.com/organization/casper.
26. Purple Innovation, https://purple.com/about-us.
27. "Goldilocks and the Original Egg Drop Test," https://purple.com/videos.

28. "How This Purple Mattress 20 Years in the Making Became an Overnight Success," Shopify.com, July 15, 2016, https://www.shopify.com/enterprise/how-a-purple-mattress-20-years-in-the-making-became-an-overnight-success-with-shopify.
29. Tuft & Needle, https://press.tn.com/company-info/timeline/.
30. Purple Innovation 財務報表，二〇一八年三月十五日，www.sec.gov/archives/edgar/data/1643953/000121390018003018/f8k020218a2ex99-1_purpleinn.htm.
31. Purple Innovation 創新長喬伊・麥基寶（Joe Megibow），收益電話錄音紀錄，二〇一八年十一月十四日，Seeking Alpha，https://seekingalpha.com/article/4222345-purple-innovation-inc-prpl-ceo-joe-megibow-q3-2018-results-earnings-call-transcript?page=2。
32. Tomorrow Sleep 營運與顧客體驗主管肯・斯陶弗（Ken Stauffer），LinkedIn.com 檔案，https://www.linkedin.com/in/ken-stauffer-b6b05895/；舒達—席夢思拒絕討論 Tomorrow Sleep 的銷售數字。
33. 二〇一八年美國線上床墊銷售額估計，由舒達—席夢思集團提供給作者。Purple 對二〇一九年估計的銷售額，載明於該公司向美國證券交易委員會提交的重大事件報告（Form 8-K）中，二〇一九年八月十三日，http://www.snl.com/cache/c399169470.html。
34. 作者與 Tuft & Needle 共同創辦人馬里諾的訪談，二〇一八年九月二十七日。
35. Zoe Bernard, "Inside Casper's Financials," *The Information*, March 27, 2019, https://www.theinformation.com/articles/inside-caspers-financials.
36. Jake Horowitz, "Inside Casper's Plan to Win Millennials by Tackling the Sleep Epidemic," *Mic*, May 14, 2016, https://www.mic.com/articles/137727/inside-casper-mattress-plan-to-win-millennials-by-tack

ling-the-sleep-epidemic.

37. 產品價格出自 Casper 網站，https://casper.com/glow-light/ 和 https://casper.com/cbd/。

38. 作者與馬里諾的訪談，二〇一八年九月二十七日。

39. 作者與 Tuft & Needle 共同創辦人派克的訪談，二〇一九年三月十九日。

40. Casper, "Casper Raises $100 million and Adds Two New Independent Directors to Its Board," press release, March 27, 2019, https://www.prnewswire.com/news-releases/casper-raises-100-million-and-adds-two-new-independent-directors-to-its-board-300819857.html.

41. Serta Simmons, "Serta Simmons Bed- ding Announces CEO Transition," press release, April 10, 2019, https://www.sertasimmons.com/news/serta-simmons-bedding-announces-ceo-transition/.

第十章

1. "Best Inventions 2018: A Hearing Aid Meant for the Masses," *Time*, http://time.com/collection/best-inventions-2018/5454218/eargo-max/; "Best What's New," *Popular Science*, October 9, 2015, https://www.popsci.com/best-of-whats-new-2015/healthcare; James Trew, "Eargo Neo Is a Hearing Aid You Might Actually Want to Wear," Engadget.com, January 10, 2019, https://www.engadget.com/2019/01/10/eargo-neo-hearing-aid-hands-on/; Donovan Alexander, "15 Inventions That Will Make Your 2019 a Lot More Interesting," Interestingengineering.com, January 15, 2019, https://interestingengineering.com/15-inventions-that-will-make-your-2019-a-lot-more-interesting.

2. 作者與 Eargo 主要投資者 Maveron 創投公司合夥人吳大衛的訪談，二〇一九年二月十三日。

3. SmileDirectClub 公司向美國證券交易委員會提交的股票上市申請登記表（Form S-1）

註冊聲明文件的第一號修正，二〇一九年九月三日，https://www.sec.gov/Archives/edgar/data/1775625/000104746919004925/a2239521zs-1a.htm。在文件中，該公司報告二〇一九年上半年收入為三億七千三百五十萬美元，比去年同期成長一一三％。若是全年保持這樣的成長率，二〇一九年銷售額將從二〇一八年的四億兩千三百二十億美元增加到九億零兩百萬美元。

4. “Getting Your Teeth Straightened at a Strip Mall? Doctors Have a Warning,” Bloomberg News, September 20, 2018, https://www.bloomberg.com/news/features/2018-09-20/orthodonists-aren-t-smiling-about-teeth-straightening-startups.
5. iHearMedical.com 助聽器每單耳售價為四百九十九美元起（https://www.ihearmedical.com/），以及 Audicus.com 助聽器每單耳售價為六百九十九美元起（https://www.audicus.com/）。
6. 作者與 Eargo 共同創辦人拉斐爾的訪談，二〇一九年三月七日。
7. 現在的免費試用期間是四十五天，https://eargo.com/misc/warranty。
8. 作者與 Eargo 執行長戈曼森的訪談，二〇一八年八月七日。
9. Christine Magee, “With $13 Million from Maveron, Eargo Is the Hearing Aid of the Future,” TechCrunch, June 25, 2015, https://techcrunch.com/2015/06/25/with-13-million-from-maveron-eargo-is-the-hearing-aid-of-the-future/.
10. Matthew D. Sarrel, “Eargo Hearing Aids,” PCMag.com, August 4, 2015, https://www.pcmag.com/article2/0,2817,2488793,00.asp.
11. 作者與戈曼森的訪談，二〇一八年八月七日。
12. Eargo, “Eargo Raises $25 Million in Series B Funding from New Enterprise Associates,” press release, December 9, 2015, https://www.eargo.com/assets/news/eargo-b27ea73b18f3bda2df94bf51df908fa2.pdf.

13. 作者與戈曼森的訪談，二〇一八年八月七日。
14. 拉斐爾於二〇一八年辭去 Eargo 策略主管的職務，成為另一家創投公司支持的新創公司 Onera Health 創辦人暨執行長，該公司主要利用診斷技術幫助人們睡得更好，但他仍是 Eargo 董事會成員。
15. 作者與施瓦布的訪談，二〇一九年三月十二日。
16. 作者與戈曼森的訪談，二〇一九年六月二十日。
17. https://shop.eargo.com/eargo-plus.
18. 作者與施瓦布的訪談，二〇一九年三月十二日。

第十一章

1. Instagram 貼文，二〇一六年十一月三日，https://www.instagram.com/raden/p/BMXW2SoBq9_/。
2. “Oprah’s Favorite Things 2016: Flights of Fancy, Raden Carry-on and Check-in Set,” http://www.oprah.com/gift/oprahs-favorite-things-2016-full-list-carry-on-and-check-in-set?editors_pick_id=65969#ixzz5h3lSt1O1.
3. Zachary Kussin, “This Suitcase Has a 10,000-Person Wait List,” *New York Post*, February 7, 2017, https://nypost.com/2017/02/07/this-suitcase-has-a-10000-person-wait-list/.
4. 與 Raden 創辦人烏達斯金的電子郵件通信，二〇一九年六月十二日。
5. Kellogg, “Kellogg Adds RXBAR, Fastest Growing U.S. Nutrition Bar, to Wholesome Snacks Portfolio,” press release, October 6, 2017, http://newsroom.kelloggcompany.com/2017-10-06-Kellogg-adds-RXBAR-fastest-growing-U-S-nutrition-bar-brand-to-wholesome-snacks-portfolio.

6. Movado, "Movado Group Announces Agreement to Acquire MVMT," press release, August 15, 2018, https://www.businesswire.com/news/home/20180815005708/en/Movado-Group-Announces-Agreement-Acquire-MVMT.
7. "Procter & Gamble Just Bought This Venture-Backed Deodorant Start-up for $100 Million Cash," TechCrunch, November 15, 2017, https://techcrunch.com/2017/11/15/procter-gamble-just-bought-this-venture-backed-deodorant-startup-for-100-million-cash/.
8. Jeffrey Dastin and Greg Roumeliotis, "Amazon Buys Start-up Ring in $1 Billion Deal to Run Your Home Security," Reuters, February 27, 2018, https://www.reuters.com/article/us-ring-m-a-amazon-com/amazon-buys-start-up-ring-in-1-billion-deal-to-run-your-home-security-idUSKCN1GB2VG.
9. Edgewell, "Edgewell Personal Care to Combine with Harry's, Inc. to Create a Next-Generation Consumer Products Platform," press release, May 9, 2019, https://www.prnewswire.com/news-releases/edgewell-personal-care-to-combine-with-harrys-inc-to-create-a-next-generation-consumer-products-platform-300847130.html。
10. 作者與 Quip 創辦人埃內弗的訪談，二〇一八年十一月二日與二〇一九年五月十二日。
11. Stephen Pulvirent, "Is Quip the Tesla of Toothbrushes?" Bloomberg News, August 5, 2016, https://www.bloomberg.com/news/articles/2015-08-06/is-quip-the-tesla-of-toothbrushes-.
12. Pitchbook.com, https://pitchbook.com/profiles/company/166914-19.
13. 根據 Glossier 公關部門的說法。
14. Crunchbase.com, https://www.crunchbase.com/organization/bonobos.
15. Elizabeth Segran, "Here's Why Nobody Wants to Buy Birchbox, Even After VCs Spent $90M," *Fast*

Company, May 4, 2018, https://www.fastcompany.com/40567670/heres-why-nobody-wants-to-buy-birchbox-even-after-vcs-spent-90m.

16. Jason Del Ray, "Birchbox Has Sold Majority Ownership to One of Its Hedge Fund Investors After Sale Talks with QVC Fell Through," Recode.net, May 1, 2018, https://www.recode.net/2018/5/1/17305940/birchbox-recap-viking-global-qvc-merger-sale.
17. Sean O'Kane, "This Stylish Smart Suitcase Could Solve Some Big Travel Hassles," *The Verge*, March 29, 2016, https://www.theverge.com/2016/3/29/11321554/raden-smart-connected-luggage-gps-usb-power.
18. 美國專利號碼 3,653,474，一九七二年四月四日核准。
19. Joe Sharkey, "Reinventing the Suitcase by Adding the Wheel," *New York Times*, October 5, 2010, https://www.nytimes.com/2010/10/05/business/05road.html.
20. Travelpro, "The History of Rolling Luggage," *Problog*, June 17, 2010, https://travelproluggageblog.com/2010/06/luggage/the-history-of-rolling-luggage/.
21. 作者與烏達斯金的訪談，二〇一八年六月六日。
22. 同上註。
23. Matthew Schneier, "Your Suitcase Is Texting," *New York Times*, April 7, 2016, https://www.nytimes.com/2016/04/07/fashion/texting-raden-travel-suitcase.html.
24. 與烏達斯金的電子郵件通信，二〇一九年六月十二日。
25. 二〇一九年六月十二日，Raden 創辦人烏達斯金回覆一封電子郵件，內容是詢問他對這個描述的看法，他寫道：「或許如此，但是我們並未完全專注在退出市場。」

26. Crunchbase.com, https://www.crunchbase.com/organization/away-2.
27. Staff writer, "Delta Puts Limits on Select 'Smart Bags' Out of Safety Concerns," Delta Airlines, December 1, 2017, https://news.delta.com/delta-puts-limits-select-smart-bags-out-safety-concerns.
28. 作者與樂康特的訪談，二〇一九年二月二十八日。
29. "Savvy Travelers Should Tote These Tech-Packed Suitcases," *Wired*, March 25, 2018, https://www.wired.com/story/smart-suitcases-rimowa-raden/.
30. Leticia Miranda, "This Smart Luggage Company Is Going Out of Business," *BuzzFeed News*, May 17, 2018, https://www.buzzfeednews.com/article/leticiamiranda/this-smart-luggage-company-is-going-out-of-business.
31. Away, "Away Is Valued at $1.4 Billion After a Series D Investment of $100 Million," press release, May 14, 2019, https://www.prnewswire.com/news-releases/away-is-valued-at-1-4-billion-after-a-series-d-investment-of-100-million-300850285.html.
32. 作者與 Stage Fund 創辦人暨執行長弗里登輪的訪談，二〇一九年三月十二日與二〇一九年五月十二日。
33. 與烏達斯金的電子郵件通信，二〇一九年六月十二日。

第十二章

1. "Lord & Taylor Open Fifth Avenue Store," *New York Times*, February 25, 1914.
2. Hudson's Bay Company, "HBC Closes Sale of the Lord & Taylor Fifth Avenue Building," press release, February 11, 2019, https://www.businesswire.com/news/home/20190211005142/en/HBC-Closes-Sale-

Lord-Taylor-Avenue-Building.

3. Lydia Dishman, “Site to Be Seen: Everlane.com,” *New York Times T Magazine*, June 27, 2012, https://tmagazine.blogs.nytimes.com/2012/06/27/site-to-be-seen-everlane-com/.
4. 紐約市地標保護委員會（New York City Landmarks Preservation Commission），二〇〇七年十月三十日，http://s-media.nyc.gov/agencies/lpc/lp/2271.pdf。
5. U.S. Department of Commerce, “Quarterly Retail E-Commerce Sales, 1st Quarter 2019,” *U.S. Census Bureau News*, May 17, 2019, https://www.census.gov/retail/mrts/www/data/pdf/ec_current.pdf.
6. Glossier 在二〇一九年關閉「體驗 Boy Brow 室」，以新的「Into the Cloud Paint Room」取代。
7. Karin Nelson, “The Return of Bleecker Street,” *New York Times*, December 4, 2018, https://www.nytimes.com/2018/12/04/style/bleecker-street-storefronts.html.
8. https://bonobos.com/guideshop.
9. David Bell, Santiago Gallino, and Antonio Moreno, “How to Win in an Omnichannel World,” *MIT Sloan Management Review* (Fall 2014), https://sloanreview.mit.edu/article/how-to-win-in-an-omnichannel-world/.
10. 同上註。
11. 與瑞德的電子郵件通信得到確認，二〇一九年四月十六日。
12. lyse Liffreing, “Shoppable Billboards: DTC Retailers Say Physical Stores Are Driving Online Sales,” Digiday.com, September 18, 2018, https://digiday.com/marketing/shoppable-billboards-dtc-retailers-say-physical-stores-driving-online-sales/?utm_source=Sailthru&utm_medium=email&utm_campaign=Issue:%202018-09-19%20Retail%20Dive:%20Marketing%20%5Bissue:17191%5D&utm_ter

m=Retail%20Dive:%20Marketing.

13. ThirdLove 創意長柯恩，ThirdLove 部落格，「ThirdLove 的概念店開張了！」（ThirdLove's Concept Store Is Now Open!），二〇一九年七月二十三日，https://www.thirdlove.com/blogs/unhooked/thirdlove-concept-store。
14. Matthew Boyle, "The iPhone of Toothbrushes to Sell Offline, Too, in Target Push," Bloomberg News, October 1, 2018, https://www.bloomberg.com/news/articles/2018-10-01/the-iphone-of-toothbrushes-to-sell-offline-too-in-target-push.
15. Jason Del Ray, "Target Looked at Buying the Mattress Start-up Casper for $1 Billion but Will Invest Instead," Recode.net, May 19, 2017, https://www.recode.net/2017/5/19/15659562/target-casper-investment-acquisition-talks-foam-mattress.
16. Open Reality Advisors 馬辛特寫給亞歷山大的電子郵件，二〇一七年二月二十七日。
17. Matt Alexander, Neighborhood Goods cofounder and CEO, "Announcing Series A and Our Austin Location," September 11, 2019, https://neighborhoodgoods.com/stories/announcing-series-a-our-austin-location.

第十三章

1. 作者與莫霍克集團共同創辦人暨執行長薩里格的訪談，二〇一九年五月十八日。
2. Blake Schmidt and Venus Feng, "How to Turn Your Mom's Savings into $1 Billion? Ask This Guy," Bloomberg News, May 20, 2018, https://www.bloomberg.com/news/articles/2018-05-20/amazon-helps-shenzhen-ex-googler-turn-mom-s-money-into-a-billion.

3. 莫霍克集團向美國證券交易委員會提交的股票上市申請登記表，第十八頁，二〇一九年五月十日，https://www.sec.gov/archives/edgar/data/1757715/000119312519144273/d639806ds1.htm。
4. Jeff Bezos, "2018 Letter to Shareholders," April 11, 2019, https://blog.aboutamazon.com/company-news/2018-letter-to-shareholders.
5. 作者與泰坦航太投資者暨董事德魯格的訪談，二〇一九年四月二十九日。
6. 莫霍克集團向美國證券交易委員會提交的股票上市申請登記表，第六十六頁，二〇一九年五月十日，https://www.sec.gov/archives/edgar/data/1757715/000119312519144273/d639806ds1.htm。
7. Loren Baker, "Amazon's Search Engine Ranking Algorithm: What Marketers Need to Know," *Search Engine Journal*, August 14, 2018, https://www.searchenginejournal.com/amazon-search-engine-ranking-algorithm-explained/265173/.
8. "Selling on Amazon Fee Schedule," Amazon Seller Central, https://sellercentral.amazon.com/gp/help/external/200336920.
9. 於二〇一九年六月十八日執行搜尋，https://www.amazon.com/s?k=teeth+whitening&ref=nb_sb_noss_1.
10. Julie Creswell, "How Amazon Steers Shoppers to Its Own Products," *New York Times*, June 23, 2018, https://www.nytimes.com/2018/06/23/business/amazon-the-brand-buster.html.
11. 根據二〇一九年九月十五日亞馬遜網路商城的評論。隨著客戶發布的新評論，精準的百分比正不斷變化，https://www.amazon.com/Frigidaire-EFIC103-Machine-Icemaker-Stainless/dp/B004VV8GOQ/ref=zg_bs_2399939011_43?_encoding=UTF8&psc=1&refRID=PADTWRA91KFXB010MK5A#customerReviews。
12. 根據二〇一九年四月二十二日亞馬遜網路商城的評論，隨著客戶發布的新評論，精準的百分比正不斷變化。

13. 亞馬遜網路商城製冰機產品類別的暢銷商品，二〇一九年九月十五日，https://www.amazon.com/gp/bestsellers/appliances/2399939011/ref=pd_zg_hrsr_appliances。雖然 hOmeLabs 製冰機被正式列為最暢銷產品的第五名，但是亞馬遜列在它前面的一個產品實際上是製冰機的濾水器。亞馬遜網路商城上最暢銷商品的排名，可能會因顧客購買不同品牌和型號的產品而有所波動。
14. 亞馬遜網路商城評論：Vremi 橄欖油分配器瓶——十七盎司玻璃瓶，無滴漏口，二〇一七年十月二十七日。
15. 莫霍克集團向美國證券交易委員會提交的股票上市申請登記表，第二十四頁，二〇一九年五月十日，https://www.sec.gov/archives/edgar/data/1757715/000119312519144273/d639806ds1.htm。
16. "Mohawk Group—Failed IPO," Seeking Alpha, June 13, 2019, https://seekingalpha.com/article/4270193-mohawk-group-failed-ipo.
17. Amazon.com and TJI Research, https://this.just.in/amazon-brand-database/.
18. 源自二〇一九年四月的亞馬遜職缺公告，https://www.amazon.jobs/en。
19. 勁量電池（Energizer），https://www.energizer.com/energizer-bunny/bunny-timeline。
20. "Best Sellers in Household Batteries," Amazon.com, https://www.amazon.com/Best-Sellers-Electronics-Household-Batteries/zgbs/electronics/15745581.
21. Katy Schneider, "The Unlikely Tale of a $140 Amazon Coat That's Taken Over the Upper East Side," *New York*, March 27, 2018, http://nymag.com/strategist/2018/03/the-orolay-amazon-coat-thats-overtaken-the-upper-east-side.html.
22. Pei Li and Melissa Fares, "Chinese Firm Behind the 'Amazon Coat' Hits Jackpot in U.S., Eschews China," Reuters, February 24, 2019, https://www.reuters.com/article/us-china-coat-orolay/chinese-firm-behind-the-

amazon-coat-hits-jackpot-in-u-s-eschews-china-idUSKCN1QD0YD.

23. Jeff Bezos, "2018 Letter to Shareholders."
24. "Accelerating Pace of Amazon's Private Label Launches to Broaden AMZN's Moat," SunTrust Robinson Humphrey, June 4, 2018.
25. 即使在亞馬遜網路商城上，也很難找到亞馬遜所有的自有品牌，有一個標示「購買我們的品牌」（Shop Our Brands）的頁面（https://www.amazon.com/b?ie=UTF8&node=17602470011），但購物者需要點擊近二十個不同的產品類別才能看到每個類別中的亞馬遜自有品牌。
26. 在亞馬遜服務賣家中心論壇（Amazon Services Seller Central forum）上的文章，二〇一八年八月，https://sellercentral.amazon.com/forums/t/not-very-nice-of-amazon-tagging-on-my-listing/416713/2。

第十四章

1. 市場調查公司歐睿國際估計，二〇一八年一元刮鬍刀俱樂部在全美男性刮鬍刀與刀片的營收市占率為一〇．五%，Harry's則為三．二%。雖然歐睿國際沒有追蹤銷售量，但是兩家公司合計銷售市占率應該高於營收市占率，或許接近二〇%，因為它們的產品較為便宜。
2. 歐睿國際估計，吉列於二〇一八年在全美男性刮鬍刀與刀片的市場擁有五二．八%的營收市占率。
3 "Catalina Mid-Year Performance Report Finds Challenging Market for Many of Top 100 CPG Brands," Catalina Marketing Report, September 30, 2015, https://www.catalina.com/news/press-releases/catalina-mid-year-performance-report-finds-challenging-market-for-many-of-top-100-cpg-brands/.
4. Accenture, "U.S. Switching Economy up 29 Percent Since 2010 as Companies Struggle to Keep Up with the Nonstop Customer, Finds Accenture," news release, January 21, 2015, https://newsroom.accenture.com/

subjects/strategy/us-switching-economy-up-29-percent-since-2010-as-companies-struggle-to-keep-up-with-the-nonstop-customer-finds-accenture.htm.

5. "Findings from the 10th Annual Time Inc./YouGov Survey of Affluence and Wealth," YouGov, April 27, 2015, https://today.yougov.com/topics/lifestyle/articles-reports/2015/04/27/findings-10th-annual-time-incyougov-survey-affluen.

6. "The Next Frontier: Leveraging Artificial Intelligence and Unstructured Metrics to Identify CPG Growth Pockets and Outperforming Brands," 來自二〇一八年十月預測分析公司 Information Resources Inc. 的報告，https://www.iriworldwide.com/IRI/media/Library/pdf/2018_IRI_Demand-Portfolio_2-0_POV.pdf.

7. "Small Business Means Big Opportunity: 2019 Amazon SMB Impact Report," May 7, 2019, https://d39w7f4ix9f5s9.cloudfront.net/61/3b/1f0c2cd24f37bd0e3794c284cd2f/2019-amazon-smb-impact-report.pdf.

國家圖書館出版品預行編目資料

十億美元品牌的祕密：引爆電商、新創、零售的 DTC 模式，從產業巨頭手中搶走市場！/勞倫斯．英格拉西亞 (Lawrence Ingrassia) 著；李佳容、張以萱、陳亭瑄、蔡佳甄、潘炯丞譯．-- 初版．-- 臺北市：商周出版：英屬蓋曼群島商家庭傳媒股份有限公司城邦分公司發行，民 111.05

面； 公分．--（新商業周刊叢書；BW0798）

譯自：Billion dollar brand club : how dollar shave club, warby parker, and other disruptors are remaking what we buy.

ISBN 978-626-318-246-2（平裝）

1.CST: 企業經營 2.CST: 品牌行銷 3.CST: 職場成功法

494 111004423

新商業周刊叢書 BW0798

十億美元品牌的祕密

引爆電商、新創、零售的DTC模式，從產業巨頭手中搶走市場！

原文書名／Billion Dollar Brand Club: How Dollar Shave Club, Warby Parker, and Other Disruptors Are Remaking What We Buy
作　　者／勞倫斯．英格拉西亞（Lawrence Ingrassia）
譯　　者／李佳容、張以萱、陳亭瑄、蔡佳甄、潘炯丞
責任編輯／黃鈺雯
編輯協力／蘇淑君
版　　權／黃淑敏、吳亭儀、林易萱
行銷業務／周佑潔、林秀津、黃崇華、賴正祐

總 編 輯／陳美靜
總 經 理／彭之琬
事業群總經理／黃淑貞
發 行 人／何飛鵬
法律顧問／台英國際商務法律事務所　羅明通律師
出　　版／商周出版
台北市中山區民生東路二段141號4樓
電話：(02) 2500-7008 傳真：(02) 2500-7759
E-mail：bwp.service@cite.com.tw
Blog：http://bwp25007008.pixnet.net/blog
發　　行／英屬蓋曼群島商家庭傳媒股份有限公司城邦分公司
台北市中山區民生東路二段141號2樓
書虫客服服務專線：(02)2500-7718・(02)2500-7719
24小時傳真服務：(02)2500-1990・(02)2500-1991
服務時間：週一至週五09:30-12:00・13:30-17:00
郵撥帳號：19863813　戶名：書虫股份有限公司
讀者服務信箱E-mail：service@readingclub.com.tw
歡迎光臨城邦讀書花園　網址：www.cite.com.tw
香港發行所／城邦（香港）出版集團有限公司
香港灣仔駱克道193號東超商業中心1樓
Email：hkcite@biznetvigator.com
電話：(852)2508-6231　傳真：(852)2578-9337
馬新發行所／城邦(馬新)出版集團【Cite (M) Sdn. Bhd.】
41, Jalan Radin Anum, Bandar Baru Sri Petaling,
57000 Kuala Lumpur, Malaysia
電話：(603)90578822　傳真：(603)90576622
Email：cite@cite.com.my

封面設計／盧卡斯工作室　內文設計排版／唯翔工作室
印　　刷／韋懋實業有限公司
總 經 銷／聯合發行股份有限公司　電話：(02) 2917-8022　傳真：(02) 2911-0053
地址：新北市新店區寶橋路235巷6弄6號2樓

■ 2022年（民111年）5月初版

Printed in Taiwan

城邦讀書花園
www.cite.com.tw

定價／400元（紙本）　280元（EPUB）
ISBN：978-626-318-246-2（紙本）　ISBN：978-626-318-247-9（EPUB）